R. Kompa M. v. Pidoll B. Schreiber (Hrsg.)

Flächenrecycling

Springer

Berlin
Heidelberg
New York
Barcelona
Budapest
Hongkong
London
Mailand
Paris
Santa Clara
Singapur
Tokio

R. Kompa M. v. Pidoll B. Schreiber (Hrsg.)

Flächenrecycling

Inwertsetzung • Bauwürdigkeit • Baureifmachung

Mit 28 Abbildungen

Springer

Reiner Kompa
Michael von Pidoll
Bernd Schreiber
TÜV Rheinland
Sicherheit und Umweltschutz GmbH
Am Grauen Stein
51105 Köln

ISBN-13: 978-3-642-64537-2 Springer-Verlag Berlin Heidelberg New York

Die Deutsche Bibliothek - CIP-Einheitsaufnahme

Flächenrecycling: Inwertsetzung, Bauwürdigkeit, Baureifemachung / R. Kompa ... (Hrsg.).
- Berlin; Heidelberg; New York; Barcelona; Budapest; Hongkong; London; Mailand; Paris;
Santa Clara; Singapur; Tokio: Springer, 1997
ISBN-13: 978-3-642-64537-2 e-ISBN-13: 978-3-642-60748-6
DOI: 10.1007/978-3-642-60748-6
NE: Kompa, Reiner [Hrsg.]

Softcover reprint of the hardcover 1st edition 1997

Typesetting: Michael Kusche, Goldener Schnitt

SPIN: 10501634 30/3136 - 5 4 3 2 1 0 - Gedruckt auf säurefreiem Papier

Inhaltsverzeichnis

III Baureifmachung

IV Entsorgung/Verwertung

V Investoreninteressen

Vorwort

Vor dem Hintergrund eines nach wie vor steigenden Flächenbedarfs für höherwertige städtebauliche Nutzungen – insbesondere Wohnen – und der aktuellen Diskussion um die Möglichkeiten einer nachhaltigen Stadtentwicklung unter Berücksichtigung des Ressourcenschutzes, rücken innerstädtische Brachflächen erneut in den Blickpunkt des Interesses. In der Agenda 21 sowie der Stellungnahme der Bundesregierung zur Habitat II werden wichtige Eckpunkte einer zukünftigen nachhaltigen Stadtentwicklung formuliert, die einem Brachflächenrecycling eindeutigen Vorrang vor einer Neuansiedlung auf der grünen Wiese einräumen. Bis zur Umsetzung dieser Zielvorstellungen ist allerdings noch ein steiniger Weg zurückzulegen und es bedarf einiger entscheidender Weichenstellungen. In der Werbung um arbeitsplatzbringende Investoren oder in dem Bestreben kleinerer Kommunen endlich „Stadt" zu werden, gehen viele Appelle unter. Nach wie vor wird Gewerbe- und Industriebrachen trotz andersartiger Erfahrungen häufig der Stempel „Altlast" bzw. „Millionengrab" aufgedrückt. Dies ist bei einem täglichen Flächenverbrauch von derzeit knapp 90 ha unbebauter Fläche allein in der Bundesrepublik weder unter ökonomischen noch unter ökologischen Aspekten weiter hinzunehmen. Dabei bietet gerade die Reintegration innerstädtischer Brachflächen in ein vitales Stadtgefüge zahlreiche Vorteile, die einer Ansiedlung von Wohnen und/oder Gewerbe vor den Türen der Kommunen entgegenstehen sollten.

Neben grundsätzlichen regionalen Strukturvorteilen, den Nutzungsmöglichkeiten vorhandener Infrastruktur sowie einem geschlossenen und somit attraktiveren Stadtbild ist auch das Angebot qualifizierter Arbeitskräfte in den Städten erheblich größer als in ländlichen Regionen. Eine Umkehr dieser Situation würde zwangsläufig zu einer Verödung der Städte und einer weiteren Zerstörung von Naturlandschaften führen, vor der namhafte Wissenschaftler eindringlich warnen.

Brachflächenmanagement im Sinne einer nachhaltigen Stadtentwicklung tut demnach Not, um den Nimbus der Brachfläche umzuwandeln in ein Synonym für innerstädtische Entwicklungspotentiale auf hohem infrastrukturellem Niveau. Brachflächen können Hemmschuhe sein, sie sind aber auch Motoren für nachhaltige Stadtentwicklungsprozesse.

Mit diesem Buch haben die Herausgeber versucht, die vielschichtigen Aspekte des Flächenrecyclings unter besonderer Berücksichtigung der Stichworte Bauwürdigkeit und Baureifmachung mit dem Ziel einer kostenoptimierten Inwertsetzung der Flächen aufzugreifen und dem geneigten Leser transparent darzustellen.

Neben grundsätzlichen Betrachtungen zum Thema Flächenrecycling, die den aktuellen Stand der Diskussion wiedergeben, wird einleitend auch der rechtliche Rahmen der Bauleitplanung und das resultierende Spannungsfeld für ein Brachflächenrecycling aufgezeigt.

Auch wenn die eingangs eindringlich geforderte Notwendigkeit für eine Reaktivierung von Brachflächen zu einer eindeutigen Prioritätensetzung bei der Städteplanung führen sollte, kann bzw. sollte selbstverständlich nicht jeder Altstandort ungeachtet der Folgekosten in ein anspruchsvolles Planungskonzept eingebunden werden. Es werden daher Risikopotentiale, Untersuchungsstrategien und die Erfordernisse der Baureifmachung dargestellt, diskutiert und Hinweise für eine optimierte Entscheidungsfindung gegeben.

Abschließend werden verschiedene Aspekte zur Finanzierung und Durchführung von Flächenrecyclingprozessen aufgegriffen, um auch diejenigen anzusprechen ohne die es kein Flächenrecycling geben kann, die Investoren.

Wir freuen uns, daß es uns gelungen ist, zahlreiche sach- und fachkundige Autoren für die Buchidee zu gewinnen und danken an dieser Stelle recht herzlich den Autoren für ihre interessanten und fundierten Beiträge. Wir danken ebenfalls dem Springer Verlag für Organisation und Produktion dieses Buches. Last but not least gilt unser Dank allen im Umfeld Beteiligten, die uns jederzeit mit Rat und Tat unterstützt haben.

Reiner Kompa, Michael von Pidoll, Bernd Schreiber

Köln, im März 1997

Autorenverzeichnis

Dr.-Ing. Olaf Aßbrock
c/o BÜV
Düsseldorfer Str.50
47051 Duisburg

Dr.-Ing. Inge Bantz
c/o Umweltamt
Brinckmannstr.7
40225 Düsseldorf

Dr. Hans Joachim Bauer
c/o MURL
Schwannstr.3
40476 Düsseldorf

Dipl.-Geol. Udo Becker
c/o Ingenieurteam Hemling & Gräfe
Mechtern Str.46
50823 Köln

Dr. Reinhard Beine
c/o Jessberger &Partner
Am Umweltpark 5
44793 Bochum

Dipl.-Geol Michael Blesken
c/o LEG NRW
Mozartstr.2a
52064 Aachen

Dipl.-Ing. Harald Burmeier
c/o WCI
Hauptstr.45a
30974 Wennigsen

Dr. Thomas Büttgenbach
c/o Geophysik GGD
Vahrenwalder Str.269a
30179 Hannover

Prof.Dr. Peter Dienel
c/o Bergische UnivWuppertal
42119 Wuppertal

Dipl.-Geol. M. Dohme
c/o Jessberger &Partner
Am Umweltpark 5
44793 Bochum

Dr. Walter Dormagen
c/o TÜV Rheinland Sicherheit und Umweltschutz GmbH
Am Grauen Stein
51105 Köln

Prof.Dr.-Ing. Heinz Düllmann
c/o GeotechnischesBüro Prof.Dr.-Ing.Heinz Düllmann
Neuenhofstr. 112
52078 Aachen

Dr. Hans Estermann
c/o Wirtschaftsförderung Berlin GmbH
Hallerstr.6
10587 Berlin

Dr. Ansgar Fendel
c/o AIR LippewerkRecycling GmbH
Brunnenstr.138
44536 Lünen

Dipl-Geol. in Karin Ferner
c/o Umweltamt
Brinckmannstr.7
40225 Düsseldorf

S. Frerichs
c/o AHU
Kirberichshofer Weg 6
52066 Aachen

Dr. Beate Gorzawski
c/o TÜV Rheinland Sicherheit und Umweltschutz GmbH
Am Grauen Stein
51105 Köln

Dipl.-Ing. in Elisabeth Heitfeld-Hagelgans
c/o Min. f. Stadtentwicklung
Breite Str.31
40190 Düsseldorf

Andreas Jacob
c/o FIRU mbH
Karl-Marx-Str. 27b
67655 Kaiserslautern

Dipl.-Geopyhs. Wolfgang Korbmacher
c/o Geopysik GGD
Vahrenwalder Str.269a
30179 Hannover

Dipl.-Geol. Reiner Kompa
c/o TÜV Rheinland Sicherheit und Umweltschutz GmbH
Am Grauen Stein
51105 Köln

Dipl.-Ing. Klaus-Dieter Koß
c/o Landesumweltamt NRW
Mettmanner Str.
40233 Düsseldorf

Dipl-Ing. Ludger Kötter-Rolf
c/o TÜV Rheinland Sicherheit und Umweltschutz GmbH
Am Grauen Stein
51105 Köln

Dipl.-VwW. Thomas Loosen
c/o Umweltamt
Brinckmannstr.7
40225 Düsseldorf

Dr. Dietrich Mehrhoff
c/o DMT Ges.f.Forschung und Prüfung
Franz-Fischer-Weg 61
45307 Essen

Dr. Hans-Georg Meiners
c/o AHU
Kirberichshofer Weg 6
52066 Aachen

Dr. Barbara Mies
c/o Landesumweltamt NRW
Mettmanner Str.16
40233 Düsseldorf

Dr. Jochen Naumann
c/o FIRU mbH
Karl-Marx-Str. 27b
67655 Kaiserslautern

Dr. Hans-Peter Noll
c/o Entwicklungsagentur Östliches Ruhrgebiet
Kleiweg 10
59192 Bergkamen

Dr. Werner Olesch
c/o TÜV Rheinland Sicherheit und Umweltschutz GmbH
Am Grauen Stein
51105 Köln

Doris Overlack-Kosel
Rechtsanwältin
Kaiserstr.62
41061 Mönchengladbach

Werner Papsdorf†
c/o TÜV Rheinland Sicherheit und Umweltschutz GmbH
Am Grauen Stein
51105 Köln

Dr. Franz Pesch
c/o Pesch & Partner
Zweibrücker Hof
58513 Herdecke

Dr. Michael von Pidoll
c/o TÜV RheinlandSicherheit undUmweltschutz GmbH
Am Grauen Stein
51105 Köln

Dipl.-Ing. Stephan Reiß-Schmidt
c/o Kommunalverband Ruhrgebiet
Kronprinzenstr.
45128 Essen

Dr. Klaus Schierloh
c/o BMWi
Villemombler Str.76
53107 Bonn

Dipl.-Betriebswirt Claus Walter Schmitz
c/o Wirtschaftsberatung für Subventionsfragen
Lerchenweg 14
53909 Zülpich

Dr. Bernd Schreiber
c/o TÜV Rheinland Sicherheit und Umweltschutz GmbH
Am Grauen Stein
51105 Köln

Dipl.-Ing Theo Tebrügge
c/o DMT Ges.f.Forschung und Prüfung
Franz-Fischer-Weg 61
45307 Essen

Dr.-Ing Hans-Ulrich Werner
c/o Dorsch Consult
Hansastr.25
80686 München

Dr. Herbert Wirtz
c/o TÜV Rheinland Sicherheit und Umweltschutz GmbH
Am Grauen Stein
51105 Köln

Dr. Detlef Zylka
c/o netCologne
Maarweg 163
50825 Köln

Zum Geleit

Hans-Dieter Collinet

In einem hochverdichteten Industrieland wie Nordrhein-Westfalen stellte die Mobilisierung von Siedlungsflächen eine umso größere Herausforderung dar, da das Bewußtsein um die Ausgleichsfunktion der noch verbliebenen Natur- und Landschaftsräume gleichzeitig wuchs. Früher als anderswo spürte man die Grenzen des ungehemmten Wachstums in die Peripherie vor allem dort, wo die Peripherien benachbarter Städte miteinander verschmolzen, wie im Ruhrgebiet der größten Agglomeration in Deutschland. Freiräume wurden dort durch Siedlungen, Straßen, Schienen und sonstige Infrastrukturbänder zerschnittenen Resträumen.

Andererseits stand man vor dem Phänomen des Zuwachses der im Zuge des Strukturwandels brachfallenden Areale, an deren Wiedernutzung die Alteigentümer kein Interesse hatten.

Der 1980 von der Landesregierung gegründete Grundstücksfonds Ruhr und der 1984 eingerichtete landesweite Grundstücksfonds waren wichtige strategische Ansätze, diese Blockade aufzubrechen. Auch die Städte wurden mit der gezielten Bereitstellung von Städtebaufördermitteln und seit 1989 auch von Mitteln der Regionalen Wirtschaftsförderung zunehmend in die Lage versetzt, kleinere wie größere Brachflächen in eigener Regie zu erwerben und zu entwickeln. Mit Erfolg, denn Flächenengpässe z.B. zur Ansiedlung neuen Gewerbes dürften aufgrund des zwischenzeitlich erreichten Umsetzungsniveaus auf absehbare Zeit nicht mehr entstehen.

Mit der fortschreitenden Umstrukturierung, insbesondere bei Kohle und Stahl, werden zukünftig Flächen und Produktionshallen in einem Umfang freigegeben, der die Nachfrage bei weitem übersteigen dürfte.

Der Einsatz öffentlicher Mittel wird angesichts der kritischen Haushaltslage der öffentlichen Hand insgesamt nicht mehr im bisherigen Umfang möglich sein.

Im Umgang mit Brachflächen gilt es, daraus die Konsequenzen zu ziehen:

1. Konzentration auf integrierte Standorte

Mit dem Vorrang für qualitätsvolle, integrierte Standorte sollten die Kräfte auf herausragende und innerstädtische Brachflächen gebündelt werden, um ein hohes Maß an Mischung für Dienstleistungen, Technologie, Gewerbe, Handwerk und Handel ebenso wie für Wohnen, soziale und kulturelle Einrichtungen zu erhalten bzw. zu schaffen. Der vorlaufende Aufwand zur Reaktivierung rechtfertigt den Anspruch auf Vorbildlichkeit in der Verbindung von Investitionsprojekten mit hoher Baukultur und urbaner Einbindung in die gewachsenen Strukturen.

2. Zurück zur Natur

Großflächige Areale werden über Stillegungen, wie betriebliche Umstrukturierung freigesetzt. Wegen ihrer Lage und ihrer schieren Größe entziehen sich viele Flächen einer klassischen Verwertung. Sie bieten jedoch die Chance, regionale Freiraum- und Naherholungsdefizite abzubauen. Das IBA Modellprojekt „Restflächen“ zeigt, daß dies auch durch die Einbindung außergewöhnlicher, brachenspezifischer Naturpotentiale über behutsame, pflegende Eingriffe möglich ist. Um eine solche Strategie auch auf Flächen auszudehnen, die bei den Alteigentümern verbleiben, müßte im Einzelfall der Weg zu einer späteren Verwertung offengehalten werden.

3. Kostenbewußtes Altlastenmanagement

Ein zentraler Ansatz der nachhaltigen Stadtentwicklung ist das Brachflächenrecycling im Sinne der Kreislaufwirtschaft, da der Flächenbedarf von ökologisch wertvollem Freiraum auf Altstandorte umgelenkt wird. Nachhaltige Mengeneffekte können jedoch nur erreicht werden, wenn Brachflächenrecycling finanzierbar bleibt. Dies setzt voraus,

- kostenminimierende, nutzungsabhängige Sicherung- und Sanierungsstandards,
- Würdigung des ökologischen Gesamtgewinns bei der Forderung von Ausgleichsmaßnahmen,
- sparsame Abbruch- und Aufbereitungsstrategien über die Einbindung von Arbeitsbeschaffungs- und Qualifizierungsmaßnahmen wegen der damit erreichbaren hohen Quote im Materialrecycling,

- in Verbindung mit der pflegenden Begleitung von natürlichen Sukzessionsprozessen Beobachtung statt Sanierung von Belastungspotentialen unter verantwortungsbewußter Einschätzung des realen Risikos.

Brachflächen sind Wunden im Stadtorganismus. Sie zu heilen, ist die größte Chance einer von der Industrialisierung geprägten Region, sich über einen qualitätsvollen innovativen Umgang mit Stadt- und Landschaftsraum als zukunftsfähiger Wirtschaftsstandort zu profilieren. Alle an diesem Prozeß Beteiligten sind gefordert, daran verantwortungsvoll mit Kompetenz und Phantasie mitzuwirken.

Bei allen Autoren der folgenden, das Thema umfassend beleuchteten Beiträge möchte ich mich in diesem Sinne bedanken. Sie geben wertvolle Anregungen zur Bewältigung dieser komplexen wie spannenden städtebaulichen Aufgabe.

I Einführung

Brachflächenrecycling als Chance – die Brache eine Ressource?

Hans Estermann und Hans-Peter Noll

1 Einleitung

Noch vor wenigen Jahren stand bei jedem Gespräch, das sich um die deutsche Umweltpolitik drehte, die Reinhaltung der Gewässer und der Luft im Vordergrund. In den 60er und 70er Jahren wurden umfangreiche Programme initiiert, die dazu beitrugen, daß die Gewässer in Deutschland heute in einem weit besseren Zustand sind, als sie es damals waren, und daß sich die Luftqualität auch in den Innenstadtbereichen spürbar verbessert hat.

Willy Brandts bekannt gewordene Forderung „Der Himmel über der Ruhr muß wieder blau werden“ wurde tatsächlich umgesetzt.

Seit Beginn der 80er Jahre ist Bodenschutz, Altlastensanierung und Flächenrecycling das große Thema von Umwelt- und Strukturpolitik geworden. Kontaminierte Böden verursachen, genau wie verschmutzte Gewässer und verunreinigte Luft, erhebliche Probleme, sie gefährden die öffentliche Gesundheit, sie kosten Geld. Sowohl aus ökologischer als auch aus ökonomischer Sicht wurde der Boden als Schutzgut erkannt. Es werden im ganzen Land Altlastenverdachtskataster erarbeitet. 240.000 geschätzte Verdachtsflächen sind eine eindrucksvolle, wenn nicht sogar beängstigende Zahl (vgl. Tabelle. 1) (RSU, 1995).

2 Die Herausforderung

Im Durchschnitt sind 4,5 % des Gemeindegebietes der deutschen Städte sogenannte Altlastenverdachtsflächen; in einzelnen Fällen sind es bis 14 % des Gemeindegebietes (BM Bau, 1996).

Tabelle 1. Altlasten und Altlastenverdachtsflächen in Deutschland. (Nach Abgaben der Länder, Stand 31.12.1993)

Land	erfaßte altlastverdächtige			geschätzte altlastverdächtige Flächen
	Altab lagerungen	Alt-standorte	Flächen	
1	2	3	4 = 2 + 3	5
Baden-Württemberg	6.500	460[1]	6.960	35.000[2]
Bayern	3.820[3]	1.119	4.939[3]	k.A.
Berlin	746	4.242	4.988	5.290
Brandenburg	4.750	8.815	13.505	15.000
Bremen	100	4.189[4]	4.289[4]	4.290[4]
Hamburg	392[5]	212[6]	604[5]	2.600[6]
Hessen	3.400[7]	k.A.	3.400	13.400[8]
Mecklenburg-Vorpommern	4.749	7.209	11.958	k.A.
Niedersachsen	7.488	k.A.	7.488	57.550[9]
Nordrhein-Westfalen	14.043[10]	4.153[10]	18.196[10]	k.A.
Rheinland-Pfalz	14.760	k.A.[11]	14.760	k.A.
Saarland	1.700	k.A.[12]	1.700[12]	4.250[13]
Sachsen	8.045	10.597	18.642	22.000
Sachsen-Anhalt	7.100	7.853	14.935[14]	17.000
Schleswig-Holstein	2.822	3.871	6.693	k.A.
Thüringen	4.618	969	5.587[15]	12.000
Alte Länder	55.025	14.004	69.029	161.678
Neue Länder[16]	**30.008**	**39.685**	**69.693**	**83.248**
Gesamt	**85.033**	**53.689**	**138.722**	**244.926**[17]

[1] bisher bewertete Altstandorte
[2] Hochrechnung auf der Basis von 16 Pilotprojekten
[3] zusätzlich 4000 ehem. gemeindliche Müllkippen aus der Erfassung Anfang der 70er
[4] Altstandorte im Rahmen einer brachentypischen Studie ermittelt
[5] zusätzlich wurden 1060 verm. unproblematische Geländeveränderungen erfaßt
[6] zusätzlich wird mit 2000 Altstandorten gerechnet
[7] von 6000 erfaßten Altablagerungen sind ca. 3400 als altlastverdächtig einzustufen
[8] einschließlich geschätzter Altstandorte
[9] Altstandorte noch nicht erfaßt; geschätztes Verhältnis von Altablag. zu Altstand.: 1 : 7
[10] Erfassungsstand 31.12.1992
[11] Erfassung begann 1993
[12] im Bereich des Stadtverbands Saarbrükken wurden 2113 kontam.-verd. Flächen ermittelt
[13] einsschl. 2500 geschätzter Altstandorte
[14] zusätzlich 38 großflächige Bodenkontaminationen erfaßt
[15] zusätzlich 13.702 Freistellungsanträge
[16] einschließlich Berlin
[17] bei Fehlen einer Angabe wird die Zahl der erfaßten Flächen verwendet

Im Vordergrund bei der Betrachtung o. g. Flächen steht sicher die Abwendung von Gefahren, die von den kontaminierten Flächen ausgehen. Ausreichend bekannte Beispiele von Wassergefährdungen bis hin zu den Risiken auf einer Altlast zu leben, sollen hier nicht wieder aufgeführt werden[1].

Die theoretische Diskussion und praktische Arbeit ist über die reine Gefahrenabwehr hinausgekommen. Allerdings auch von dem Anspruch, jedes Stück Boden wieder in den Zustand ursprünglicher Natur zurückzuversetzen. Das Brachflächenrecycling wird heute auch als Instrument gesehen, Ressourcen im Strukturwandel zu mobilisieren.

Die Brache ist sowohl in den traditionellen Industrieregionen als auch in den Wachstumsräumen europaweit anzutreffen.

Die Ursachen sind

- im wirtschaftlichen Niedergang traditioneller Industriebereiche,[2]
- in der Unternehmensverlagerung sowie
- in der Konversion und
- dem Funktionsverlust von Infrastruktureinrichtungen wie Häfen, Bahnhöfen, etc.

zu sehen.

Angaben über die Zahl der Industriebrachen allerdings gibt es nicht bzw. sind nur äußerst unvollständig. Es wird davon ausgegangen, daß es in den Mitgliedsstaaten der EU rd. 52.000 ha Montanbrachen gibt. Eine landesweite Erfassung aller Industriebrachen wird nur in Großbritannien durchgeführt. Demnach sind 1991 allein dort 54.800 ha Industriebrachen erfaßt worden. In Frankreich wird das Ausmaß auf rd. 20.000 ha geschätzt (Ferber, 1995).

In Deutschland liegt nur unvollständiges Zahlenmaterial vor. In den Ziel 2-Fördergebieten beträgt der Brachenanteil rd. 6.600 ha. Die Größenordnung des in den neuen Bundesländern entstehenden bzw. entstandenen Brachflächenbestandes läßt sich noch nicht abschätzen.

---

1 siehe hierzu die vielfältige Literatur

2 Hier sind vor allem Brachflächen der Montan-, Textil-, Maschinen- und Schiffbau industrie gemeint

Es muß festgehalten werden, daß es sehr viele Brachen gibt, aber auch, daß jede ihre eigenen Risiken und Chancen birgt.

Die Reaktivierung der Industriebrachen ist zwingend erforderlich, um sich auf der einen Seite mit den Belastungen aus der industriellen Vergangenheit auseinanderzusetzen und andererseits die sich bietende Chance für einen Neuanfang an traditionellen Standorten nicht verstreichen zu lassen. Aber es stehen eine Vielzahl von Problemen wie

- finanzieller,
- rechtlicher,
- planerischer,
- technischer

Art dem entgegen und eines der entscheidenden Entwicklungshemmnisse sind die Altlasten.

Zusammenfassend kann von drei, wenn auch nicht wissenschaftlich definierten, so doch aus der Praxis heraus erlebten „Altlastenfeldern" gesprochen werden, die bewältigt werden müssen:

- den chemischen Altlasten (Kontaminationen),
- den baulichen Altlasten (Fundamente, Baugrund, Funktionsgebäude) und
- den mentalen Altlasten (diese spielen besonders bei der Planung und nachher bei der Vermarktung eine große Rolle [d.h., alle altlastbehafteten Flächen sind stigmatisiert]).

Die Reaktivierung von Brachflächen ist somit zwanghaft mit den Problemen der Akzeptanz von Altlasten und ihrer Sanierung behaftet.

Gesellschaftliche Risiken können nur in öffentlichen, d. h. politisch organisierten Prozessen bewältigt werden. Sowohl Altlasten selbst als auch Entscheidungen über Art und Zeitraum der Sanierung sowie das Sanierungsverfahren, einschließlich der durch die Sanierung entstehende Belastungen und Belästigungen betreffen viele Menschen.

Gesellschaftliche Risiken können nicht bewältigt, Lasten nicht übernommen, Aufgaben nicht in Angriff genommen und gelöst und Belästigungen dabei nicht ertragen werden, wenn sie nicht bekannt sind und ihre Notwendigkeit bzw. Unvermeidbarkeit nicht anerkannt ist (Noll, 1993).

Akzeptanz stellt sich jedoch nicht von selbst ein, sie bedarf der Organisation. Der erste Schritt besteht darin, über Risiken, Belastungen und Belästigungen der zur Entscheidung stehenden Alternativen zu informieren. Aufklärung muß der Verdrängung entgegenwirken. Transparenz, Nachvollziehbarkeit und Begründbarkeit von Bewertungen und Entscheidungen, schlicht gesprochen: die Schaffung „gläserner Altlastverhältnisse" ist zwingend notwendig.

3 Die Strategie

Wir haben es aber nicht nur mit Problemen zu tun, sondern auch mit Lösungen. Und ähnlich, wie wir die Flächen nicht gezählt haben, gibt es wohl derzeit niemanden, der einen Überblick über alle Recyclingprojekte hat. Zu groß ist die Zahl der Fälle, Modelle und Strategien. Auch hier können wir nur wieder neidisch nach Großbritannien blicken, wo entsprechendes Material über lange Zeiträume aufbereitet vorliegt (Depart. Environm., 1994). Wenn wir die wichtigsten Entscheidungen darstellen wollen, können wir uns getrost auf NRW konzentrieren. Hier war das Problem nicht nur als erstes auf der Tagesordnung, hier wurde auch zuerst und mit einigem Erfolg an der Lösung gearbeitet. Hier wurden wohl auch, teilweise aufgrund schmerzlicher Erfahrungen, Verfahren entwickelt, mit allen Ressourcen, einschließlich Zeit und Geld, sparsam umzugehen.

1980 hat die Landesregierung NRW ein mittlerweile bewährtes und erfolgreiches Instrument zum Flächenrecycling aus der Taufe gehoben: den Grundstücksfonds Ruhr. Mit Milliardenaufwand wurden zunächst Flächen in der altindustriellen Region mit den drängensten Problemen gekauft, aufbereitet und vermarktet. Eine landesweite Auflage dieses revolvierenden Fonds schloß sich bereits Mitte der 80er Jahre an (MSKS, 1996). Intention war sicherlich, die bis dahin unüberwindlichen Finanzierungshürden zu überwinden. Es sind aber auch andere Implikationen damit verbunden:

- Bodenmobilisierung im überregionalen Maßstab,
- Entwicklung von Verfahren und Methoden mit dem Ziel, diese auf andere Fälle zu übertragen,
- Management für alle Beteiligten bis hin zur Vermarktung mit den Gemeinden.

Zunehmend gewinnen aber auch neue Wege mit privaten Unternehmen und Grundstückseigentümern an Bedeutung.

Eine Fülle einzelner Maßnahmen, die von Kommunen, Unternehmen oder beiden gemeinsam angegeben wurden, lassen sich landauf landab aufzeigen. Im Ruhrgebiet hat sicherlich die Ruhrkohle AG den größten Erfahrungsschatz an unterschiedlichen Modellen. Prosper, Gladbeck-Brauck, Minister Stein, Radbod sind Stichworte für neuere Verfahren und Finanzierungen, in denen der Grundstückseigentümer eine zentrale Rolle spielt.

Finanzierung ist überhaupt das Stichwort für Recyclingpolitik. Wurde lange Zeit die Altlast mangels Kenntnis ignoriert, gab es eine Periode, in der versucht wurde, den Boden in seinen ursprünglichen natürlichen Zustand zurückzuversetzen[3]. Das ist teuer und von zweifelhaftem ökologischen Wert. Oftmals war dies nur durch Bodenaustausch zu erreichen. Aber irgendwo muß der alte Boden bleiben – auf einer neuen Altlast? Etliche haben jedenfalls gut daran verdient, Analogien zum Asbest drängen sich da auf.

Aber auch der Faktor Zeit wurde arg strapaziert. Viele Schritte mußten nacheinander ablaufen, viel Zeit wurde vertan mit Abwarten, und in vielen Fällen ist unterwegs das Projekt regelrecht verlorengegangen.

Die Grundsätze, die sich aus diesen langen Erfahrungen durchgesetzt haben, lassen sich in Stichworten zusammenfassen:

Nutzungsabhängige Sanierung.

- Der Standard orientiert sich an der späteren Nutzung. Ein Kindergarten stellt andere Anforderungen an seine Umwelt als ein Güterverkehrszentrum. Andersherum sollte tunlichst auf kontaminierten Flächen auch

[3] Rd. ein Drittel der 33.000 Privatisierungsverträge der Treuhand enthält Vereinbarungen zu Altlasten, wobei die Kostenübernahme (60 – 75 % durch die Treuhand) regelmäßig den Kaufpreis gesenkt hat. Dabei waren Verkäufer und Käufer auf Schätzungen angewiesen - und diese sind zunächst unvorstellbar hoch ausgefallen. Ein Sanierungsbedarf von 800 Mrd. DM ergab sich aus der Addition der Rückstellungen für ökologische Altlasten in den D-Mark-Eröffnungsbilanzen der Treuhandunternehmen. Das waren Rückstellungen für sogenannte „Blumenerde-Lösungen“, da aber nicht jeder Industriestandort ein Kinderspielplatz werden soll, werden nun rd. 11 Mrd. DM Rückstellungen für die Altlastenbeseitigung ausgewiesen.

geplant werden, was gängige Standards erfordern und unbelastete Flächen sind den Nutzungen vorbehalten, die hohe Anforderungen stellen müssen.
- Planungs- und Verfahrensschritte sind soweit möglich parallel zu erarbeiten.
- die städtebauliche Planung muß mit der Gefährdungsabschätzung gemeinsam gemacht werden. Ein Spezialfall dabei ist auch die Beendigung der Bergaufsicht, die, wenn sie vorgeschaltet wird, viel Zeit in Anspruch nimmt und an den Problemen einer späteren Nutzung vielleicht vorbeiläuft.
- die Bauleitplanung und die Planungen für die technische Infrastruktur sind gemeinsam mit der Sanierungsplanung vorzunehmen. Auch das spart Zeit und schützt vor Überraschungen, wenn Probleme dort auftauchen, wo die Planung sie nicht gebrauchen kann.
- Sanierung und Aufbereitung muß mit der Erschließung und vielleicht sogar mit dem Bau gekoppelt werden.
- Tiefbaukosten werden dadurch erträglicher und empfindliche Bereiche können mit entsprechender Sorgfalt behandelt werden.
- Altlasten sind vorrangig am Ort „unschädlich" zu machen.

Es muß auf den erheblichen Management- und Koordinierungsaufwand hingewiesen werden. Gerade Fachingenieure kennen allein die sprachlichen Probleme, die Kooperation mit Leuten aus ganz anderen Disziplinen aufwerfen. Die Kompatibilität verschiedener Rechtsgebiete ist ebenfalls Quelle vieler Mühen: Das Bergrecht hat mit dem Baugesetzbuch keinerlei Verwandtschaft.

Aber Zeit und Geld diktieren dieses Vorgehen. Zeit ist in diesem Fall auch Geld; denn ein nicht durchorganisiertes Projekt kann niemand ernsthaft angehen und ein zeitlich nicht kalkulierbares Projekt kann niemand ernsthaft finanzieren. Das Geschäft der Inwertsetzung oder die Wiedernutzbarmachung ist mühsam und zunehmend etwas für Spezialisten. Deswegen hat es auf Seiten der Grundstückseigentümer organisatorische Maßnahmen gegeben, das Management ihrer Fälle in erfahrene Hände zu geben, und auf Seiten der Länder leisten Landesentwicklungsgesellschaften wichtige Arbeit. Das Beispiel NRW und Grundstücksfonds, der in den Händen der LEG Landesentwicklungsgesellschaft Nordrhein-Westfalen GmbH liegt, ist erwähnt worden.

Der kommunale Part, der unerläßlich ist, muß jedoch immer wieder neu eingeübt werden. Ein Ansatz, kommunales Management und Erfahrungen aus Unternehmen zusammenzufassen, wird seit 1992 z.B. mit der Entwicklungsagentur Östliches Ruhrgebiet GmbH erprobt (Noll et al., 1995).

Wenn wir uns zwischendurch fragen, warum soviel Aufwand betrieben wird, dann kann niemand die wirtschaftliche Entwicklung außer Acht lassen[4]. Auch hier ist in dem Umgang mit Herausforderungen Nordrhein-Westfalen, wenn auch sicher ungewollt, Vorreiter. Struktur ist ein wichtiges Wort geworden, und in Verbindung mit Wandel, Krise und Politik zeigt es an, daß große Veränderungen vor sich gehen. Die Diskussionen um den Industriestandort Deutschland soll hier nicht referiert werden. Die Verluste an Industriearbeitsplätzen werden in den einzelnen Regionen in Hunderttausenden gezählt.

NRW war nur als erstes Land davon betroffen. Weniger Arbeitsplätze, brachfallende Flächen, sinkender Bedarf wäre eine logische Abfolge, die Recycling in einem ganz anderen Licht erscheinen ließe. Wenn es so wäre. Die logische Kette hat aber Brüche, weil komplexe Prozesse zu scheinbar absurden Folgen führten.

Wir verlieren Arbeitsplätze und benötigen mehr Flächen. Das ist eine Entwicklung im Bestand. Dazu kommt, daß Wirtschaftsförderung stark angebotsorientiert arbeitet und deswegen gern ein Bündel qualitativ unterschiedlicher Standorte in ausreichender Qualität vorhält, um allen Nachfragen gerecht werden zu können.

Die Stichworte für den höheren Flächenverbrauch von Gewerbe und Industrie sind

- Arbeitsteilung
  z. B. Logistik,
- Prozeßinnovation
  z. B. Automatisierung, Just-In-Time,
  ebenerdige Produktionen,
  aber auch bisher spezifischer Büroflächenbedarf durch Technikeinsatz,

---

[4] Von 1980 bis 1994 hat das Land Nordrhein-Westfalen die Aufbereitung und Erschliessung von 525 gewerblichen Brachflächen in 217 Städten und Gemeinden mit knapp 2,37 Mrd. DM gefördert. 4.405 ha sind erschlossen, davon sind 3.238 ha als gewerbliche Nutzfläche verkauft. Die gewerbliche Wirtschaft hat darauf 7,5 Mrd. DM investiert und fast 87.000 Arbeisplätze geschaffen.

- Produktionnovation,
  oft verbunden mit neuen Anlagen, z. B. Bergbau, Flächen über Tage standen in keinem Verhältnis zu den Beschäftigten.

Der Flächenbedarf für Arbeiten, Wohnen, Bildung, Kultur, Freizeit und Mobilität steigt ständig. Wenn städtebauliche Leitbilder der „Innenentwicklung", der Integration von Nutzungen weiterverfolgt werden sollen, können wir nicht immer mehr nach außen auf neue Flächen entwikkeln. Und der höhere Flächenbedarf ist wichtiger Teil des Strukturwandels, dessen andere Seite Verluste sind.

Mitte der 90er Jahre leben in der Bundesrepublik Deutschland auf einer Fläche von etwa 357.000 qkm etwa 81,5 Mio. Menschen, über zwei Drittel davon in Städten. In Europa zählt die Bundesrepublik mit einer Bevölkerungsdichte von 228 Einwohnern je qkm zu den am dichtesten besiedelten Staaten. Sie liegt damit weit über dem Durchschnitt der Europäischen Union (146 Einwohner je qkm). Nur die Niederlande, Belgien und Großbritannien sind dichter besiedelt.

Als aktueller Trend in Deutschland ist ein ungebremster, flächenhaftender, kleinräumiger Verstädterungsprozeß zu beobachten. Insbesondere betroffen ist das Umland der Aglomerationsräume. Aufgrund des Siedlungsdruckes aus den Kernstädten ist dort das Siedlungsflächenwachstum, d. h. die neue Inanspruchnahme von Freiflächen, am höchsten (BM Bau, 1996).

In den 80er Jahren hat die Siedlungs- und Verkehrsfläche in den alten Bundesländern täglich um rd. 100 ha zugenommen, in der Regel auf Kosten von bisher landwirtschaftlich genutzten Flächen, die oftmals auch für den Naturschutz wertvoll waren.

Die Möglichkeiten wohnungsnaher Freizeitgestaltung werden eingeschränkt, Lebensräume für Pflanzen und Tiere zerstört, zerschnitten, zurückgedrängt. Häufig werden durch die Siedlungstätigkeit auch Frischluftschneisen blockiert und damit stadtklimatische Ausgleichsfunktionen ignoriert.

Regenwasser kann auf den Siedlungsflächen nicht mehr versickern, die natürliche Bodenbildung ist unterbrochen. Der Wasser- und Naturhaushalt ist also erheblich beeinträchtigt. Der anhaltende „Landschaftsverbrauch" könnte eingeschränkt werden, wenn innerstädtische, bereits „gebrauchte" Flächen verstärkt in Anspruch genommen würden. In den Städten entste-

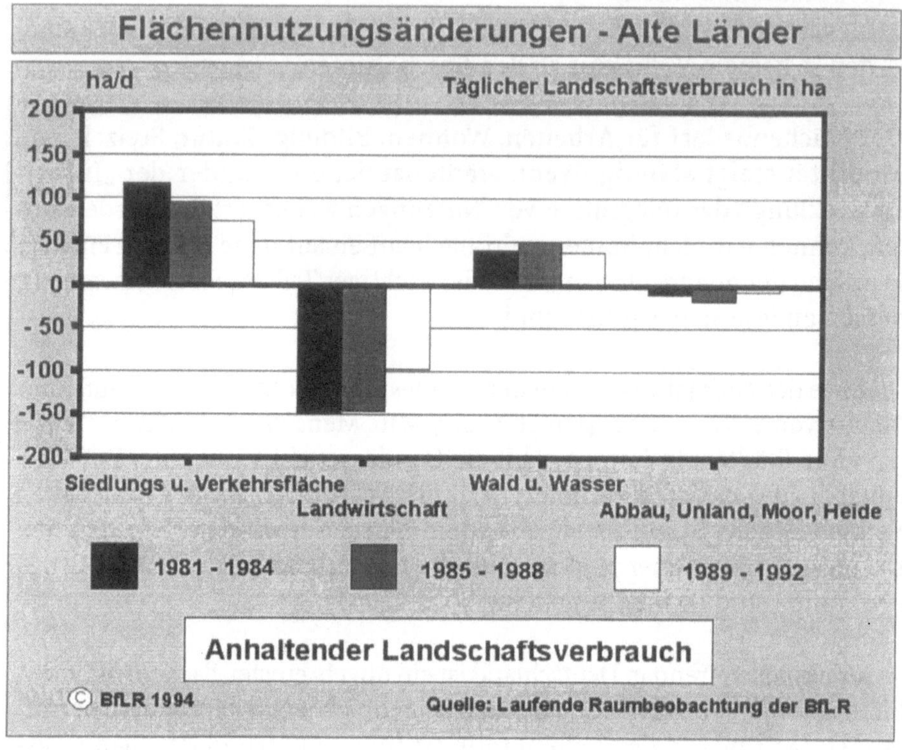

Abb. 1. Landschaftsverbrauch

hen durch den wirtschaftlichen Strukturwandel Gewerbe- und Industriebrachen. 80 % der Städte mit mehr als 50.000 Einwohnern haben Probleme bei der erneuten Nutzung dieser Brachflächen. Dies gilt insbesondere in den neuen Bundesländern, wo durch die schnelle wirtschaftliche Umstrukturierung viele solcher Brachflächen entstehen.

4 Die Chance

Brache als Ressource ist in der Überschrift mit einem Fragezeichen versehen. Bislang erscheint die Brache mehr als Last. Warum nehmen wir das alles auf uns? Haben wir nicht genug damit zu tun, Altlasten zu sanieren oder zu sichern und andere Flächen zu erschließen und zu vermarkten? Beides ist schwer genug, und beides zu kombinieren addiert die Probleme nicht nur, es erzeugt auch neue. Trotzdem muß hinter Ressource oder Chance auch ein dickes Ausrufezeichen gesetzt werden.

Einige Argumente dazu:

- Schon allein wegen aktueller Risiken erfordern die neuesten Brachflächen Aufwendungen, die rausgeworfenes Geld darstellen, wenn die Flächen danach nicht genutzt werden.
- Auch neue Flächen erfordern Aufwendungen. Rechnet man notwendige äußere Erschließungen und Kosten für den Aufwand im Gebiet, kommt man leicht auch auf Größenordnungen von 200,00 DM/qm. Solche Vollkostenrechnungen werden aber in den seltensten Fällen gemacht.
- Bereits gewerblich oder industriell genutzte Flächen haben in der Regel eine gute Einbindung in die Regional- und Stadtstruktur. Das spart bei der Wiedernutzung volkswirtschaftlich erhebliche Kosten. Vor allem im Montanbereich ist die Einbindung und die Anbindung z. B. an Wohngebiete beispielhaft. Lagevorteile alter Flächen können neue Flächen selten erreichen.

Aufwendungen bei Recyclingvorhaben von 300,00 DM/qm sind zwar nicht überraschend, in einer Vollkostenrechnung aber auch nicht konkurrenzlos. Es muß in Zukunft verstärkt darüber nachgedacht werden, was uns volks- und betriebswirtschaftlich die Nutzung von Boden und als Produktionsfaktor wert ist. In vielen Regionen geben wir für den Teppichboden im Büro mehr aus als für den Boden, auf dem das Büro steht. Und diese Relation ist auch nur mit Subventionen erreichbar.

Die Erkenntnisse haben sich auch bei vielen Verantwortlichen in Politik, Verwaltung und Wirtschaft durchgesetzt.

Deswegen gibt es auch Förderprioritäten für Brachflächen, Forschungsmittel und Restriktionen für die Ausweitung auf die grüne Wiese. Es gibt aber auch noch dicke Brocken, die den Weg zur erfolgreichen Reaktivierung gelegentlich blockieren: schlechtes Image, ungeklärte Haftung, schwer kalkulierbare Zeitabläufe sind nur drei Stichworte.

5 Ausblick

Zum Schluß soll aber auf Chancen und Ressourcen hingewiesen werden, die wir im Auge behalten und klug umsetzen sollten. Wir haben zwar nicht den genauen Überblick, was bei uns alles läuft, wir waren auch nicht die ersten in diesem Geschäft, wir sind es aber gründlich angegangen, haben

Techniken und Verfahren entwickelt und beherrschen das Brachflächenrecycling gut, jedenfalls auf einem hohen Niveau.

Der Markt für solche Leistungen wird wachsen. Wer in osteuropäischen Industrierevieren war, kann erahnen, worum es dort in den nächsten Jahrzehnten gehen wird. Wer eigene erfolgreiche Beispiele vorweisen kann, wer kostengünstig und schnell arbeiten kann und vor allem problemorientiert, der hat auch einen Markt für sich.

Die aktuellen Trends der Siedlungsentwicklung belegen, daß wir in Deutschland noch weit von einer nachhaltigen Entwicklung entfernt sind. Der Verstädterungsprozeß hält weiter an. Es kommt zu einer weiteren flächenzehrenden räumlichen Ausdehnung der Agglomerationsräume, einem weiteren Verlust siedlungsnaher Freiräume und weiteren Minderung ökologischer Ausgleichsfunktion (BM Bau, 1996).

Die Flächenmobilisierung wird sich in den Ballungsräumen künftig noch stärker als bisher auf das Flächenrecycling konzentrieren, denn im „Liegenlassen" ist nur selten eine vertretbare Option zu erkennen. Sollen unsere Städte als urbaner und attraktiver Wirtschaftsraum eine Zukunft haben, gilt es verstärkt die Entwicklungspotentiale der brachgefallenen Areale im Kern der gewachsenen Siedlungsstrukturen zu nutzen statt sie als ständiges Entwicklungshemmnis hinzunehmen.

Was wir brauchen, ist ein ausgewogenes Angebot, in dem die Brachen durch Beschleunigung von Verfahren und geeignete Finanzierungsinstrumente konkurrenzfähig bleiben. Dann haben Brachflächen eine Chance und sind eine wichtige Ressource im Strukturwandel.

Literatur

(BM Bau) Bundesministerium für Raumordnung, Bauwesen und Städtebau (Hrsg.) (1996): Siedlungsentwicklung und Siedlungspolitik, Nationalbericht Deutschland zur Konferenz HABITAT II (BT-Drucksache Nr. 13/3679)

Critcher C, Schubert K, Waddington D, (eds) (1995) Regeneration of the coalfield areas, Pinter, London.

Department of the Environment (1994) Assessment of the effectiveness of derelict land grant in reclaiming land for development

Estermann H, Roxlau-Hennemann F, (1995) The Eastern Ruhr Development Agency: a public and private sector initiative for structural change. In: (eds). Regeneration of the Coalfield Areas, Critcher et al. Pinter, London, pp. 91 – 97

Ferber Uwe (1995) Flächenrecycling in Europa - Strategien und Empfehlungen. In: BrachFlächenRecycling. Recycling Derelict Land: S. 14 - 18, Verlag Glückauf, Essen

(MSKS) Ministerium für Stadtentwicklung, Kultur und Sport des Landes Nordrhein-Westfalen (Hrsg.) (1996) Grundstücksfonds NRW, Rechenschaftsbericht 1995, Düsseldorf

Noll H, Peter (1993) Probleme bei der Vermarktung sanierter Flächen. In: Sanierung kontaminierter Flächen und deren Vermarktung, Kreis Recklinghausen (hrsg), S. 65 - 80

Noll H, Peter & Wittke O, (1995) Die Entwicklungsagentur Östliches Ruhrgebiet als Beispiel für Public-Private-Partnership. In: Walcha , Hermanns , (Hrsg) Partnerschaftliche Stadtentwicklung, Deutscher Gemeindeverlag Köln, S. 120 - 135

(RSU) Rat von Sachverständigen für Umweltfragen (1995) Altlasten II Sondergutachten, Stuttgart

Vom Flächenrecycling zum Flächenmanagement – Interessenkonflikte und Lösungsansätze –

Stephan Reiß-Schmidt

1 Leitbild „Nachhaltige Stadtentwicklung"

Nicht erst seit der UN-Konferenz für Umwelt und Entwicklung (UNCED) in Rio 1992 wissen Planer, Ökonomen und Politiker eigentlich, daß die Fläche zu den nicht vermehrbaren Ressourcen auf dieser Erde gehört. Trotzdem wird diese Erkenntnis im Alltag des Planens und Bauens bis heute immer wieder ignoriert, werden bedenkenlos neue Siedlungsflächen planerisch ausgewiesen, werden „grüne Wiesen" asphaltiert und betoniert, rangiert quantitatives Wachstum vor städtebaulicher und ökologischer Qualität.

Über flächensparendes Bauen, Innenentwicklung und Flächenrecycling wird seit Beginn der 80er Jahre in Deutschland mit zunehmender Intensität und nicht selten kontrovers diskutiert. Dies ist zum einen der Reflex eines verstärkten Umweltbewußtseins in der Gesellschaft, zum anderen Ausdruck wirtschaftlicher Überlegungen und Zwänge.

Der wirtschaftliche Strukturwandel von der Industrie- zur Dienstleistungsgesellschaft führte seit den 70er Jahren zu einem beschleunigten Brachfallen von gewerblich, industriell oder infrastrukturell genutzten Flächen. Besonders in altindustrialisierten Regionen wie dem Ruhrgebiet oder dem Saarland wurde daraus ein Problem, das der Bodenmarkt allein nicht mehr lösen konnte.

Die große Menge der Brachflächen – allein im Ruhrgebiet Mitte der 80er Jahre rund 6.000 Hektar – und die enormen Kosten der Wiedernutzbarmachung führten verbunden mit einem niedrigen Bodenpreisniveau und einer relativ schwachen Flächennachfrage in diesen Regionen zu besonderem Handlungsbedarf für Staat und Kommunen. In Nordrhein-Westfalen entstand aus dieser Situation 1980 zunächst der *Grundstücksfonds Ruhr*, der einige Jahre später zu einem landesweiten Fonds erweitert wurde.

Ankauf, Aufbereitung einschließlich Sanierung oder Sicherung von Altlasten sowie die Erschließung von Industrie- und Verkehrsbrachen wurden seitdem mit über 1,6 Mrd. DM vom Land und der EU gefördert. Fast 2.200 Hektar wurden seit 1980 in den Grundstücksfonds aufgenommen und mehr als ein Drittel davon für unterschiedliche Folgenutzungen wieder an private Bauherren oder Kommunen veräußert.

Trotz dieser enormen Anstrengungen ging auch nach 1980 die Inanspruchnahme von Freiräumen für neue Siedlungsflächen abgesehen von konjunkturellen Schwankungen fast unvermindert weiter. Die Gründe dafür waren und sind vielfältig: die Planungspolitik der Gemeinden schuf neue Angebote an Bauflächen auf der „grünen Wiese" und das Überangebot in strukturschwachen Regionen führte zu extrem niedrigen Bodenpreisen für Gewerbeflächen, die dann oft von der Wirtschaftsförderung noch zusätzlich heruntersubventioniert wurden. Die Ängste von Bauherren und Banken vor unkalkulierbaren und unversicherbaren Risiken beim Bauen auf altlastenverdächtigen Brachen trotz aller Sanierungs- oder Sicherungsanstrengungen und schließlich die zeitlichen Unwägbarkeiten der Nutzung eines Altstandortes ließen die Innenentwicklung häufig einen Planertraum bleiben.

Mittlerweile hat nach der Konferenz von Rio ein neues Zauberwort die Debatte erreicht: „*Nachhaltige Stadtentwicklung*". Aus der internationalen Diskussion über *sustainable development* abgeleitet wird der Begriff *Nachhaltigkeit* in letzter Zeit mit einiger Selbstverständlichkeit auch von Planern, Kommunalpolitikern und sogar von Ministern und Ministerpräsidenten gebraucht – so wie jüngst von Johannes Rau in seiner Regierungserklärung zu Beginn der rot-grünen Koalitionsregierung in Nordrhein-Westfalen. Mit der *Agenda 21* der Konferenz von Rio wurden die Städte aufgefordert, die Ziele der nachhaltigen Entwicklung auf lokaler Ebene in Handlungsprogramme umzusetzen.

Die HABITAT II – Konferenz in Istanbul 1996 wird sich mit der nachhaltigen Stadtentwicklung weltweit beschäftigen, und das Deutsche Nationalkommitee zur Vorbereitung dieser Konferenz hat unlängst den ersten Entwurf eines *Nationalen Aktionsplans* zur nachhaltigen Stadtentwicklung veröffentlicht. Damit bekommt die Diskussion über Innenentwicklung und sparsamen Umgang mit der nicht vermehrbaren Ressource Fläche eine globale Dimension und eine unerwartete politische Aktualität.

Neben dem *Flächenrecycling* und dem *Flächensparen* sind damit vor allem eine neue Diskussion über städtebauliche Nutzungsmischung und angemessene städtebauliche Dichten verbunden. *„Stadt der kurzen Wege"* heißt die Devise, die mittlerweile sogar offizielle Leitlinie des Bundesbauministers bei der Novellierung des Baugesetzbuches und der Baunutzungsverordnung ist. Durch eine engere Zuordnung von Wohnen, Arbeiten, Erholung und Versorgung sollen unnötiger Autoverkehr vermieden und damit Energie eingespart und Emissionen vermindert werden. In diesem Zusammenhang bekommen Innenentwicklung und Wiedernutzung brachgefallener Gewerbe- und Industrieflächen einen gewichtigen Stellenwert. Dies ändert allerdings nichts an der Tatsache, daß die beschriebenen Hemmnisse und gegenläufigen Interessen, die eine konsequente Innenentwicklung in den letzten 15 Jahren nicht zugelassen haben, im Prinzip immer noch wirksam sind.

Es stellt sich also die Frage, welche Veränderungen von Rahmenbedingungen der Stadtentwicklung, welche neuen Strategien und welche Instrumente in Zukunft vielleicht doch dazu beitragen können, daß das sich nach Rio als weltweiter Konsens herausschälende Leitbild der „Nachhaltigen (Stadt)-Entwicklung" mehr als ein Feigenblatt für das ungehemmte „weiter-so-wie-bisher" wird. Die Meßlatte liegt hoch, auch wenn man sich nicht allzu eng an der reinen Lehre einer ausschließlichen Innenentwicklung ohne jede Neubebauung und -versiegelung von Flächen orientiert: *Nachhaltige* Flächenpolitik bedeutet, daß in einer Stadt oder in einer Region in einer bestimmten Zeitperiode per saldo nicht mehr Flächen bebaut oder versiegelt werden dürfen, wie (an gleicher oder an anderer Stelle) in der Region durch die Aufgabe von Nutzungen frei werden.

Ein solches *Nullwachstum des Flächenkonsums* bedeutet nicht, daß jede Industriebrache wieder bebaut werden muß. Sie kann auch für die Rückgewinnung von Freiraum und als Ausgleichsfläche für Eingriffe in Natur und Landschaft herangezogen werden. Dies schafft Flexibilität, allerdings verbunden mit der strikten Regel, daß nicht mehr Flächen am Rand des Siedlungsbereiches neu baulich genutzt werden dürfen, als auf diese Weise der Natur und den Freiraumfunktionen wieder zurückgegeben werden.

Natürlich birgt auch ein so modifiziertes Leitbild der Innenentwicklung die Gefahr, daß Flächen- und Naturpotentiale ganz unterschiedlicher Qualität miteinander gleichgesetzt werden, und daß so nur eine scheinbar ausgeglichene Bilanz entsteht. Klar ist auch, daß ein derartiges Nullwachstum des Siedlungsflächenkonsums für sich allein nicht ausreicht, dem Leitbild einer nachhaltigen Stadtentwicklung näher zu kommen.

Funktionszuordnung, Dichte und damit Verkehrserzeugung sowie der Energieeinsatz sind weitere Kriterien, die beachtet werden müssen. Trotzdem wäre schon viel erreicht, wenn wenigstens im zweiten Anlauf eine bessere Übereinstimmung zwischen der rationalen Erkenntnis der Endlichkeit der Ressource Fläche und dem politisch-planerischen Handeln erreicht werden könnte. Wie stehen also die Chancen, daß eine rückschauende Bilanzierung im Jahr 2010 zu weniger ernüchternden Ergebnissen führt ?

2 Veränderte Rahmenbedingungen – alte Konflikte?

Im Vergleich zur ersten Welle einer Diskussion über Flächenrecycling und Innenentwicklung vor 15 Jahren haben sich die Rahmenbedingungen der Stadtentwicklung deutlich verändert Das hat allerdings nicht dazu geführt, daß die Interessenkonflikte verschwunden wären, sie haben sich sogar zum Teil noch verschärft.

Anders als noch vor acht oder zehn Jahren müssen wir heute davon ausgehen, daß die Flächenansprüche für die Leitfunktionen der Stadtentwicklung in Zukunft deutlich weniger rasch zunehmen werden, als in den ersten Dekaden nach dem Ende des zweiten Weltkriegs. Zusätzliche Flächenansprüche für den Wohnungsbau werden sich im wesentlichen nur noch aus Zuwanderungen ergeben können. Das enorme Wohlstandswachstum bei der Wohnflächenversorgung von 15 qm pro Person 1950 auf heute fast 40 qm wird sich wesentlich verlangsamen oder gar zum Stillstand kommen. Arbeitslosigkeit, Kürzungen bei Renten und Arbeitslosengeld, unsichere Zukunftserwartungen und Existenzängste werden nicht nur den bezahlbaren Wohnflächenkonsum reduzieren, sondern auch die Dynamik neuer Haushaltsgründungen, etwa von Jugendlichen, verlangsamen. Außerdem ist die „Versingelung“ der Gesellschaft vor allem in den Stadtregionen schon so weit fortgeschritten, daß ein Abflachen der Haushaltsneugründungskurve für die Zukunft zu erwarten ist.

Die Nachfrage nach Gewerbeflächen wird sich noch stärker als in den vergangenen Jahren auf Büroflächen, Dienstleistungsunternehmen und Versorgungshandwerk konzentrieren. Nach der Öffnung des Eisernen Vorhangs ist die Aussicht, daß Westeuropa Standort für neue, große Flächen beanspruchende Industrieproduktionen wird, noch geringer geworden als vor zehn Jahren. Massengüterproduktion und lohnintensive Fertigung wird immer mehr an die Ränder Europas und vor allem in die Schwellenländer Asiens und Afrikas wandern.

In Deutschland wird dies nicht nur in den noch stark von Montanindustrie und Grundstoffproduktion bestimmten Regionen wie dem Ruhrgebiet, sondern auch in den Hochburgen der Investitionsgüterindustrie etwa in der Region Stuttgart oder im Rhein-Neckar Raum zu einer Beschleunigung des Brachfallens von Industrieflächen führen. Im Ruhrgebiet ist heute schon erkennbar, daß diese beschleunigten Flächenfreisetzungen und eine drastisch verminderte Flächennachfrage auf mittlere Sicht zu einem Überangebot an Siedlungsflächen führen werden. Teilräumlich ist dies schon heute Realität. Beleuchtete und mit Hilfe öffentlicher Fördermittel gut erschlossene Schafweiden gibt es keineswegs nur in den ostdeutschen Bundesländern.

Eine dritte wesentliche Veränderung ergibt sich aus der zunehmend begrenzten Leistungsfähigkeit der öffentlichen Haushalte aller Ebenen. Angesichts geringer Wachstumsaussichten und einer an den Grenzen der Belastbarkeit angelangten Steuerquote wird sich daran in absehbarer Zeit auch nicht prinzipiell sehr viel ändern. Die Verteilungskämpfe zwischen verschiedenen Politikbereichen und Aufgabenfeldern von Europäischer Union, Bund, Ländern und Kommunen werden härter, die zur Verfügung stehenden finanziellen Ressourcen geringer werden.

Die gerade in strukturschwachen Regionen und bei stark belastenden Vornutzungen nur unter erheblichem Einsatz öffentlicher Mittel mögliche Aufbereitung und Erschließung „gebrauchter" Gewerbe- und Industrieflächen wird also unter zunehmenden Einsparungsdruck geraten. Noch weniger als in den letzten 15 Jahren wird es möglich sein, alle Flächenpotentiale zeitnah und mit hohem Qualitätsstandard für eine hochwertige Folgenutzung aufzubereiten. Stärker als bislang müssen räumlich und sachlich *Prioritäten* gesetzt, Chancen einer Folgenutzung realistisch eingeschätzt und sektoral optimierte Standards der Altlastensanierung bzw.-sicherung oder der Erschließungsqualität hinterfragt werden.

Einen umfassenden Ausschluß aller nur vorstellbaren rechtlichen, finanziellen und ökologischen Risiken bei der nachsorgenden Bewältigung früherer industrieller Flächennutzungen werden wir uns in Zukunft weniger denn je leisten können. Wir werden lernen müssen, mit dem Restrisiko zu leben und verantwortlich damit umzugehen, wenn wir nicht durch sektorale Optimierungsversuche Immobilität und Ressourcenverschwendung riskieren wollen. Umso wichtiger wird es in Zukunft werden, im Bereich des vorsorgenden Umweltschutzes konsequenter zu sein, um den nachfolgenden Generationen ähnliche Hypotheken zu ersparen, wie wir sie etwa in Bezug auf die Kontamination von Boden und Gewässern aus den Pionierjahren der Industriegesellschaft geerbt haben.

Anders als die skizzierten Rahmenbedingungen sind die Interessen, die von Eigentümern, Planern, Wirtschaftsförderern, Folgenutzern, Fachbehörden und der Bau- und Entsorgungswirtschaft auf den Umgang mit Industriebrachen gerichtet sind, derzeit noch weitgehend unverändert. Die Alteigentümer wollen sich möglichst billig ihrer Verantwortung als Verursacher entledigen, die Folgenutzer wollen ihr Risiko minimieren, die Planer wollen eine Wiedernutzung mit möglichst hoher städtebaulicher und ökologischer Qualität, die Wirtschaftsförderer wollen kurzfristig attraktive Angebote für Ansiedlungsinteressenten, die Fachbehörden suchen oft ohne Rücksicht auf Anderes nach der Optimierung ihrer Belange, und der Bau- und Entsorgungswirtschaft ist es meistens egal, womit sie ihr Geld verdient – mit Asbesteinbau oder Asbestsanierung, mit Deponierung oder Bodensanierung, mit dem Betonieren der grünen Wiese oder mit der Erschließung einer Industriebrache.

Woher können also die Impulse für veränderte Strategien, für neue Instrumente und damit für neue Erfolgschancen beim Flächenrecycling und bei der Flächenpolitik kommen? Mit Sicherheit nicht aus sektoralen Optimierungen einzelwirtschaftlicher Interessen oder fachbehördlicher Aufgabenwahrnehmung. Eher schon aus dem eingangs dargestellten Paradigmenwechsel der räumlichen Planung von der städtebaulichen Innenentwiclung zum umfassenderen Ziel einer *nachhaltigen* Regional- und Stadtentwicklung.

Entscheidend dürfte es aber darauf ankommen, die Strategien und Instrumente auf die veränderten ökonomischen, ökologischen und sozialen Rahmenbedingungen der Stadtentwicklung und damit auch der Flächenpolitik zuzuschneiden. Gebraucht werden dazu *integrierte* und *regionale* Strategien, die die Erfahrungen mit dem Flächenrecycling und der Innenentwicklung in den letzten 15 Jahren aufgreifen und daraus die richtigen Schlußfolgerungen ziehen.

3 Neue Strategien und Instrumente

Ohne den Anspruch auf eine vollständige Ausleuchtung des komplexen Themas zu erheben, sollen hier fünf Punkte als wichtige Elemente einer zukunftsorientierten Strategie hervorgehoben werden:

1. Priorität für das Flächenrecycling gegenüber der Neuerschließung
2. Statt reaktiven Vorgehens im Einzelfall ein vorausschauendes, regionales bzw. interkommunales Flächenmanagement
3. Prozeßorientiertes, die beteiligten Fachdisziplinen integrierendes Vorgehen
4. Transparenz und offensive Öffentlichkeitsarbeit bei der Altlastenbewältigung
5. Einheitliche Qualitätsstandards für die Altlastensanierung und -sicherung (standardisierte Verfahren, Grenzwerte).

1.

Solange auf einem zunehmend vom Überangebot gekennzeichneten Flächenmarkt die hinsichtlich Image, Risiken und Kosten attraktiveren Neuflächen die Recyclingflächen konkurrieren, wird eine Trendwende zu einer nachhaltigen Flächenpolitik nicht gelingen. Planungsrechtlich und beim Einsatz öffentlicher Mittel müssen deshalb die Recyclingflächen Priorität haben. Das bedeutet nicht in jedem Fall, daß eine bauliche Wiedernutzung der Industriebrache angestrebt werden muß.

Es kann je nach den stadtstrukturellen Gegebenheiten und den Charakteristika der Brachflächen sowie den Anforderungen einer neuen Nutzung sinnvoller sein, die Brachfläche als ökologische Ausgleichsfläche zu sanieren und zu gestalten, und im Verbund mit dieser Maßnahme eine neue Siedlungsfläche im Freiraum zu erschließen. Mit diesen Alternativen sollte nach sorgfältiger Abwägung aller Aspekte undogmatisch und pragmatisch umgegangen werden.

Wichtig ist allerdings, daß ein *Junktim* zwischen der Aufbereitung der Industriebrache und einer eventuellen Neuerschließung von Flächen hergestellt wird: eine Neuerschließung kommt nur unter der Voraussetzung einer vorlaufenden oder gleichzeitigen Renaturierung der Industriebrache in maximal gleichem Umfang in Betracht. Die Kosten einer Renaturierung und alle vorlaufend notwendigen Aufbereitungsschritte der Industriebrache müssen in die Erschließungskosten der Neufläche einbezogen werden, und sollten auch in die Preisbildung eingehen.

Derartige *„Pairing"- oder Paketlösungen* sichern, daß durch die Erschließung von Neuflächen, die im Einzelfall notwendig und sinnvoll sein mag, weder ein Ressourcenentzug zu Lasten des Flächenrecyclings, noch eine ungleichgewichtige Konkurrenzsituation entsteht. Gerade aus dem letztgenannten Grund ist es außerdem wichtig, daß solche Lösungen in einem *interkommunalen* oder *regionalen* Rahmen gesucht und zwischen den Kommunen vereinbart werden.

2.

Ein *vorausschauendes* regionales *Flächenmanagement* geht weit über die bisherige Praxis hinaus, in der meist spontan auf das Entstehen einer Industriebrache *reagiert* und nach einzelfallbezogenen Lösungen gesucht wird. Diese Lösungen sind häufig weder hinsichtlich der städtebaulichen Qualität noch in bezug auf die Nachfragesituation hinreichend durchdacht.

Eine alternative Vorgehensweise geht von einer Abschätzung nicht nur der aktuell verfügbaren Industriebrachen, sondern auch der mittelfristig aufgrund wirtschaftlicher Rahmendaten und erkennbarer Firmenentwicklungen zu erwartenden Flächenfreisetzungen aus. Diese Flächen werden nach ihren verkehrlichen, siedlungsstrukturellen, ökologischen und städtebaulichen Potentialen vergleichend bewertet und in eine Eignungsskala für mögliche Folgenutzungen eingeordnet.

Durch städtebauliche Testentwürfe können das Potential der Flächen anschaulich dargestellt und der angestrebte Qualitätsstandard für eine Wiedernutzung formuliert werden. Parallel werden Szenarien der Flächennachfrage entwickelt, um eine Einschätzung maximaler und minimaler Flächenbedarfe nach Art und Umfang zu erhalten. Daraus lassen sich die notwendige Geschwindigkeit und die Reihenfolge einer Aufbereitung und ggf. Neuerschließung ableiten.

Der aufwendige Einsatz von Planungsinstrumenten wie z.B. Bauleitplanung, Vorhaben- und Erschließungspläne, städtebauliche Verträge, erfolgt nach einer sich daraus ergebenden und möglichst interkommunal bzw. regional vereinbarten *Prioritätenliste.* Damit kann eine Fehlleitung knapper öffentlicher Ressourcen eher als mit dem heutigen Zufallsverfahren und dem Windhundrennen um Fördermittel vermieden werden.

Verbunden mit einer interkommunal bzw. regional organisierten *Flächenvorratspolitik* können so für verschiedene absehbare regionale Flächenbedarfe („*strategische Flächenbedarfe*") geeignete (Recycling-) Flächen vorbereitet werden, ohne allzugroße Überkapazitäten zu schaffen.

3.

Die Erfahrungen der letzten Jahre beim Flächenrecycling zeigen deutlich, daß ein isoliertes und *konsekutives* Vorgehen von Altlastenerkundung und -sanierung, ökologischer Analyse, städtebaulicher Planung und wirtschaftlicher Flächenentwicklung zu hohen Reibungsverlusten und fast immer zu suboptimalen Ergebnissen führt.

Stattdessen haben sich – z.B. bei den „Arbeiten im Park"-Projekten der Internationalen Bauausstellung Emscher Park im Ruhrgebiet – *integrierte, prozeßorientierte Vorgehensweisen* bewährt. Wirtschaftsförderer, Altlastenexperten, Städtebauer, Landschaftsplaner und Erschließungsplaner gehören von Anfang an mit den Eigentümern und Behörden an einen Tisch.

Ein gutes Projektmanagement vorausgesetzt können sich dort Anforderungen, Erwartungen und Qualitätsstandards der Beteiligten einander annähern und mit den Rahmenbedingungen wie Zeitplanung, Fördermittel usw. in Übereinstimmung gebracht werden. In solche Prozesse lassen sich erfahrungsgemäß sogar städtebauliche und landschaftsplanerische Wettbewerbsverfahren so integrieren, daß weder die Wettbewerbsteilnehmer überfordert noch die Wettbewerbsergebnisse zum Schubladendasein verurteilt sind.

Bewährt haben sich besonders bei sehr großen und komplexen Industriebrachen auch städtebaulich-ökologische Rahmenpläne als Katalysator und fortschreibbares „Protokoll" derartiger Prozesse.

Entscheidend sind bei dieser Vorgehensweise klare *Zeit- und Qualitätsvereinbarungen* der Beteiligten untereinander und ein hohes Maß an Offenheit und Flexibilität im Interesse des gemeinsam angestrebten Ergebnisses. An die soziale und fachliche Kompetenz des Projektmanagements werden in solchen oft zwei bis fünf Jahre dauernden Verfahren besonders hohe Anforderungen gestellt.

Das Planungsrecht bietet mittlerweile neben dem klassischen Instrumentarium der Bauleitplanung (Flächennutzungsplan und daraus entwickelter Bebauungsplan) eine Reihe weiterer, flexibel handhabbarer Instrumente. Der Vorhaben- und Erschließungsplan verbindet die zügige und vereinfachte Schaffung von Planungsrecht mit einer relativ hohen Verbindlichkeit der Umsetzung durch den als Vertragspartner der Kommune auftretenden Bauherrn oder Developer. Löst dieser die im V&E-Plan festgelegten städtebaulichen Absichten innerhalb der befristeten Geltungsdauer nicht ein, entfällt das Planungsrecht entschädigungslos, so daß die Gemeinde ggf. mit neuen Partnern ihre Ziele umsetzen kann.

Daneben sind in den letzten Jahren die erweiterten Möglichkeiten *städtebaulicher Verträge* von zunehmender Bedeutung für komplexe Vorhaben des Flächenrecyclings geworden. Neben der Übernahme von Aufbereitungs- und Erschließungsaufgaben können auch mit dem Vorhaben verbundene Infrastrukturaufgaben im sozialen und kulturellen Bereich oder naturschutzrechtliche Kompensationsmaßnahmen in sehr flexibler Weise in einem städtebaulichen Vertrag zwischen Bauträger und Kommune rechtssicher und ohne Vorfinanzierungslasten für die öffentliche Hand geregelt werden.

4.

In der Vergangenheit sind durch mangelnde Professionalität und eine oft aus der Unsicherheit der Akteure resultierende Tabuisierung des Themas Altlasten viele Konflikte eher eskaliert als gelöst worden. Vertrauensverlust für die planenden und genehmigenden Behörden, große Zeitverzögerungen und nicht selten auch das Scheitern von Recyclingabsichten waren die Folgen.

Mittlerweile ist zumindest in den industriell geprägten Stadtregionen das Thema Altlastenbewältigung und Flächenrecycling vom exotischen Sonderfall zum Alltagsgeschäft geworden. Gelassenheit, Sicherheit und *positive Routine* sollten in Zukunft Transparenz und Offenheit auch gegenüber der Öffentlichkeit eigentlich problemloser ermöglichen.

Zum *Flächenmanagement* und zum *Altlastenmanagement* als wichtiger Teilaufgabe gehören deshalb von Anfang an eine rückhaltlose Information und eine auf das positive Entwicklungsziel des Flächenrecyclings orientierte Öffentlichkeitsarbeit.

Die *„gläserne Altlastensanierung"* muß in Zukunft zum Regelfall werden. Nur so können die immer noch gravierenden Vorbehalte späterer Folgenutzer gegenüber sanierten Altlastenflächen aufgelöst und in eine aufgeklärte, risikobewußte Akzeptanz verwandelt werden.

5.

Um Planungs- und Investitionssicherheit beim Umgang mit Industriebrachen zu ermöglichen, müssen die Anforderungen an die Qualität der Sanierungs- und Sicherungsmaßnahmen für Altlasten endlich standardisiert werden. Es kann nicht akzeptiert werden, daß die Beurteilung von Gefährdungen, die Formulierung von Sanierungszielen und die Wahl der Sanierungs- bzw. Sicherungsmaßnahmen immer noch von Gutachter zu Gutachter, von Umweltamt zu Umweltamt, von Gericht zu Gericht unterschiedlich ist. *Nutzungsbezogene Sanierungszielwerte* mit bundesweiter, besser noch EU-weiter Geltung sind längst überfällig.

Mehr Akzeptanz von Recyclingflächen auch bei Banken und Endnutzern wird schließlich nur durch nachvollziehbare *Qualitätsstandards* zu erreichen sein, wie sie für andere Produkte und Dienstleistungen längst selbstverständlich sind. Die *„zertifizierte Recyclingfläche"* könnte sogar zu einem vermarktungsfördernden Markenzeichen werden, das für Qualität, Sicherheit und sparsamen, verantwortlichen Umgang mit Ressourcen steht. Ergänzt werden könnte ein solches Qualitätstestat noch durch eine versicherungstechnisch organisierte „Garantie", die Restrisiken aus der vorherigen Nutzung der Fläche abdeckt.

4 Ausblick

Die Wiedernutzung von Industriebrachen wird auch in Zukunft eine aktuelle umweltpolitische und planerische Aufgabe bleiben. Durch den wirtschaftlichen Strukturwandel werden in Deutschland und in ganz Europa in den nächsten 20 Jahren voraussichtlich mehr Industrieflächen brachfallen als in den hinter uns liegenden Dekaden. Zugleich werden die Umweltsituation und die finanzielle Lage der öffentlichen Hände in Zukunft einen haushälterischen Umgang mit der nicht vermehrbaren (Siedlungs-) Fläche noch stärker als bislang erzwingen.

Das mittlerweile nicht allein in der Fachdiskussion, sondern auch in der politischen Debatte zunehmend geforderte oder zumindest akzeptierte Leitbild einer langfristig orientierten, global verantwortlichen *„nachhaltigen Entwicklung"* kann der Wiedernutzung von Industriebrachen einen kräftigen Schub nach vorne geben. Wenn dieser Schub in effektive Bewegung für die tatsächlichen Probleme und Projekte umgesetzt werden soll, müssen die Strategien und Instrumente des Flächenrecyclings weiterentwickelt werden.

Statt einer reaktiven, einzelfallbezogenen Vorgehensweise brauchen wir ein *regional* organisiertes, *vorsorgendes* Flächenmanagement. Brachflächenrecycling, Neuausweisung von Siedlungsflächen und ökologische Kompensationsmaßnahmen müssen gemeindegrenzenübergreifend zu *problemorientierten* und *zukunftsbeständigen* „Paketlösungen" zusammengefaßt werden. Durch verbesserte planungsrechtliche, umweltrechtliche, organisatorische und ökonomische Instrumente kann ein solches Vorgehen erleichtert werden.

Entscheidend für den Erfolg sind transparente, integrierte und ergebnisorientierte Planungsprozesse, die zu nachvollziehbaren und in ihrer Qualität vergleichbaren Ergebnissen führen. Solche Planungs- und Umsetzungsprozesse können nicht von sektoralen Experten nach eindimensionalen Optimierungskriterien gestaltet werden, sondern bedürfen der *interdisziplinären Zusammenarbeit* von Ingenieuren, Geologen, Toxikologen, Stadt- und Landschaftsplanern, Juristen und Sozialwissenschaftlern.

Von der fachlichen und sozialen Kompetenz der Beteiligten, von der Qualität des Projektmanagements und von der Glaubwürdigkeit einer projektbegleitenden Öffentlichkeitsarbeit wird es in Zukunft verstärkt abhängen, ob die Wiedernutzung „gebrauchter" Siedlungsflächen als *Normalfall* der Stadtentwicklung von Bürgern und Nutzern akzeptiert wird. Damit wäre ein wesentlicher Schritt zu einer nachhaltigeren Stadtentwicklung getan.

Literatur

Apel, D.; Henckel, D. u.a. (1995): Flächen sparen, Verkehr reduzieren – Möglichkeiten zur Steuerung der Siedlungs- und Verkehrsentwicklung = Difu-Beiträge zur Stadtforschung 16, Berlin

Bundesministerium für Raumordnung, Bauwesen und Städtebau (1995): Siedlungsentwicklung und Siedlungspolitik – Nationalbericht Deutschland Habitat II, Bonn

Bunzel, A. u.a. (1995): Städtebauliche Verträge - Rechtliche Grundlagen, Hinweise zur Vertragsgestaltung, Regelungsbeispiele und Vertragsmuster = Difu-Beiträge zur Stadtforschung 14, Berlin

Deutscher Städtetag, Hrsg. (1995): Städte für eine umweltgerechte Entwicklung - Materialien für eine „Lokale Agenda 21" = DST-Beiträge zur Stadtentwicklung und zum Umweltschutz, Reihe E/ Heft 24

Ganser, K.; Kupchevsky, T. (1991): Arbeiten im Park - 16 Standorte im Wettbewerb um Qualität, in: Stadtbauwelt 110, S. 1220-1229

Henckel, D.; Hollbach, B. (1991): Neue Techniken auf alten Flächen =Difu-Beiträge zur Stadtforschung

Internationale Bauausstellung Emscher Park, Hrsg. (1992): Technologiezentren in der Emscherregion =IBA-Themenheft 1, Gelsenkirchen

Kotthoff, S. u.a. (1989): Altlasten im Städtebau - Arbeitshilfe in der Bauleitplanung und beim Baugenehmigungsverfahren, Deutscher Gemeindeverlag/Verlag W. Kohlhammer, Köln

Ministerium für Stadtentwicklung und Verkehr/Ministerium für Umwelt, Raumordnung und Landwirtschaft des Landes Nordrhein-Westfalen (1992): Gemeinsamer Runderlaß „Berücksichtigung von Flächen mit Bodenbelastungen, insbesondere Altlasten, bei der Bauleitplanung und im Baugenehmigungsverfahren" in: Ministerialblatt für das Land NW, Düsseldorf, S. 876-885

Ministerium für Stadtentwicklung und Verkehr des Landes Nordrhein-Westfalen, Hrsg. (1994): Stadtökologie - Industrie- und Gewerbeflächen =Dokumentation des Landeswettbewerbs 1993/94

Ministerium für Stadtentwicklung, Kultur und Sport des Landes Nordrhein-Westfalen, Hrsg. (1995): Grundstücksfonds - Rechenschaftsbericht 1995, Düsseldorf

Reiß-Schmidt, S. (1988): Altlastenprobleme aus der Sicht des Stadtplaners, in: Städte- und Gemeindebund Heft 4, S. 127-135

Reiß-Schmidt, S. (1992): Städtebauliche Planungskonzepte für den Umgang mit Industrieflächen, in: LÖLF-Mitteilungen Heft 2, S. 32-43

Selke, W.; Hoffmann, B. (1992): Kommunales Altlastenmanagement, Economica Verlag Bonn

Rechtlicher Rahmen für Bauleitplanung nach dem Baugesetzbuch und dem Maßnahmengesetz zum Baugesetzbuch

Elisabeth Heitfeld-Hagelgans

1 Vorbemerkungen

Zur Vorbereitung städtebaulicher Planungen wurde in der Vergangenheit der Boden allenfalls unter dem Gesichtspunkt der Standfestigkeit untersucht; eine Berücksichtigung von „Bodenbelastungen" oder „Altlasten" erfolgte nur in Ausnahmefällen. Etwa seit Anfang der 80er Jahre wurden spektakuläre Altlastenfälle in der Öffentlichkeit bekannt. Bei der Mehrzahl dieser Altlastenfälle knüpften die oft jahrelangen gerichtlichen Auseinandersetzungen an das Bau- und Planungsrecht an, das heißt, es wurden Amtspflichtverletzungen der Gemeinden als Planungsträger oder der Bauaufsichtsbehörden zum Gegenstand der gerichtlichen Entscheidungen gemacht.

Mit dem Grundsatzurteil des Bundesgerichtshofs vom 26.01.1989 – III ZR 194.87 – BauR 1989, Seite 166 (zur Altlast Bielefeld-Brake) wurden die rechtlichen Anforderungen zur Berücksichtigung von Bodenbelastungen bei der Bauleitplanung klargestellt. Nach dem vorgenannten Urteil haben die Amtsträger einer Gemeinde die Amtspflicht, bei Aufstellung von Bebauungsplänen Gesundheitsgefährdungen zu verhindern, die den zukünftigen Bewohnern des Plangebiets aus dessen Bodenbeschaffenheit drohen. Zu den „Amtsträgern" gehören auch die Mitglieder der Gemeindevertretung; sie sind Beamte im Sinne des Amtshaftungsrechts. Mit der Ausweisung von Bauland erzeugt der Träger der Bauleitplanung das Vertrauen, daß die ausgewiesene Nutzung ohne Gefahr realisierbar, insbesondere der Boden nicht übermäßig mit Schadstoffen belastet ist. Insoweit ist der Bebauungsplan „Verläßlichkeitsgrundlage" für Dispositionen der Eigentümer oder Bauwilligen beim Erwerb von Grundstücken sowie bei der Errichtung oder dem Kauf von Wohnungen. Grundsätzlich kann die Verletzung dieser Amtspflicht Schadensersatzansprüche gegen den Träger der Bauleitplanung begründen.

Die Arbeitsgemeinschaft der für das Bau-, Wohnungs- und Siedlungswesen zuständigen Minister der Länder (ARGEBAU) hatte 1987 eine Projektgruppe eingerichtet, die eine umfassende Arbeitshilfe für die Gemeinden bei der Bauleitplanung und für die Bauaufsichtsbehörden bei der Zulässigkeit von Vorhaben erarbeitete („Altlasten im Städtebau", 1988). Auf der Grundlage dieser Arbeitshilfe wurde von der ARGEBAU 1991 ein Mustererlaß vorgelegt, der bundeseinheitlich abgestimmt Ausführungen zur Berücksichtigung von Altlasten bei der Bauleitplanung und im Baugenehmigungsverfahren enthält. Das Land Nordrhein-Westfalen hat diesen Erlaß – ergänzt um landestypische Regelungen – als gemeinsamen Runderlaß des Ministeriums für Stadtentwicklung und Verkehr, des Ministeriums für Bauen und Wohnen und des Ministeriums für Umwelt, Raumordnung und Landwirtschaft am 15.05.1992 eingeführt (MBl. NW. 1992 S. 876). Zur Verdeutlichung der rechtlichen Anforderungen wurden mit der Broschüre „Gewerbegebiete auf Flächen mit Bodenbelastungsverdacht" (Baustein Nr. 15, herausgegeben vom Institut für Landes- und Stadtentwicklungsforschung des Landes Nordrhein-Westfalen, Dortmund 1994) den Gemeinden Planungs- und Entscheidungshilfen für die Festsetzung von Gewerbegebieten auf belasteten Flächen an die Hand gegeben. Die nachfolgenden Ausführungen beruhen im wesentlichen auf dem vorgenannten gemeinsamen Runderlaß und der vorgenannten Broschüre.

2 Rechtlicher Rahmen zur Berücksichtigung von Bodenbelastungen, insbesondere Altlasten, bei der Bauleitplanung

2.1 Allgemeines, Begriffe

Die Bauleitplanung ist eine Selbstverwaltungsaufgabe der Gemeinden. Die Gemeinden haben in eigener Verantwortung die Bauleitpläne aufzustellen, sobald und soweit es für die städtebauliche Entwicklung und Ordnung erforderlich ist. Bauleitpläne sind der Flächennutzungsplan (vorbereitender Bauleitplan) und der Bebauungsplan (verbindlicher Bauleitplan). Seit 1993 steht den Gemeinden als weiteres planungsrechtliches Instrument die Satzung über den Vorhaben- und Erschließungsplan (§ 7 des Maßnahmengesetzes zum Baugesetzbuch) als „vorhabenbezogener Bebauungsplan" zur Verfügung. Die Bauleitplanung ist im Baugesetzbuch des Bundes (BauGB) und im bis zum 31.12.1997 befristeten Maßnahmengesetz zum Baugesetzbuch (BauGB-MaßnahmenG) geregelt.

Nach dem Baugesetzbuch sind „Flächen, deren Böden erheblich mit umweltgefährdenden Stoffen belastet sind“ in den Bauleitplänen zu kennzeichnen (§ 5 Abs. 3 Nr. 3 und § 9 Abs. 5 Nr. 3 BauGB). Der Begriff der „Bodenbelastungen“ im Städtebaurecht ist umfassender als der Begriff „Altlasten“ nach dem Abfallrecht. Der Begriff „Altlasten“ knüpft an den Gefahrenbegriff des allgemeinen Ordnungsrechts an und erstreckt sich nicht auf bestimmte großflächige Bodenbelastungen. „Bodenbelastungen“ im Sinne des Städtebaurechts hingegen sind bereits unterhalb der Gefahrenschwelle des allgemeinen Ordnungsrechts in der Bauleitplanung im Sinne des vorbeugenden Umweltschutzes zu berücksichtigen und beinhalten alle Flächen, deren Böden erheblich mit umweltgefährdenden Stoffen belastet sind (das heißt auch z.B. Bodenbelastungen durch Lufteintrag, Überschwemmungen oder andere Ursachen).

2.2 Planungsanlaß

Nach § 1 Abs. 3 Baugesetzbuch sind Bauleitpläne aufzustellen, sobald und soweit es für die städtebauliche Entwicklung und Ordnung erforderlich ist. Hinsichtlich der Berücksichtigung von Altlasten bei der Bauleitplanung sind folgende Anlässe möglich:

- Wird aus allgemeinen städtebaulichen Gründen ein Bauleitplan aufgestellt (z.B. zur Ausweisung eines Wohngebiets oder Gewerbegebiets), so darf gleichwohl das Problem „Bodenbelastungen“ nicht ausgeklammert werden, wenn es konkrete Hinweise oder Anhaltspunkte über das mögliche Bestehen von Bodenbelastungen gibt.
- Soweit bei wirksamen Flächennutzungspläne bzw. rechtskräftigen Bebauungsplänen nachträglich ein Bodenbelastungsverdacht auftritt, stellt sich für die Gemeinden und die Vollzugsbehörden (z.B. Baugenehmigungsbehörden) die Frage, ob von der Nichtigkeit oder Teilnichtigkeit der Bauleitpläne auszugehen ist. Dies kann Anlaß sein, in einem Änderungsverfahren zu prüfen, ob die Bauleitpläne aufzuheben, zu ändern oder zu ergänzen sind. Unter Umständen kann es in diesen Fällen erforderlich sein, durch die Zurückstellung von Baugesuchen nach § 15 BauGB oder den Erlaß einer Veränderungssperre nach § 14 BauGB die Nutzung einer vermutlich belasteten Fläche auszusetzen, bis die Frage der Nutzbarkeit abschließend geklärt ist.

2.3 Abwägung

Nach § 1 Abs. 6 BauGB haben die Gemeinden bei der Aufstellung der Bauleitpläne die öffentlichen und privaten Belangen gegeneinander und untereinander gerecht abzuwägen. Das Abwägungsgebot verlangt, daß in die Abwägung alle Belange eingestellt und ihrer Bedeutung entsprechend gewichtet werden, die nach der konkreten Sachlage in Betracht kommen. Gemäß § 1 Abs. 5 BauGB müssen insbesondere die allgemeinen Anforderungen an gesunde Wohn- und Arbeitsverhältnisse und die Sicherheit der Wohn- und Arbeitsbevölkerung gewahrt bleiben und die Belange des Umweltschutzes berücksichtigt werden; aus der Nutzung des Bodens darf keine Gefahr für die Nutzer entstehen.

2.4 Kennzeichnung

Nach § 5 Abs. 3 Nr. 3 bzw. § 9 Abs. 5 Nr. 3 BauGB sind im Flächennutzungsplan bzw. Bebauungsplan die Flächen, deren Böden erheblich mit umweltgefährdenden Stoffen belastet sind, zu kennzeichnen. Aufgabe der Kennzeichnung ist es, für die nachfolgenden Verfahren auf mögliche Gefährdungen durch Bodenbelastungen und die erforderliche Berücksichtigung hinzuweisen („Warnfunktion"). Die Kennzeichnung entbindet nicht von einer sachgerechten Abwägung, das heißt, entscheidend in der Bauleitplanung ist die umfassende Prüfung und Entscheidung, ob die vorgesehene Nutzung mit der vorhandenen Bodenbelastung vereinbar ist.

2.5 Flächennutzungsplan

2.5.1 Berücksichtigung von Bodenbelastungen bei der Planaufstellung

Der Flächennutzungsplan stellt die beabsichtigte Art der Bodennutzung nach den voraussehbaren Bedürfnissen für das ganze Gemeindegebiet in den Grundzügen dar. Dabei müssen die dargestellten Nutzungen im Planungszeitraum ohne Gefährdungen realisierbar sein. Erlangt die Gemeinde Kenntnis von konkreten, möglicherweise erheblichen und damit gefährdenden Bodenbelastungen, so hat sie dem nachzugehen. Die betreffenden Flächen sind mit der der Stufe des Flächennutzungsplans angemessenen Grobmaschigkeit auf das Vorhandensein von Bodenbelastungen, auf deren Ausmaß und auf den Gefährlichkeitsgrad der von den Bodenbelastungen zu erwartenden Einwirkungen hin zu untersuchen.

Flächen, deren Böden erheblich mit umweltgefährdenden Stoffen belastet sind und für die der Flächennutzungsplan eine bauliche Nutzung vorsieht, sollen gekennzeichnet werden. Zweck dieser Kennzeichnung ist eine „Warnfunktion" für die weiteren Planungsstufen, insbesondere für den verbindlichen Bebauungsplan.

2.5.2 *Auswirkungen von Bodenbelastungen auf wirksame Flächennutzungspläne*

Dem Flächennutzungsplan ist ein Erläuterungsbericht beizufügen. Im Erläuterungsbericht ist darzulegen, welche Gründe für die beabsichtigte bauliche Nutzung trotz vorhandener Bodenbelastungen maßgebend sind. Weiterhin ist darzulegen, welche Maßnahmen oder Vorkehrungen zu treffen sind, damit die städtebauliche Entwicklung und Ordnung gesichert werden kann und keine Mißstände planerisch vorbereitet werden.

Tritt ein Bodenbelastungsverdacht bei bestehenden (wirksamen) Flächennutzungsplänen auf, ist von der Nichtigkeit des Flächennutzungsplans auszugehen, wenn das Abwägungsergebnis nicht haltbar ist, das heißt wenn schlechterdings so nicht hätte geplant werden dürfen. Dabei wird in der Regel von einer Teilnichtigkeit des Flächennutzungsplans (das heißt nur für die betroffenen Flächen) auszugehen sein. Bei belasteten Flächen sollte ein förmliches Änderungsverfahren für den Flächennutzungsplan eingeleitet werden, in dem über die zur Lösung der Bodenbelastungsproblematik erforderliche Aufhebung, Änderung oder Ergänzung der fehlerhaften Darstellung zu befinden ist. Kann die Gemeinde aus zeitlichen und personellen Gründen die erforderlichen Verfahren nicht unmittelbar durchführen, ist auf jeden Fall sicherzustellen, daß in den Flächennutzungsplan ein entsprechender Hinweis aufgenommen wird, durch den auf die Fehlerhaftigkeit bestimmter Darstellungen hingewiesen wird. Dadurch soll vermieden werden, daß z.B. Bebauungspläne durch ein „Herausentwickeln" aus dem insoweit fehlerhaften Flächennutzungsplan aufgestellt werden.

2.6 Bebauungsplan

2.6.1 *Berücksichtigung von Bodenbelastungen bei der Planaufstellung*

Der Bebauungsplan ist aus dem Flächennutzungsplan zu entwickeln. Er enthält die rechtsverbindlichen Festsetzungen für die städtebauliche Ordnung und bildet die Grundlage z.B. für Baugenehmigungen und weitere zum Vollzug der Planung erforderliche Maßnahmen (Umlegung, Erschließung, Enteignung usw.).

Bei der Aufstellung von Bebauungsplänen hat die Gemeinde zur Ermittlung der von Planung berührten Belange und zur Zusammenstellung des Abwägungsmaterials insbesondere auch vorhandene Daten, Tatsachen und Erkenntnisse aus Katastern, Dateien und Karten über altlastenverdächtige Altablagerungen und Altstandorte sowie die Ergebnisse der Beteiligung der Träger öffentlicher Belange auszuwerten. Dabei muß die Gemeinde insbesondere die in Betracht kommenden Stellen wie die untere Abfallwirtschaftsbehörde, die untere Wasserbehörde, das staatliche Umweltamt, das geologische Landesamt, das Gesundheitsamt usw. beteiligen und gegebenenfalls unter Darlegung des Verdachts konkret nach Erkenntnissen über die Bodenbelastung fragen und zu deren Auswirkungen um Stellungnahme bitten. Befinden sich in einem Plangebiet Flächen mit Bodenbelastungsverdacht, so ist eine Gefährdungsabschätzung durchzuführen. Je nach Einzelfall kann es erforderlich sein, ein Sachverständigengutachten einzuholen. Das Gutachten sollte gegebenenfalls auch Aussagen zu grundsätzlich geeigneten Maßnahmen zur Verminderung oder Vermeidung der schädlichen Einwirkungen auf die menschliche Gesundheit oder Schutzgüter enthalten.

Wird ein Gutachten zur Gefährdungsabschätzung vergeben, so hat die Kosten für das Gutachten grundsätzlich die Gemeinde als Trägerin der Bauleitplanung zu tragen. Ob sie die Erstattung dieser Kosten von Dritten, z.B. den Verursachern oder Beseitigungspflichtigen der Bodenbelastung, verlangen kann, richtet sich nach Rechtsvorschriften außerhalb des Baugesetzbuchs.

Ein besonderes Problem für die Gemeinden stellt die Beurteilung der ermittelten Bodenbelastung dar. Allgemein anerkannte Richtwerte oder ähnliche Zahlenwerte als Hilfen zur Beurteilung von Bodenbelastungen aus planerischer Sicht liegen erst für einzelne Teilfragen vor. In der Praxis wird als Beurteilungshilfe auf geeignete Richtwerte oder andere stoffbezogene Konzentrationswerte zurückgegriffen, die in verschiedenen Regelwerken enthalten sind. Dabei gelten allgemein für das Gebot gerechter Abwägung folgende Grundsätze:

- Bei einem Bebauungsplan sind das Vorsorgeprinzip und der Grundsatz des vorbeugenden Umweltschutzes besonders zu beachten. Für die Beurteilung von Bodenbelastungen ist deshalb nicht erst die Schwelle, an der die Gefahrenabwehr einsetzt, maßgeblich.

- Nach dem Gebot planerischer Konfliktbewältigung darf ein Bebauungsplan die von ihm ausgelösten Nutzungskonflikte nicht unbewältigt lassen. Die aufgrund der Planung gegebenenfalls erforderliche Behandlung der Bodenbelastungen muß technisch, rechtlich und finanziell möglich sein. Im Bebauungsplan sind die Festsetzungen zu treffen, die zur Behandlung der Bodenbelastung nach § 9 BauGB zulässig und geeignet sind.
- Vor Behandlung der Bodenbelastung kann der Bebauungsplan nur in Kraft gesetzt werden, wenn durch Maßnahmen im Bebauungsplan, durch Maßnahmen durch Bauordnungsrecht oder sonstige öffentlich-rechtliche Sicherungen (z.B. Baulast, öffentlich-rechtlicher Vertrag) sichergestellt ist, daß von der Bodenbelastung keine Gefährdungen für die vorgesehenen Nutzungen ausgehen können.

2.6.2 Instrumente des Bau- und Planungsrechts

- Kennzeichnung

Nach § 9 Abs. 5 Nr. 3 BauGB sollen im Bebauungsplan Flächen gekennzeichnet werden, deren Böden erheblich mit umweltgefährdeten Schadstoffen belastet sind. Aufgabe der Kennzeichnung ist es, für die dem Bebauungsplan nachfolgenden Verfahren (z.B. Baugenehmigungsverfahren, Genehmigungsverfahren nach dem Bundesimmissionsschutzgesetz) auf mögliche Gefährdungen und die erforderliche Berücksichtigung von Bodenbelastungen hinzuweisen („Warnfunktion").

- Festsetzung im Bebauungsplan

§ 9 Baugesetzbuch enthält in seinem - abschließenden - Katalog für Festsetzungen im Bebauungsplan keine speziellen Festsetzungen zur Sanierung von Bodenbelastungen. Abhängig von der Art der Bodenbelastung können im Bebauungsplan nur die Festsetzungen getroffen werden, die zur Behandlung der Bodenbelastung geeignet und zulässig sind. Weiterhin können in dem Bebauungsplan Hinweise aufgenommen werden, die für nachfolgende Genehmigungsverfahren (insbesondere für das Baugenehmigungsverfahren) von Bedeutung sind.

- Baugenehmigungsverfahren

Die Frage, ob die Behandlung der Bodenbelastung im nachfolgenden Baugenehmigungsverfahren geregelt werden kann, ist – abhängig von der Art der Bodenbelastung – im Einzelfall zu entscheiden. Dabei sind insbesondere folgende Aspekte zu berücksichtigen:

Die Durchsetzung von Sanierungsmaßnahmen im Baugenehmigungsverfahren kann nur auf der Grundlage von Festsetzungen nach § 9 Baugesetzbuch bzw. auf der Grundlage von § 3 Bauordnung NW getroffen werden.

Ziel der Überplanung von Flächen mit Bodenbelastungen ist es in der Regel, die Flächen einer neuen Nutzung zuzuführen. Mit dieser neuen Nutzung ist oftmals eine Parzellierung der Grundstücke verbunden. Viele Bodenbelastungen erfordern aber wegen der Art der Bodenbelastung eine zusammenhängende Sanierung der gesamten Fläche, d. h., eine grundstücksbezogene Sanierung im späteren Baugenehmigungsverfahren kann – je nach Art der Bodenbelastung – aus technischen Gründen nicht oder nur erschwert möglich sein.

- Baulast

Vielfach sind Grundstückseigentümer zur Sanierung von Bodenbelastungen bereit, wenn die Gemeinde die belasteten Flächen verbindlich überplant. In diesen Fällen kann es in Betracht kommen, daß die Sanierungsverpflichtungen der Grundstückseigentümer öffentlichrechtlich durch eine Baulast nach der Landesbauordnung gesichert werden. Weiterhin können durch die Baulast langfristig erforderliche Verhaltensweisen bei der Nutzung von Flächen mit Bodenbelastungen abgesichert werden. Die Baulast wird in das Baulastenverzeichnis eingetragen, das bei der unteren Bauaufsichtsbehörde geführt wird. Auf diese Weise können auch Rechtsnachfolger der Grundstückseigentümer in die Sanierungsverpflichtung eingebunden werden.

- Städtebaulicher Vertrag

Als weiteres Instrument zur rechtlichen Absicherung von Sanierungsmaßnahmen durch Private bietet sich der öffentlich-rechtliche Vertrag an. Durch das Investitionserleichterungs- und Wohnbaulandgesetz 1993 sind die Vorschriften zum städtebaulichen Vertrag in § 6 BauGB-MaßnahmenG neu gefaßt und erweitert worden. Die „Bodensanierung" ist jetzt ausdrücklich als Gegenstand eines städtebaulichen Vertrags aufgenommen worden.

Städtebauliche Verträge zur Regelung der Sanierung belasteter Flächen werden zwischen Gemeinde und Eigentümer bzw. Bauträger abgeschlossen. Als sinnvoll werden sich Vertragsbestimmungen über den Ablauf der Sanierungsmaßnahmen erweisen, vor allem Informations-, Untersuchungs-, Abstimmungs- und auch Kostenpflichten. Auch zeitliche Vorgaben können ebenso wie Veräußerungsverzicht und Verzicht auf Ausnutzung einer Rechtstellung (z.B. Verzicht auf Stellung eines Bauantrages bis zum Abschluß der Sanierung der Bodenbelastung) vereinbart werden.

- Der Bebauungsplan kann erst in Kraft treten, wenn durch geeignete rechtliche Instrumente (Festsetzungen im Bebauungsplan, Baulast, öffentlich-rechtlicher Vertrag) die im Hinblick auf die vorgesehene Nutzung erforderliche Behandlung der Bodenbelastung gesichert ist. Daraus folgt, daß der Satzungsbeschluß zum Bebauungsplan nur im zeitlichen Zusammenhang mit den genannten öffentlich-rechtlichen Instrumenten (Eintragung der Baulast, Abschluß eines städtebaulichen Vertrages) gefaßt werden kann.

2.6.3 Begründung

Nach § 9 Abs. 8 BauGB ist dem Bebauungsplan eine Begründung beizufügen. Die Begründung muß in den für die Abwägung wesentlichen Punkten Angaben enthalten. Bei der Überplanung von Bodenbelastungen empfiehlt es sich, die der Abwägung zugrundeliegenden Gutachten der Begründung als Anlage beizufügen. Die Begründung sollte auch Aussagen dazu enthalten, inwieweit Maßnahmen nach anderen Rechtsvorschriften (z.B. Abfallrecht, Wasserrecht, Bauordnungsrecht) durchgeführt werden. Ebenso sollten die parallel zum Bebauungsplan durch Baulast oder städtebauliche Verträge getroffenen Verpflichtungen in die Begründung aufgenommen werden.

2.6.4 Auswirkungen von Bodenbelastungen auf bestehende Bebauungspläne

Bei Bodenbelastungen im Geltungsbereich von rechtskräftigen Bebauungsplänen ist von der Nichtigkeit des Bebauungsplans auszugehen, wenn das Abwägungsergebnis nicht haltbar ist, das heißt, wenn schlechterdings so nicht hätte geplant werden dürfen. Wird der Geltungsbereich nur teilweise von Bodenbelastungen betroffen, besteht eine Teilnichtigkeit nur dann, wenn der Bebauungsplan ohne den nichtigen Teil noch eine sinnvolle, den Grundsätzen des § 1 Abs. 1 BauGB entsprechende Ordnung der Bodennutzung enthält und dem planerischen Willen der Gemeinde entspricht.

In den vorgenannten Fällen hat die Gemeinde ein förmliches Verfahren einzuleiten, in dem über die zur Lösung der Bodenbelastung erforderliche Aufhebung, Änderung oder Ergänzung des fehlerhaften Bebauungsplans zu befinden ist. Da aus Kapazitätsgründen viele Gemeinden nicht für alle Bebauungspläne mit Bodenbelastungsverdacht gleichzeitig solche Verfahren durchführen können, ist es grundsätzlich sachgerecht, wenn die Gemeinden ein Konzept zur Überprüfung der betroffenen Bebauungspläne – Reihenfolge der zu überprüfenden Bebauungspläne unter Berücksichtigung insbesondere des möglichen Gefährdungsgrades der tatsächlichen oder ausgewiesenen Nutzung – erarbeitet und danach die Verfahren zur Überprüfung der Bebauungspläne durchführt. Ein Unterlassen der (Um-) Planungspflicht kann Amtshaftungsansprüche auslösen.

Die Gemeinde hat außerdem zu prüfen, ob es angesichts der Sachlage erforderlich ist, durch die Zurückstellung von Baugesuchen bzw. den Erlaß einer Veränderungssperre die Nutzung einer belasteten Fläche so lange auszusetzen, bis die Frage der Nutzbarkeit grundsätzlich geklärt ist.

2.7 Die Satzung über den Vorhabens- und Erschließungsplan als neues Instrument

Die Satzung über den Vorhaben- und Erschließungsplan ist durch das Investitionserleichterungs- und Wohnbaulandgesetz 1993 bundesweit eingeführt worden und in § 7 BauGB-MaßnahmenG geregelt.

Die Satzung über den Vorhaben- und Erschließungsplan ist ein eigenständiges planungsrechtliches Instrument. Zielsetzung ist es, durch Zusammenwirkung von Investor und Gemeinde die planungsrechtlichen Voraussetzungen für Investitionsvorhaben zu schaffen und zugleich die Durchführung der Investitionsvorhaben innerhalb einer bestimmten Zeit zu gewährleisten (Baurechte verbunden mit Baupflichten).

Es ist zu unterscheiden zwischen dem Vorhaben- und Erschließungsplan des Vorhabenträgers (Investors), der Satzung der Gemeinde (Plansatzung) und dem Durchführungsvertrag zwischen Vorhabenträger und Gemeinde.

Der Vorhaben- und Erschließungsplan ist ein Vorschlag des Vorhabenträgers (Investors), der mit der Gemeinde abzustimmen ist.

Die Plansatzung wird aufgrund des vom Vorhabenträgers vorgelegten Vorhaben- und Erschließungsplans von der Gemeinde erlassen (nach einem Verfahren analog dem Verfahren der Bauleitplanung). Die Satzung ist die rechtlich verbindliche Grundlage für die bauplanungsrechtliche Zulässigkeit des Vorhabens und der Erschließungsanlagen. Die Besonderheit der Plansatzung besteht darin, daß sie auf ein konkretes Vorhaben bezogen ist.

Zwischen Vorhabenträger und Gemeinde ist ein Durchführungsvertrag abzuschließen, in dem insbesondere die Handlungs- und Kostentragungspflichten des Vorhabenträgers geregelt werden. In diesem Vertrag können selbstverständlich die Pflichten zur Bodensanierung und weitere Fragen, die z.B. Gegenstand eines städtebaulichen Vertrages oder einer Baulast sein können, geregelt werden.

3 Zusammenfassung, Ausblick

Die Rechtsfragen im Zusammenhang mit der Berücksichtigung von Bodenbelastungen, insbesondere Altlasten, bei der Bauleitplanung sind insbesondere durch die höchstrichterliche Rechtsprechung inzwischen weitgehend geklärt. Das rechtliche Instrumentarium ist – unter Zuhilfenahme öffentlich-rechtlicher Sicherungen außerhalb des Bebauungsplans – zur Lösung der anstehenden Fragen grundsätzlich ausreichend. Im Rahmen der Novellierung des Baugesetzbuchs sollte eine Klarstellung und Präzisierung sowie ggf. eine Erweiterung der Festsetzungsmöglichkeiten des § 9 BauGB im Hinblick auf die Sanierung von Bodenbelastungen vorgenommen werden.

Es ist festzustellen, daß die kommunale Planungspraxis die Fragen im Zusammenhang mit Altlasten und Bodenbelastungen noch weitgehend zurückhaltend angeht. Dies mag darin begründet sein, daß es noch an Routine und Planungspraxis zu diesen Fragen fehlt und den Gemeinden noch nicht in ausreichendem Umfang Beispiele zur Verfügung stehen. Das Land NRW hat dazu in der Reihe „Bausteine" eine Broschüre veröffentlicht

(Gewerbegebiete auf Flächen mit Bodenbelastungsverdacht), um den Gemeinden Anwendungshinweise und Planungshilfen zu geben.

Generell festzustellen ist bei den Gemeinden und den betroffenen Behörden eine Unsicherheit bei der Bewertung der Bodenbelastungen. Dies führt sowohl bei den Gemeinden wie auch bei den Investoren zu einer Rechtsunsicherheit und erschwert die Aktivierung von Brachflächen. Hier sind die betroffenen Stellen gefordert, für die kommunale Planungspraxis handhabbare Beurteilungshilfen zur Verfügung zu stellen.

Literatur

(ARGEBAU) Arbeitsgemeinschaft der für das Bau- ,Wohnungs- und Siedlungswesen zuständigen Minister der Länder: Altlasten im Städtebau – Arbeitshilfen in der Bauleitplanung und beim Baugenehmigungsverfahren, Kohlhammer Verlag, Köln 1993

Gem. RdErl. d. Ministeriums für Stadtentwicklung und Verkehr, Umwelt, Raumordnung und Landwirtschaft vom 15.5.1992 „Berücksichtigung von Flächen mit Bodenbelastungen, insbesondere Altlasten, bei der Bauleitplanung und im Baugenehmigungsverfahren" (MBL. NW. 1992 S. 876/SMBL. NW.2311)

Gewerbegebiete auf Flächen mit Bodenbelastungsverdacht – Arbeitshilfe für die Bauleitplanung, Hrsg.: Institut für Landes- und Stadtentwicklungsforschung des Landes Nordrhein-Westfalen (ILS), Auftraggeber: Ministerium für Stadtentwicklung und Verkehr des Landes Nordrhein-Westfalen (MSV), 1. Aufl., Düsseldorf 1994

Brachflächenrecycling aus der Sicht des Bundes

Klaus Schierloh

Über das Ziel, die durch wirtschaftliche Umstrukturierungsprozesse oder – genereller ausgedrückt – Aufgabe bisheriger Nutzungen entstehenden Brachflächen an alten Industriestandorten nicht einfach liegenzulassen – ggf. mit einigen Sicherungsmaßnahmen – sondern sie unter Nutzung vorhandener Infrastruktur einer erneuten wirtschaftlichen Verwendung zuzuführen, gibt es in Deutschland offensichtlich einen breiten Konsens. Die ökologischen und ökonomischen Argumente, die für das Brachflächenrecycling zumindest in Ballungsgebieten sprechen, sind eindeutig. Nur so erscheint es möglich, in einem dichtbesiedelten Land, das auch zukünftig auf wirtschaftliches Wachstum, neue Betriebe und Arbeitsplätze setzen muß, in unter Umweltaspekten wenigstens akzeptabler Weise weiter zu expandieren. Auf die Weiternutzung ehemaliger Industrieflächen kann nicht verzichtet werden, wenn nicht einer immer weiter fortschreitenden Oberflächenversiegelung einfach der Lauf gelassen werden soll.

Dieser Ansatz hat im übrigen Tradition: Abbruch und Neubeginn am alten Standort waren immer Bestandteile unserer Industriegeschichte. „Geisterfabriken" oder weiträumig degradierte Industriezonen mit entsprechendem Imageverlust waren in der Vergangenheit in Deutschland kaum zu finden. Brachflächenrecycling ist also in der Sache nicht neu.

Während man sich früher allerdings bei einer Wiedernutzbarmachung meist auf eine damit einhergehende Oberflächensanierung beschränken konnte bzw. sich de facto hierauf beschränkte, weil man über etwaige Gefährdungen aus Bodenkontaminationen nur wenig wußte, hat sich in jüngerer Zeit eine besondere Problemdimension aufgrund der Altlastenfrage ergeben. Mit zunehmender Kenntnis über die Gefahrenpotentiale ökologischer Altlasten hat sich die Tendenz verstärkt, daß private Investoren wegen des Verdachts von Kontaminationen aus früherer Nutzung auf industriellen Altstandorten in aller Regel naheliegend und der zunächst kaum zuverlässig abschätzbaren Sanierungskosten, die auf den Grundstückserwerber zukommen könnten, eine Ansiedlung an alten Standorten scheuen; sie suchen verständlicherweise lieber nach einem Gelände „auf der grünen Wiese". Nur allzu häufig werden sie hierbei von den für die Ausweisung von Gewerbeflächen zuständigen Gemeinden, die dringend neue Arbeitsplätze und Steuereinnahmen benötigen, unterstützt.

Die Altlastenfrage ist somit eine wesentliche Ursache für das bekannte Doppel-Problem: Einerseits werden Verdachtsflächen gemieden, kontaminierte Industriegrundstücke, für die ein Handlungs- oder Zustandsstörer nicht mehr herangezogen werden kann, nicht von privater Hand saniert; sie drohen als Industriebrache zurückzubleiben. Auf der anderen Seite werden unter fortschreitender Landschaftszerstörung immer neue Gewerbegebiete ausgewiesen, Böden versiegelt und von den Gemeinden kostenaufwendig zusätzliche Infrastrukturen geschaffen.

Die Politik in Bund, Ländern und Gemeinden ist sich dieser Problemsituation bewußt und sucht bereits seit längerem nach geeigneten Lösungen. Die Erfahrung zeigt, daß ohne ein starkes, zielgerichtetes Engagement des Staates im Zusammenwirken mit der kommunalen Ebene und möglichst auch privaten Interessenten kaum größere Erfolge zu erwarten sind.

Angesprochen sind naturgemäß primär die Bundesländer, die entsprechend der Kompetenzverteilung des Grundgesetzes sowohl für die Altlastenbeseitigung – mit Ausnahme der militärischen Altlasten – als auch für die Planungs- und Genehmigungsverfahren in ihrem Bereich zuständig sind.

Wie insbesondere dem im Januar 1995 erschienenen Sondergutachten „Altlasten II" des Rates von Sachverständigen für Umweltfragen entnommen werden kann, haben die Länder in den letzten Jahren erhebliche Fortschritte bei der Erfassung und Bewertung von Altlastverdachtsflächen – Altablagerungen, zunehmend aber auch Altstandorte einschließlich der Rüstungsaltstandorte – gemacht, teilweise bereits flächendeckende Altlastenkataster erstellt, Finanzierungslösungen für die Sanierung „herrenloser" Altlasten geschaffen und auch das Bodenrecycling energisch in Angriff genommen. In allen Bundesländern gibt es inzwischen gesetzliche Altlastenregelungen, sei es in den Abfallgesetzen, speziellen Altlastengesetzen oder umfassenden landeseigenen Bodenschutzgesetzen. Soweit erkennbar, steht dabei heute überall das Ziel einer nutzungsbezogenen Bodensanierung – soweit es nicht um unmittelbare Gefahren für Mensch und Umwelt geht – im Vordergrund;

Ansätze zur Wiederherstellung der Multifunktionalität der Böden, d.h. ohne Berücksichtigung der vorgesehenen Nachnutzung, finden sich demgegenüber kaum noch. Der Kostendruck bzw. Mangel an öffentlichen Mitteln hat darüber hinaus offenbar auch in der Praxis einiger Länder dazu geführt, daß außerhalb der Gefahrenabwehr Bodensanierungen nur noch im Zusammenhang mit einer konkreten Ansiedlungsmaßnahme im Rahmen der Wirtschaftsförderung vorgenommen werden; das „Recycling" der ad hoc sanierten Flächen rückt somit ganz in den Vordergrund und bestimmt das staatliche Vorgehen. Beispiele für sowohl unter ökologischen als auch ökonomischen Aspekten gelungene Flächensanierungen im Verantwortungsbereich der Länder gibt es inzwischen eine ganze Reihe.

Die vielfältigen Bemühungen der Länder zur Förderung des Brachflächenrecyclings, die hier nicht näher dargestellt werden sollen, können von der Seite des Bundes nur allgemein unterstützt werden. Dies geschieht auf verschiedene Weise.

Auf dem Gebiet der übergreifenden Gesetzgebung ist neben geplanten Änderungen im Baugesetzbuch zur Ver- und Entsiegelung vor allem das seit längerem angekündigte Bundes-Bodenschutzgesetz zu erwähnen. Mit diesem Gesetz – eine in dieser Legislaturperiode neu erarbeitete Entwurffassung des BMU befindet sich allerdings immer noch in der vorparlamentarischen Abstimmung unter den Bundesressorts – beabsichtigt die Bundesregierung, bundesweit einheitliche Rechtsgrundlagen für Bodenschutz und Altlastensanierung zu schaffen. Durch ein dazugehörendes untergesetzliches Regelwerk (Rechtsverordnungen) soll insbesondere der derzeitige Wildwuchs der verschiedenen Listen zu Bodenwerten beseitigt werden. Die aus dem bisherigen Mangel an Rechtssicherheit und Kostenkalkulierbarkeit entstandene Blockade städtebaulicher und wirtschaftlicher Entwicklung durch die Altlasten soll aufgelöst werden. Ferner soll durch vorsorgenden Bodenschutz nach einheitlichen Standards das Entstehen neuer Altlasten verhindert werden.

Von diesen Zielsetzungen her wird dieses Bundesgesetz, das nicht primär das ökologische Schutzgut Boden, sondern dessen Nutzungsfunktionen in den Vordergrund stellt, auch das Brachflächenrecycling erheblich fördern. Es bleibt zu hoffen, daß die faktischen und rechtlichen Schwierigkeiten, die der Umsetzung dieses Gesetzgebungsvorhabens, mit dem rechtliches Neuland betreten wird, noch im Wege stehen, nunmehr bald ausgeräumt werden können.

Außerhalb der Gesetzgebungsarbeit unterstützt der Bund die Erkundung, Bewertung und Sanierung der Altlasten vor allem durch die Förderung zielgerichteter Forschungsvorhaben und Pilotprojekte. Speziell das Umweltbundesamt widmet einen erheblichen Teil seiner Arbeit diesen Themen. Indirekt, z.B. im Rahmen der Bund-Länder-Gemeinschaftsaufgabe „Verbesserung der regionalen Wirtschaftsstruktur" oder regionaler Sonderprogramme, werden auch Projekte der Gewerbeansiedlung unter Einschluß von Bodensanierung und -recycling gefördert, wobei die Durchführung dann den Ländern überlassen bleibt. Auch im Rahmen der ERP-Umweltprogramme werden Investitionen im Altlastenbereich gefördert.

Daneben jedoch betreibt und finanziert der Bund das Brachflächenrecycling auch in direkter Weise. Hinzuweisen ist hierbei zunächst auf die bundesweiten Aktivitäten zur Beseitigung der militärischen Altlasten auf bundeseigenen Liegenschaften, d.h. zur Sanierung und Nachnutzung ehemaliger Standorte der Bundeswehr, der Westalliierten, der NVA und der früheren sowjetischen Streitkräfte (WGT). Soweit es sich um Objekte handelt, für die eine zivile Nutzung ohne weiteres denkbar ist – z.B. Kasernengelände, Werkstätten oder andere ortsnahe Liegenschaften -, findet im Zusammenwirken von Bund und Land Sanierung und „Konversion", d.h. Flächenrecycling, in erheblichem Umfang statt. Begünstigt wird dies bereits seit einigen Jahren durch die verstärkte Bereitschaft der Bundesvermögensverwaltung, Liegenschaften, die nicht unmittelbar für Zwecke des Bundes benötigt werden, abzugeben – je nach Nutzungszweck oft zu festgelegten Vorzugsbedingungen für den Erwerber.

Anders verhält es sich dagegen mit den großflächigen ehemaligen Militärstandorten in meist abgelegenen Gegenden, z.B. aufgelassenen Flugplätzen oder Truppenübungsplätzen, wo eine zivile Nachnutzung oftmals schwierig oder ganz ausgeschlossen ist. Statt eines Flächenrecyclings im engeren Sinne bietet sich hier nach eventueller Gefahrenbeseitigung eher eine Umwidmung zu Naturschutzzwecken an, zumal sich oft bereits eine besondere Artenvielfalt naturbelassen entwickelt hat.

Unter Beachtung der verfassungsrechtlich gebotenen Zurückhaltung bei den nicht-militärischen Altlasten – hier handelt es sich grundsätzlich um eine Landesaufgabe – hat sich der Bund in herausragender Weise in den neuen Bundesländern bei der Altlastenbeseitigung und dem Flächenrecycling engagiert. Zu nennen sind hier sowohl spezifische Gesetzgebungsakte im Zuge von Wiedervereinigung und „Aufbau Ost" als auch konkrete Einzelmaßnahmen im Verantwortungsbereich der inzwischen aufgelösten Treuhandanstalt.

Angesichts erkennbar schwerwiegender Bodenkontaminationen und weiträumiger Landschaftszerstörungen mußte es bei der Umstrukturierung der ostdeutschen Wirtschaft von Anfang an entscheidend darauf ankommen, daß die Altlasten nicht zu einem diesen Prozeß behindernden Privatisierungs- und Investitionshemmnis wurden. Es ging dabei auch darum, durch Neuansiedlung an alten Standorten dem Negativimage und der drohenden Verödung bestimmter traditioneller Industrieregionen entgegenzuwirken. Deshalb wurde bereits mit dem DDR-Umweltrahmengesetz vom 29.06.1990 die sog. „Freistellungsklausel" geschaffen – sie wurde später noch zweimal geändert –, wonach in einem befristeten Antragsverfahren unter bestimmten Voraussetzungen der Staat (Land) die Eigentümer, Besitzer oder Erwerber gewerblicher Grundstücke von der Verantwortlichkeit für alle vor dem 01.07.1990 entstandenen Schäden freistellen und somit die Zustandshaftung für altlastverdächtige Grundstükke dieser Art übernehmen konnte. Auch wenn über die insgesamt weit über 70.000 Freistellungsanträge noch längst nicht abschließend von den zuständigen Landesbehörden entschieden wurde und auch von der Zahl her nur ein relativ geringer Anteil positiver Bescheide zu erwarten ist, wurde jedenfalls mit dieser Freistellungsmöglichkeit frühzeitig ein Zeichen gesetzt, daß sich der Staat der Altlastenproblematik annahm.

Als in den tatsächlichen Auswirkungen wichtiger erwies sich dann allerdings im weiteren Verlauf die Praxis der Treuhandanstalt, bei der ihr obliegenden Privatisierung der ehemals volkseigenen Betriebe vertragliche Altlastenklauseln vorzusehen, denen zufolge sie bis zu 90 % des Kostenrisikos für eventuell erforderliche Altlastensanierungen übernahm. Nur so konnte diese außerordentliche Privatisierungsaktion insgesamt erfolgreich sein.

Ohne zu beiden Maßnahmen an dieser Stelle eingehendere Ausführungen zu machen, läßt sich festhalten, daß hierdurch eine sonst drohende generelle Behinderung von Privatisierung und Investitionen durch das Altlastenproblem vermieden werden konnte. Allerdings muß auch festgestellt werden, daß in den neuen Bundesländern dennoch der weiter oben angesprochene Trend zum Ausweichen „auf die grüne Wiese" unter Vermeidung von Altlastensanierungen auf früheren Industrieflächen noch weit ausgeprägter ist als im übrigen Deutschland. Das Thema Brachflächenrecycling ist deshalb dort ein besonders akutes Anliegen.

Der Bund ist mit Milliardenbeträgen an der Finanzierung der Altlastensanierung in den neuen Bundesländern beteiligt. Neben dem Großprojekt „Wismut", das insbesondere wegen seiner radioaktiven Gefährdungspotentiale ein Sanierungsvorhaben sui generis darstellt und allein vom Bund betrieben und finanziert wird (geschätzte Gesamtkosten ca. 13 Mrd. DM), steht vor allem das Bundesengagement aus der Abwicklung der Altlastenverpflichtungen im ehemaligen Treuhandbereich.

Gemäß der hierzu mit den ostdeutschen Ländern getroffenen Finanzierungsvereinbarung (Verwaltungsabkommen vom 01.12.1992) werden die vom Staat zu tragenden Altlasten-Sanierungskosten in freigestellten ehemaligen Treuhand-Unternehmen im Verhältnis 60:40 zwischen Bund und Land geteilt. Hierfür sind bis zum Jahre 2002 insgesamt 10 Mrd. DM vorgesehen. In bestimmten Sonderfällen – neben der Braunkohlesanierung – sind dies weitere 23 Großprojekte mit geschätzten Sanierungskosten von jeweils über 100 Mio DM – übernimmt der Bund 75 % der Kosten. Für die Sanierung der ostdeutschen Braunkohlereviere allein sind jährlich 1,5 Mrd. DM festgelegt zunächst bis 1997; über die Notwendigkeit der Anschlußfinanzierung besteht Einvernehmen. Für die anderen Großprojekte wird von einer geschätzten Größenordung von 6 Mrd DM ausgegangen; hier kann der jeweilige Finanzrahmen endgültig erst nach Erstellung detaillierter Sanierungspläne festgelegt werden, woran derzeit zügig gearbeitet wird.

Bei allen Großprojekten geht es neben der Beseitigung spezifischer Gefahrenpotentiale auch um Flächenrecycling, wenngleich von Fall zu Fall in unterschiedlicher Ausprägung.

Bei der Sanierung des Braunkohletagebaus im mitteldeutschen Revier und in der Lausitz – dem derzeit größten Einzelvorhaben in Deutschland, das zugleich eine Arbeitsbeschaffungsmaßnahme für Zehntausende von ehemaligen Bergleuten darstellt – handelt es sich in erster Linie sicherlich um eine großflächige Rekultivierungsaktion nach bergrechtlichen Vorgaben – allerdings mit gravierenden lokalen Kontaminationspotentialen und weitreichendem wasserwirtschaftlichen Hintergrund –, daneben geht es aber auch um den Abriß alter Betriebsanlagen, Produktions- und Lagerstätten mit Bodensanierung und anschließender Neunutzung für gewerbliche Zwecke.

In den meisten anderen Großprojekten steht das Sanierungsziel Bodenrecycling im engeren Sinne dagegen von vornherein im Mittelpunkt. Dies gilt sehr eindeutig für die von der betroffenen Fläche her definierten Großprojekte in Berlin („Region Industriegebiet Spree"), in Brandenburg („Region Kreis Oranienburg", „Stadt Brandenburg") sowie in Mecklenburg - Vorpommern („Standorte Wismar, Rostock und Stralsund"). Hier geht es nicht um die Beseitigung spektakulärer lokaler Bodenkontaminationen, sondern um großräumige Flächensanierungen in besonders belasteten Ballungsgebieten.

Aber auch in den industriebezogenen Projekten - z.B. den Altstandorten der Großchemie in Sachsen-Anhalt (Leuna, Buna, Bitterfeld-Wolfen)-, wo zunächst besonders ausgeprägte Bodenkontaminationen mit entsprechend hoch anzusetzenden Beseitigungskosten bestimmend für die Auswahl als von Bund und Land gemeinsam zu finanzierende Sanierungs - Großprojekte waren, stand zugleich auch als Ziel fest, diese Kernbereiche traditioneller Produktion nach der Gefahrenbeseitigung als industrielle Standorte weiter zu nutzen. Auch hier ging und geht es also um Projekte des Flächenrecyclings.

Zu erwähnen bleibt, daß der Bund in all diesen Sanierungsprojekten durchaus nicht nur als Finanzier, sondern insbesondere über die Treuhand- Nachfolgeorganisation BvS (Bundesanstalt für vereinigungsbedingte Sonderaufgaben) als mithandelnder und mitentscheidender Partner der Länder auftritt.

Außer durch diese speziellen Altlastenprojekte ergibt sich eine breite Unterstützung des Brachflächenrecyclings auch aus den Maßnahmen zur Arbeitsförderung. Neben die üblichen Arbeitsbeschaffungsmaßnahmen (ABM) trat angesichts der besonderen Beschäftigungsprobleme in den neuen Bundesländern ab 01.01.1993 die spezielle „Arbeitsförderung Ost". Durch Einfügung des § 249 h in das Arbeitsförderungsgesetz (AFG) wurde die bis Ende 1997 befristete Möglichkeit geschaffen, freigesetzte Arbeitskräfte mit Lohnkostenzuschüssen der Bundesanstalt für Arbeit in der Umweltsanierung zu beschäftigen (daneben auch in sozialen Diensten und in der Jugendhilfe). Vorrangige Zielsetzung war, durch die beschäftigungswirksame Demontage alter Anlagen, Beräumung von Grundstücken sowie Aufbereitung und Entsorgung kontaminierter Flächen neue Produktions- und Dienstleistungsstandorte vorzubereiten.

Dieses Förderprogramm gewann in der Folge eine erhebliche Bedeutung bei der Sanierung von Altstandorten, auch wenn auf diese Weise vorwiegend nur „einfache" Oberflächenprobleme zu lösen waren. In einer Vielzahl einzelner „249 h-Projekte" wurden bereits und werden weiterhin bis Ende 1997 hierdurch die Voraussetzungen für eine anschließende Neunutzung geschaffen. Auch in den erwähnten Altlasten-Großprojekten, insbesondere der Braunkohle-Sanierung, wird der Arbeitskräfteeinsatz weitgehend auf diese Weise gefördert. Die zur Abdeckung der Sachkosten erforderliche Komplementärfinanzierung - neben den Lohnkostenzuschüssen der Bundesanstalt für Arbeit - wird von den Ländern bzw. gemeinsam von Bund (BvS) und Ländern getragen. Als Hinweis auf die Größenordnung sei erwähnt, daß allein im Verantwortungsbereich der BvS - ohne Braunkohle-Sanierung - zum Stichtag 30.11.1995 350 beschäftigungswirksame Projekte dieser Art, darunter 303 Demontageprojekte, mit annähernd 33.500 Arbeitnehmern und einer Finanzsumme von rd. 1,5 Mrd. DM (BvS/Länder) in Realisierung standen. Die Schwerpunkte lagen in Sachsen (Anzahl der Projekte) und Sachsen-Anhalt (Arbeitnehmer; Kostenintensität).

Dieser kurze Aufriß der Bundesaktivitäten bei der Altlastensanierung vor allem in den neuen Bundesländern unterstreicht, daß der Bund - ebenso wie andere Verantwortungsträger - die ökologische wie ökonomische Notwendigkeit des Brachflächenrecyclings erkannt hat und sich im Rahmen seiner verfassungsrechtlichen Zuständigkeiten nicht nur durch gesetzgeberische und andere übergreifende Aktionen, sondern auch durch viele mit großem finanziellen Aufwand verbundene konkrete Einzelmaßnahmen für dieses Ziel einsetzt.

II Bauwürdigkeit

Kostenrisiken bei der Bebauung von Altstandorten und Altablagerungen

MICHAEL VON PIDOLL

1 Einleitung

Die Bebauung von Altstandorten und Altablagerungen birgt eine Reihe von Risikofaktoren, die erheblichen Einfluß auf die Kostenentwicklung nehmen können. Neben kostenrelevanten Bodenbelastungen sind vor allem eine minderwertige Baugrundbeschaffenheit sowie genehmigungsrechtliche Hemmnisse zu nennen.

„Wieso Risiko?“ wird sich manch einer fragen, „in dem Kaufvertrag steht: Das Grundstück ist altlastenfrei“. So haben schon viele gedacht und dennoch landet eine nicht unerhebliche Zahl vergleichbar formulierter Grundstücksverträge vor Gericht. Einschlägige Erfahrungen sind kontraproduktiv für jegliches Flächenrecycling, denn sie verstärken den Wunsch nach einem sauberen und d.h. in aller Regel bislang unbebauten Grundstück.

Gleichermaßen deuten die meist sehr zähen Ansiedlungsprozesse auf ehemaligen Industriestandorten nicht nur auf eine zurückhaltende Grundstücksnachfrage, sondern auch auf problematische Untergrundbelastungen hin, die kurzfristige Entscheidungsfindungen erschweren.

Um das Potential des Kostenrisikos bei der Bebauung von Altstandorten und Altablagerungen darzustellen, bedarf es einer Diskussion der gesetzlichen Rahmenbedingungen sowie der Erkundungs- und Bewertungspraxis für Altlastverdachtsflächen.

2 Risikopotentiale

2.1 Gesetzliche Rahmenbedingungen

Bundeseinheitliche Regelungen zur Behandlung von Bodenbelastungen im Zusammenhang mit zukünftigen Baumaßnahmen finden sich derzeit lediglich im Baugesetzbuch (BauGB) mit seinen Ausführungen zur Bauleitplanung. Das geplante Bundes-Bodenschutzgesetz liegt als Entwurf vor, wobei derzeit untergesetzliche Regelungen in Vorbereitung sind, die mit der Verabschiedung des Gesetzes die allgemeinen Zielsetzungen und Definitionen konkretisieren.

Neben diesen bundeseinheitlichen Gesetzen existieren in den Ländern unterschiedliche Regelungen der „Altlastenfrage" entweder durch die Länderabfallgesetze oder gesonderte Altlastengesetze. Ohne diese gesetzlichen Regelwerke hier näher zu beleuchten ist festzustellen, daß trotz dieser Vorschriften ein Risiko verbleibt, auch wenn die betroffenen Grundstücke einer Gefährdungsabschätzung unterzogen wurden. Dieses Risiko resultiert letztendlich immer aus der nutzungsbezogenen Beurteilung eines Gefährdungspotentials bzw. der „Erheblichkeit" von Bodenbelastungen.

Nach der Definition der Bundesregierung im Entwurf des Bundes-Bodenschutzgesetzes sind Altlasten, Altablagerungen und Altstandorte, durch die schädliche Bodenveränderungen oder sonstige Gefahren für den einzelnen oder die Allgemeinheit hervorgerufen werden. Es schließt sich unmittelbar die Frage an, wann sind Bodenveränderungen schädlich oder rufen sie Gefahren hervor. Zur Beantwortung dieser Frage hat sich in den letzten Jahren bei der Bewertung von Bodenbelastungen zunehmend ein nutzungsbezogener Bewertungsansatz durchgesetzt. Nicht die sensibelste denkbare Nutzung wird bei dieser Bewertungsmethodik zugrundegelegt, sondern die tatsächliche Nutzungssituation bzw. die zukünftig geplanten Nutzungen. Nach dieser Betrachtungsweise birgt nicht schon der Nachweis eines Schadstoffs eine Gefahr, vielmehr werden die konkreten Expositionsmöglichkeiten v.a. für den Menschen berücksichtigt. Unter Berücksichtigung verschiedenster Expositionsszenarien werden demnach konsequenterweise in den untergesetzlichen Regelungen zum Bodenschutzgesetz Prüfwerte für einzelne Schadstoffe im Hinblick auf verschiedene Nutzungsformen festgelegt, die eine Abschätzung des Gefährdungspotentials ermöglichen sollen.

Vergleichbare Prüfwerte sind auch in einigen bestehenden Altlastengesetzen der Länder enthalten. Allen Prüfwerten ist gemein, daß sie nicht als rechtsverbindliche Grenzwerte zu verstehen sind, sondern im Rahmen eines Abwägungsprozesses zur Orientierung dienen sollen. Die Festlegung eines konkreten Sanierungsbedarfs bleibt eine Einzelfallentscheidung.

Die Bewertung von Bodenbelastungen ist – und wird voraussichtlich auch mit dem neuen Bundes-Bodenschutzgesetz – immer auch an Ermessensentscheidungen geknüpft sein. Diese Einschätzung wird auch durch die Regelungen des Baugesetzbuches nicht maßgeblich beeinträchtigt. Die Vorstellung, ein ordnungsgemäß verabschiedeter Bebauungsplan könne einen Bauherrn verbindlich vor Kostenrisiken bei der Bebauung schützen, ist aus den Maßgaben des BauGB zum Umgang mit Bodenbelastungen bei der Bauleitplanung nicht eindeutig abzuleiten. Gemäß § 1 Abs. 5 BauGB sind bei der Aufstellung von Bauleitplänen insbesondere die allgemeinen Anforderungen an gesunde Wohn- und Arbeitsverhältnisse und die Sicherheit der Wohn- und Arbeitsbevölkerung zu wahren sowie die Belange des Umweltschutzes zu berücksichtigen. Aus der Nutzung des Bodens darf keine Gefahr für die Nutzer entstehen. Flächen, deren Böden erheblich mit umweltgefährdenden Stoffen belastet sind, müssen nach § 5 Abs. 3 Nr. 3 bzw. § 9 Abs. 5 Nr. 3 BauGB im Flächenutzungsplan bzw. Bebauungsplan gekennzeichnet werden. Insoweit soll der Bebauungsplan „Verläßlichkeitsgrundlage" für Dispositionen der Eigentümer oder Bauwilligen beim Erwerb von Grundstücken sowie bei der Errichtung von oder dem Kauf von Wohnungen sein (Heitfeld-Hagelgans, 1997).

Dennoch stellt sich trotz der Kennzeichnunspflicht, so wie bei der Definition einer Altlast, die Frage, ob sich die „erheblichen Belastungen mit umweltgefährdenden Stoffen" ausschließlich auf eine mögliche Gefährdung beziehen oder ob unabhängig von der tatsächlichen Gefährdungssituation auch die Vorsorge hinsichtlich möglicher Kostenrisiken gemeint ist.

Im allgemeinen werden im Rahmen von Bauleitverfahren heute alle erfaßten Altlastverdachtsflächen hinsichtlich ihres Gefährdungspotentials mittels Gefährdungsabschätzungen überprüft. In jüngerer Zeit wird darüber hinaus von den Gutachtern häufig auch eine Aussage zur Kennzeichnungspflicht gefordert. Während ein Gutachter in aller Regel eine detaillierte Abschätzung des Gefährdungspotentials und somit eine Aussage zur Kennzeichnung hinsichtlich der geforderten gesunden Wohn- und Arbeitsverhältnisse machen kann, dürfte eine belastbare Beurteilung kostenrelevanter Bodenbelastungen auf Basis der Ergebnisse einer Gefährdungsabschätzung vielfach sehr schwer fallen. Dabei sind nicht die Kosten durch erforderliche Sanierungsmaßnahmen gemeint, denn die werden bei hinreichendem Gefährdungspotential obligatorisch fällig und fallen somit unter die Kennzeichnungspflicht. Das Problem liegt in den möglichen Kosten für die Entsorgung von belasteten Böden im Falle bautechnischer Erdbewegungen (vgl. Mehrhoff, 1997) und darüber hinaus in einer Minderung des ideellen Grundstückswertes bei vorhandenen – wenngleich nicht gefährdenen – Bodenbelastungen.

2.2 Ziele der Altlastenerkundung

Die Qualität und der Umfang von Erkundungsmaßnahmen zur Bewertung von Untergrundbelastungen richten sich letztendlich immer nach der Veranlassung für eine Untersuchung.

Anlässe für Erkundungen sind:

a) der gesetzliche Auftrag zur Erfassung, Erstbewertung und Überprüfung erheblicher Verdachtsmomente im Zuge einer Gefährdungsabschätzung im Rahmen der Bauleitplanung;
b) eine anstehende Beendigung der Bergaufsicht;
c) Auflagen im Rahmen von Genehmigungsverfahren (Baugenehmigungen, wasserrechtliche Genehmigungen, Betriebsgenehmigungen für Lagereinrichtungen und Tankstellen etc.);
d) ordnungsbehördliche Anweisungen aufgrund konkreter Verdachtsmomente bzw. Schadensfälle, die auf bislang nicht erkannte Schadensbereiche hinweisen;
e) Absicherung von Kaufentscheidungen;
f) Abgrenzung von Kreditrisiken;
g) Abgrenzung von Versicherungsrisiken;
h) Eigenverantwortliche unternehmerische Entscheidungen z. B. zur vorsorglichen Bildung von finanziellen Rückstellungen zur Beseitigung von Schäden;
i) Baugrunduntersuchungen

Wie unterschiedlich die resultierenden Zielsetzungen und damit die verbleibenden Kostenrisiken sind, wird in der nachstehenden Matrix deutlich. Die Matrix basiert nicht auf einer statistischen Erhebung, sondern auf gutachterlichen Erfahrungswerten. Abweichungen der einzelnen Zuordnungen sind sicherlich möglich, nach Einschätzung des Autors allerdings eher die Ausnahme.

Welche Erkenntnislücken und demnach Kostenrisiken im Falle einer Bebauung eines Altstandortes, abhängig von der Veranlassung für eine Erkundung bestehen, läßt sich leicht ableiten, wenn den Erkundungszielen typische Belastungsszenarien gegenübergestellt werden.

Belastungsszenarien

- Nutzungsbedingte Kontaminationsquellen führen in der Regel zu lokal begrenzten Bodenverunreinigungen.
- Lokal begrenzt eingetragene Schadstoffe bzw. Belastungsschwerpunkte führen bei einem Kontakt mit dem Grundwasser und ausreichender Mobilität der Schadstoffe zu einer weitreichenden lateralen und ggfs. vertikalen Ausbreitung der Kontamination.
- Durch die Ablagerung von Produktionsrückständen bzw. Abfallstoffen kommt es zu einer flächenhaften Verbreitung von Schadstoffen, die mehr oder weniger große Teilflächen eines Altstandortes betrifft.
- Im Rahmen der Baugrundaufbereitung/-verbesserung für die Erstbebauung wurden in der Vergangenheit schadstoffbelastete Auffüllungen aufgebracht, die unabhängig von der nachfolgenden Nutzung zu einer flächenhaften Schadstoffverteilung geführt haben.
- Durch Kriegseinwirkungen erfolgte eine lokale Freisetzung von Schadstoffen, wobei die konzentrierte Entbindung ein erhebliches Schadensausmaß, insbesondere für das Grundwasser bewirkt haben kann.
- Beim Abbruch alter Gebäudebestände und Baureifmachung für nachfolgende Nutzungsgenerationen wurden schadstoffbelastete Gebäudeteile und Böden auf dem Gelände lokal begrenzt (z.B. zur Verfüllung von Kellern) oder im Zuge einer Einebnung flächig verbreitet.

Die Erheblichkeit für ein Kostenrisiko durch die aufgeführten Belastungsszenarien hängt von zahlreichen stoff- und standortspezifischen Parametern bis hin zu einer Überlagerung verschiedener Ursachen für eine Belastung ab.

Mit Blick auf die in Tabelle 1 aufgezeigten Erkundungsziele, die aus den unterschiedlichen Veranlassungen für eine „Altlastenuntersuchung" resultieren, wird die Unzulänglichkeit mancher Untersuchung angesichts der Vielfalt der Belastungsmöglichkeiten klar. Insbesondere die kosten-

Tabelle 1. Gegenüberstellung von Anlässen für Erkundungen des Untergrundes mit Erkundungszielen

Anlässe		Erkundungsziele			
		Gefährdungsabschätzung		Entsorgungskosten	Baugrundbeschaffenheit
		flächendeckend	lokal begrenzt		
a	gesetzl. Auftrag	+	+	–	–
b	Bergaufsicht	+	+	–	–
c	Genehmigungsverfahren	±	+	±	–
d	ordnungsbehördl. Anweisungen	±	+	–	–
e	Kaufentscheidung	+	+	+	±
f	Kreditrisiko	+	+	+	±
g	Versicherungsrisiko	+	+	±	–
h	Unternehmerische Entscheidung	±	+	±	–
i	Baugrund	–	–	±	+

\+ obligatorisches Erkundungsziel
– nicht gewährleistetes Erkundungsziel
± möglicherweise enthaltenes Erkundungsziel

trächtigen Faktoren, wie Entsorgungskosten und Baugrundbeschaffenheit, werden im Rahmen der klassischen Altlastenerkundung im Hinblick auf eine geplante Bebauung nicht ausreichend bewertet (Kötter, 1997).

Der potentielle Käufer eines Grundstücks kann sich demnach nicht damit zufrieden geben, wenn der Grundstücksinhaber versichert, daß das Grundstück nach den durchgeführten Bodenuntersuchungen altlastenfrei sei oder keine Hinweise auf Altlasten angetroffen wurden.

3 Optimierungsansätze zur Verminderung von Kostenrisiken

Während die Methoden der Baugrunderkundung auf Basis vorhandener Regelwerke und Normen in ausreichendem Maße strukturiert und vorgegeben sind, gibt es zur In situ-Ermittlung potentieller Entsorgungskosten keine entsprechenden allgemeingültigen Regelungen. Die Erkundungsstrategie muß daher von Fall zu Fall neu überdacht und den standortspezifischen Verhältnissen angepaßt werden. Unabhängig davon kann eine erste Optimierung auch mit Blick auf die Kosten für erforderliche Untersuchungen schon dadurch erfolgen, daß frühzeitig alle Aufschlüsse nicht nur unter altlastenorientierten Gesichtspunkten angelegt und ausgewertet werden, sondern potentielle Bauvorhaben mit entsprechenden Anforderungen an den Baugrund Berücksichtigung finden. Dies scheitert leider häufig an einem Interessenkonflikt zwischen Käufer und Grundstückseigner. Letzterer wird die Baugrunduntersuchung als Aufgabe des Käufers ansehen.

Wichtige Hinweise zur Bewertung von Aushubmassen einer geplanten Baumaßnahme enthält das Verwertungskonzept der Stadt Düsseldorf (Düsseldorf Umweltamt, 1991), das neben den einzelnen Arbeitsschritten auch Mindestanforderungen an eine repräsentative analytische Untersuchung ausweist. Das Verwertungskonzept sieht eine abgestufte Erkundung vor, die einem altlastenerfahrenen Gutachter erlaubt, erhebliche Kostenrisiken zu erkennen und aufzuzeigen.

Das Hauptproblem dürfte bei einer überregionalen Anwendung allerdings darin bestehen, daß bislang in den einzelnen Bundesländern die verschiedensten Prüf- und Grenzwerte zur Verwertungsprüfung oder Deklarationsanalytik definiert wurden oder häufig vollends fehlen. Da diese Werte die Richtschnur für ein Untersuchungskonzept darstellen, sollten vor einer Untersuchung geeignete Festlegungen mit den zuständigen Umweltbehörden getroffen werden. Um die Untersuchungskosten zu minimieren, empfiehlt sich bei einer Detailerkundung die Reduzierung des Analytikprogramms auf typischen fallrelevante Leitparameter.

Die Praxis hat gezeigt, daß im Sinne einer repräsentativen Bodenansprache Auffüllungen nicht ausschließlich mittels Rammkernsondierungen erkundet werden sollten, sondern zumindest stichprobenartig mit Schürfen. Der mengenmäßige Anteil von Nebenbestandteilen, z.B. Bauschutt, ist aus Rammkernsondierungen nur unzureichend abzuschätzen. Gerade diese Nebenbestandteile können aber zu aufwendigen Entsorgungskosten führen. Gleichermaßen ermöglichen Schürfe eine erheblich repräsentativere Beprobung und Analytik. Während bei natürlichem Boden nur die Kornfraktion unter 2 mm der Analyse zugeführt werden soll, ist bei Bodenaushub mit mineralischen Fremdbestandteilen (Bauschutt, Schlacke, etc.) in Abhängigkeit von der vorgesehenen Verwertung das vorliegende Korngrößengemisch oder nach Kornfraktionen zu untersuchen. Eine Vernachlässigung grobstückiger Komponenten kann zu einer fehlerhaften Bewertung der tatsächlichen Schadstoffgehalte einer Auffüllung führen und nur durch eine Entnahme größerer Probenmengen umgangen werden (vgl. LAGA).

Bei einem flächig belasteten Grundstück können ergänzend zu einer detaillierten Erkundung weitere Maßnahmen zu einer Minimierung der Entsorgungskosten. während der Bauphase umgesetzt werden. Diese erfordern einen ausreichend großen Zwischenlagerplatz auf dem Baugelände. Bei den Aushubarbeiten können dann alle Boden- bzw. Auffüllungsmassen, die in Bereichen mit indifferenten Belastungen ausgekoffert werden, zunächst zu Beprobungsmieten aufgehaldet werden, um über eine repräsentative Beprobung zu einer eindeutigen Bewertung zu kommen. Die Größe der Mieten muß sich an der standortspezifischen Belastungssituation sowie der Machbarkeit im Rahmen der Baustellenlogistik ausrichten. Die Erfahrung auf zahlreichen Standorten hat gezeigt, daß diese zunächst sehr aufwendig erscheinende Methodik meist zu einer deutlichen Senkung der Entsorgungskosten führt, die den Mehraufwand für das Bodenmanagement auf der Baustelle kompensiert bzw. die Gesamtkosten senkt.

4 Zusammenfassung

Bodenbelastungen im Bereich von Altstandorten und Altablagerungen führen im Grundstücksverkehr nach wie vor zu Irritationen und bergen Kostenrisiken, die einer aufgeschlossenen Wiedernutzbarmachung entsprechender Flächen vielfach entgegenstehen. Die vorhandenen und geplanten gesetzlichen Regelungen zum Umgang und zur Bewertung von Altstandorten und Altablagerungen gewährleisten keinen Risikoausschluß für einen Grundstückskäufer bzw. Investor, wenn nicht eindeutige detaillierte vertragliche Regelungen getroffen werden, die auf einer fundierten Kenntnis des Zustandes einer Fläche basieren. Allgemeine Formulierungen, welche die Altlastenfreiheit eines Grundstücks bescheinigen, beugen Kostenrisiken im Falle einer Bebauung nur selten vor. Die wesentlichen Kostenrisiken ergeben sich durch unterschätzte Kosten für die Entsorgung anfallender Aushubmassen und nicht zuletzt durch eine minderwertige Qualität des Baugrundes, was zu erheblichen Kostensteigerungen für gründungstechnische Maßnahmen führen kann.

Auf Basis vielfach vorhandener vorliegender Gutachten, die aus verschiedensten Veranlassungen heraus für Teilbereiche oder gesamte Grundstücke erstellt wurden, lassen sich kostenwirksame Defizite meist frühzeitig erkennen. Wenn die Defizite erkannt sind, können geeignete Erkundungsstrategien umgesetzt und Kostenrisiken minimiert werden.

Literatur

Heitfeld-Hagelgans, E.: Rechtliche Rahmen für Bauleitplanung nach dem Baugesetzbuch und dem Maßnahmengesetz zum Baugesetzbuch. In: Flächenrecycling – Inwertsetzung, Bauwürdigkeit, Baureifmachung -, Hrsg.: R. Kompa, M. von Pidoll, B. Schreiber, Springer Verlag, Heidelberg 1997

Kötter, L.: Die Bauwürdigkeitsstudie an einem Fallbeispiel. In: Flächenrecycling – Inwertsetzung, Bauwürdigkeit, Baureifmachung -, Hrsg.: R. Kompa, M. von Pidoll, B. Schreiber, Springer Verlag, Heidelberg 1997

Länderarbeitsgemeinschaft Abfall (LAGA): Anforderungen an die sstoffliche Verwertung von mineralischen Reststoffen/Abfällen – Technische Regeln – Stand: 07. September 1994

Landeshauptstadt Düsseldorf, Umweltamt (1991): Verwertungskonzept; Anforderungen an die Verwertung von Aushubmaterialien, industriellen Nebenprodukten und aufbereiteten Reststoffen im Stadtgebiet Düsseldorf, Umweltamt Düsseldorf, Brinkmannsr. 7, 40225 Düsseldorf

Mehrhoff, D.: Handhabung kontaminierter Bodenmassen. In: Flächenrecycling – Inwertsetzung, Bauwürdigkeit, Baureifmachung -, Hrsg.: R. Kompa, M. von Pidoll, B. Schreiber, Springer Verlag, Heidelberg 1997

Die Bauwürdigkeitsstudie – ein Fallbeispiel

Ludger Kötter

1 Einführung

Unter Bauwürdigkeitsstudie ist kein fest umrissenes Aufgabenpaket zu verstehen. Zweck einer Bauwürdigkeitsstudie ist, im Zuge einer Gefährdungsabschätzung, d.h. einer Untersuchung auf Bodenschadstoffe, möglichst viele solcher Untersuchungen und Bewertungen mitzuerledigen,

- die kostengünstig gleichzeitig durchgeführt werden können und
- deren Ergebnisse sich gegenseitig ergänzen.

Ziel ist es, ein quantifizierbares Gerüst für fundierte Entscheidungen über Nutzungen bereitzustellen.

Wenn auch die gleichzeitige Durchführung aller Untersuchungsmaßnahmen wirtschaftlich am sinnvollsten ist, so kann jedoch in vielen Fällen auch die nachträgliche Erweiterung einer vorliegenden Gefährdungsabschätzung zu einer Bauwürdigkeitsstudie noch erhebliche Vorteile bringen.

Die routinemäßige Gefährdungsabschätzung erkundet nur, ob und wie stark festgestellte Schadstoffe die schon bestehenden oder die geplanten Nutzungen beeinträchtigen. Die Kosten möglicher Abhilfemaßnahmen, die verglichen mit den sonstigen Kosten der Baureifmachung in den meisten Fällen den größten Anteil ausmachen, können dann geschätzt oder berechnet werden. Isoliert betrachtet, werden die Sicherungs- oder Sanierungskosten selten realitätsgerecht eingeschätzt, wenn sie nicht mit anderen Maßnahmen zur Realisierung der Nutzungen abgestimmt werden.

In der Bauwürdigkeitsstudie werden alle durch ungünstige Bodeneigenschaften verursachten Kosten ermittelt und in ihrem Zusammenspiel dargestellt. Dadurch wird es möglich, die Art und Verteilung der Nutzungen und die erforderlichen Verbesserungsmaßnahmen unter Kostengesichtspunkten zu *optimieren*.

Eine Gefährdungsabschätzung im engeren Sinne wird nicht einfach dadurch zu einer Bauwürdigkeitsstudie erweitert, indem zusätzliche Fachgutachten draufgesattelt werden. Vielmehr geht es darum, die bei einer Gefährdungsabschätzung ohnehin anfallenden Daten - und die bei einer entsprechenden Konzeption ohne großen Mehraufwand zu gewinnenden Daten - unter der erweiterten Fragestellung auszuwerten.

In den meisten Fällen werden zwar zusätzliche Untersuchungen sinnvoll sein, häufig genügt es aber, z.B. die Endteufe ausgewählter Aufschlüsse zu vergrößern, punktuell Rammsondierungen durchzuführen und einzelne Kornverteilungsbestimmungen anzufertigen. Erfahrungsgemäß verursachen diese und ähnliche Untersuchungen Mehrkosten lediglich von einigen Prozent gegenüber einer reinen Gefährdungsabschätzung. Der Gewinn ist aber nicht nur die Beurteilung des Baugrundes, sondern auch die Präzisierung der Gefährdungsabschätzung durch die zusätzlichen Informationen. Der Zeitaufwand für die Zusatzuntersuchungen ist gering, bei gleichzeitiger Beauftragung in der Regel vernachlässigbar.

Ein allgemeingültiges Konzept für die Beurteilung der Bauwürdigkeit kann es nicht geben, da die Größe, der Zuschnitt und die Umgebung des Grundstücks, die vorgesehenen und erlaubten Nutzungen, die Verbindlichkeit der Planungen, die Art und Schwere der Belastungen und anderes mehr im Einzelfall angemessen berücksichtigt werden müssen.

Die Möglichkeiten einer Bauwürdigkeitsstudie sollen deshalb hier an einem Fall veranschaulicht werden, in dem weitergehende Erkenntnisse vorrangig durch zweckentsprechende Datenauswertung gewonnen wurden. In dem dargestellten Fall - es handelt sich um eine alte Kippe, wie sie in vielen Gemeinden anzutreffen ist - wurden zusätzlich zu den Untersuchungen zur Gefährdungsabschätzung, wozu auch eine Entgasungsstudie gehörte, nur einige schwere Rammsondierungen durchgeführt. Alle Daten wurden allerdings gründlich dokumentiert und eingehend ausgewertet.

2 Fallbeispiel

2.1 Bewertungskonzept

Das Untersuchungsgelände war eine ca. 8 ha umfassende Lößlehmabgrabung, die bis Anfang der 60er Jahre als Deponie für Siedlungsabfälle und gewerbliche Abfälle genutzt wurde.

Um die punktuellen Meßergebnisse für eine flächendeckende Aussage nutzbar zu machen, wurde ein 25 m × 25 m – Raster eingerichtet. Sämtliche Untersuchungsergebnisse wurden lagerichtig den Rasterzellen zugeordnet. Die Parameter wurden bepunktet und nach ihrer Bedeutung gewichtet. Lagen mehrere Aufschlüsse mit unterschiedlicher Bepunktung innerhalb einer Rasterzelle wurde jeweils die höchste Punktzahl berücksichtigt. Die Interpolation der nicht mit Meßwerten belegten Rasterzellen wurde visuell vorgenommen. Sie folgt, wie die Bepunktung, worst case – Annahmen: Bei starkem Wertgefälle zwischen benachbarten Zellen wurde der interpolierte Wert an der schlechteren Zelle ausgerichtet.

2.2 Aufbereitung der Untersuchungsergebnisse

Als erstes Indiz für die *Gefährdung durch Deponiegas*, aber auch für einen eventuellen Entsorgungsaufwand, wurden die Erkenntnisse der Feldarbeiten zusammengefaßt. Die Schichtverzeichnisse aller Aufschlüsse (Rammkernsondierungen, Gaspegel und Grundwassermeßstellen) wurden ausgewertet nach:

- Auffüllungsmächtigkeiten,
- Anwesenheit von Müll,
- Faulgeruch und
- anderen organoleptischen Auffälligkeiten.

Diesen Parametern wurden Kriterien zugewiesen. Jeder Aufschluß erhielt eine den Kriterien entsprechende Punktzahl. Bei Proben mit unterschiedlicher Bepunktung wurde jeweils die höchste Punktzahl berücksichtigt.

Das zweite Indiz für Gefährdungen durch Deponiegas waren die in mehreren Reihen gemessenen Methankonzentrationen. Die Meßergebnisse wurden hinsichtlich explosibler Gehalte mit Punkten belegt. Der höchste Wert eines Meßpunktes war maßgeblich für die Wertzuweisung der Rasterzelle.

Zur Beurteilung der *Baugrundbeschaffenheit* wurden 13 Rammsondierungen (DPH) durchgeführt, die in Verbindung mit den anderen Aufschlüssen, insbesondere den GWMS-Bohrungen, ausgewertet wurden. Eine ausreichende Tragfähigkeit des Baugrundes für setzungsempfindliche Bauwerke erwies sich in den weitaus meisten Bereichen der Ablagerung erst unterhalb von 3,5 m u.GOK als gegeben. Die Tiefenlage des tragfähigen Baugrundes wurde bepunktet und die Werte den Rasterzellen zugewiesen.

2.3 Ermittlung der Mehrkosten

Es war zu ermitteln, ob die Bebauung der Deponiefläche möglich ist und welcher Mehraufwand wegen der Auffüllungen erforderlich ist.

Vom Auftraggeber wurde festgestellt, daß grundsätzlich Bedarf besteht sowohl an Flächen mit kleinstückiger Gliederung für Handwerks- und Kleingewerbebetriebe als auch an Flächen von mehreren Hektar für einen Einzelbetrieb. Standortbereiche für Betriebe unterschiedlicher Größe, Branche u.ä. waren nicht vorgegeben. Für diese Spannweite an Nutzungsvarianten war eine Beurteilung der Bauwürdigkeit nicht möglich, so daß ein Szenario von Normalfällen konstruiert werden mußte.

Es wurden 3 gewerblich/industrielle Betriebstypen als Grundlage für die nachfolgenden Beurteilungen empirisch abgeleitet:
- *Betriebstyp A* (Handwerksbetrieb)
- *Betriebstyp B* (Größerer Handwerksbetrieb, Handelsunternehmen, Kleingewerbe)
- *Betriebstyp C* (Mittelständiger Gewerbebetrieb, Großhandelsunternehmen)

Für diese Betriebstypen wurden folgende Flächenanteile zugrunde gelegt:

	Betriebstyp A	Betriebstyp B	Betriebstyp C
Grundstücksfläche	1.250 m²	2.500 m²	6.000 m²
Grundfläche des Gewerbebaus	500 m²	1.000 m²	2.500 m²
befestigte Fläche	500 m²	1.000 m	2.500 m²
unbefestigte Fläche	250 m²	500 m²	1.000 m²

In der Regel werden Gewerbe- und Industriegebiete mit nach Standardtypen konstruierten Hallen überbaut, von denen zumindest bei kleineren Objekten wie *Betriebstyp A* und *B* ein Teil der Halle hochwertig ausgebaut und für Büroflächen und Sozialräume genutzt wird. Bei dem größeren *Betriebstyp C* sind z.B. 2 Hallengebäude mit dazwischenliegendem, in konventioneller Bauweise errichtetem Verwaltungsgebäude denkbar.

Typisch für Gewerbebauten ist, daß auf den im Wohnungsbau üblichen Keller sinnvollerweise verzichtet wird. Allenfalls kleinere Hausanschlußräume, Aufzugsunterfahrten o.ä. werden hier erforderlich. Daher konnten auch Überlegungen zum Feuchtigkeitsschutz der Gebäude mit den entsprechend kostenwirksamen Folgen ohne Berücksichtigung bleiben.

Maßnahmen zur Baugrundverbesserung

Die für diesen Regelbau anzusetzenden Mindestaufbaudaten sind „Sowieso-Kosten". Bei den Kostenbetrachtungen im Rahmen der Bauwürdigkeitsstudie wurden daher nur solche Kosten berücksichtigt, die aufgrund der vom „Regelboden" abweichenden, deponiebedingten Bodenverhältnisse verursacht werden. Dabei wurde nicht nur die Auffüllung selber betrachtet, sondern auch die Tatsache berücksichtigt, daß der natürlich anstehende bindige Boden in seinen obersten Partien teilweise nur weiche Konsistenz hatte. Es wurde vorausgesetzt, daß aufgefüllte Böden grundsätzlich für Fundamente von Hochbauten unverbessert als Baugrund nicht geeignet sind.

Für die Betriebstypen A-C beschränkt sich im Regelfall das Spektrum der technisch sinnvollen und wirtschaftlich vertretbaren Maßnahmen zur Herstellung von *Fundamenten* auf wenige Varianten. Dies sind Magerbetonaustausch/ Tieferführung der Fundamente und Rütteldruck-/Rüttelstopfverdichtung. Das bedeutet jedoch nicht, daß im Einzelfall auch andere als die angenommenen Maßnahmen zu verwirklichen und wirtschaftlich durchführbar sind.

Für die *Hallenböden* wurden bei geringmächtiger Auffüllung nur zwischen geringer und erhöhter Belastung der Bodenplatten durch Einbau von zusätzlichen Kieslagen nach Vorverdichtung des Rohplanums differenziert. Bei größerer Mächtigkeit der Auffüllung und höherer Belastung des Bodens wurde die Mächtigkeit des Bodenaustausches vergrößert und zusätzlich die Verwendung von flächenmäßig verlegtem Geogittern angenommen.

Analog zu den Hallenböden wurde bei den *Verkehrsflächen* der Freianlagen vorgegangen. Im Bereich der unbefestigten Flächen wurden keine Maßnahmen vorgesehen.

Die Mehrkosten (in DM/m² Betriebsgelände) für die Herstellung tragfähiger Fundamente und Böden für die 3 angenommenen Betriebstypen in Abhängigkeit von der Tiefenlage des tragfähigen Baugrundes sind:

	Tiefenlage des tragfähigen Baugrundes (in m u. GOK)				
	Fläche in m²	<1,5	1,5 - <2,5	1,5 - <3,5	>3,5 - 6
Betriebstyp A	1.250	29,2	37,4	68,3	78,6
Betriebstyp B	2.500	28,5	35,8	63,3	66,2
Betriebstyp C	6.000	30,7	39,7	64,0	70,3
Betriebstyp A - C, Mittelwert		29,46	37,6	65,19	71,7
Betriebstyp A - C, gerundet		29	38	65	72

Maßnahmen zum Schutz vor Deponiegas

Wegen der relativ geringen Methangehalte und der fortgeschrittenen Gasbildungsphase, die eine Beendigung der Deponiegasbildung in absehbarer Zeit erwarten läßt, sind passive, objektbezogene Systeme zum Schutz vor Methangasexplosionen meist ausreichend. Als Grundlage für die Kalkulation des zusätzlichen, d.h. deponiebedingten Aufwandes wird hier folgende Konfiguration angenommen:

- Flächenhafter *Entgasungsfilter* unter Gebäuden;
- *Gasdränageleitungen*, verlegt im Entgasungsfilter;
- *Ableitung über Dach* möglichst mit Anschluß oder Anschlußmöglichkeit für Ventilatoren;
- Installation von stationären *Gaswarneinrichtungen* oder regelmäßige Kontrollen der Methankonzentrationen;
- Gasdichte Ausbildung von *Gebäudeböden*.

Wegen der - verglichen mit dem Aufwand zur Herstellung der Tragfähigkeit - geringen Kosten wird bei dieser Darstellung nicht zwischen den 3 Betriebsgrößen unterschieden. Insgesamt erhöhen sich durch Maßnahmen zur Abwehr der Explosionsgefahr durch Deponiegas die Mehrkosten zur Herstellung tragfähiger Fundamente und Böden i.d.R. um 10 DM/m² Betriebsgelände.

Zusammenfassung

Allein die Mehrkosten für Bauwerksgründungen überschreiten auf drei Viertel der Deponiefläche 35 DM/m² bezogen auf die Gesamtfläche der Betriebsgelände. Hinzu kommen die Mehrkosten für normalbelastbare Hallenböden von ca. 14 DM/m² Betriebsgelände. Die ermittelten Mehrkosten sind in Abb. 1 dargestellt.

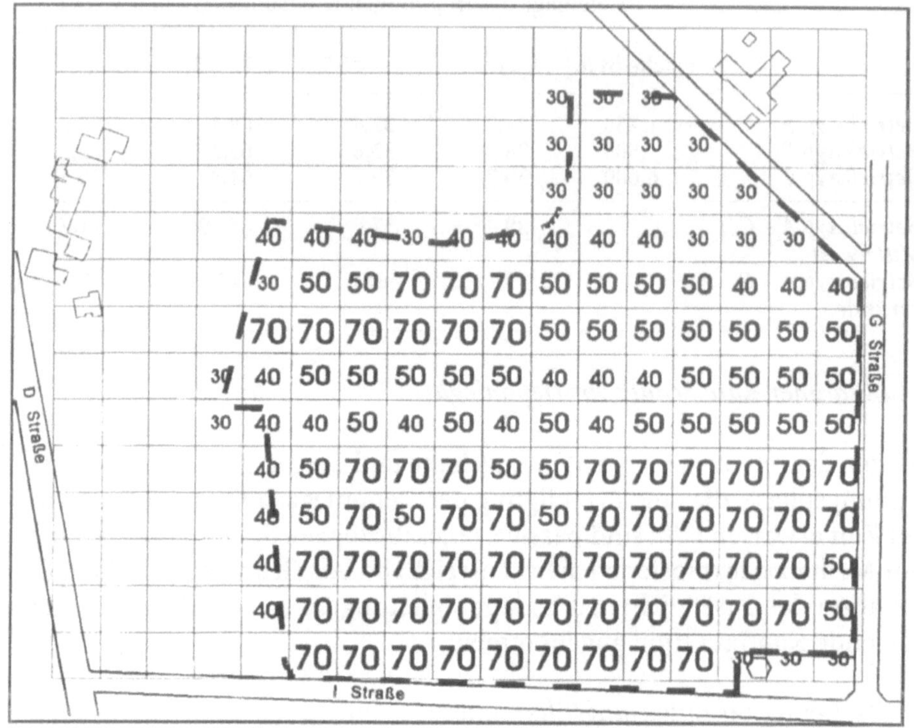

Abb. 1. Deponiebedingte Mehrkosten zur Herstellung tragfähiger Fundamente, Hallenböden und Verkehrsflächen sowie zum Schutz vor Deponiegas

Die angesetzten Mehrkosten für hochbelastbare Verkehrsflächen von 35 DM/m² Verkehrsfläche lassen sich bei geschickter Anordnung minimieren.

Die deponiebedingten Mehrkosten für eine gewerbliche Überbauung der gesamten Deponiefläche von ca. 8 ha werden sich auf 60 DM/m² bis 73 DM/m² Deponiefläche belaufen. Nur im nordöstlichem Bereich gibt es eine zusammenhängende Flächen mit deutlich geringeren Mehrkosten von 30 DM/m² bis 40 DM/m².

2.4 Hinweise zur Optimierung

Unter Kostengesichtspunkten ist jede Ausweisung von Gewerbeflächen außerhalb der Fläche der ehemaligen Deponie einer Ausweisung auf der Deponiefläche vorzuziehen, da diese in jedem Bereich deponiebedingte

Mehrkosten verursacht. Am geringsten werden die Mehrkosten jedoch im nordöstlichen Bereich sein. Hier ist die Tiefenlage des tragfähigen Baugrundes *zusammenhängend* jedenfalls < 2,5 m, teilweise sogar < 1,5 m. In Abb. 2 sind die relativ günstigen Baugebiete dargestellt, wobei die Bereiche ohne Deponniegasgefährdung grau und die Bereiche mit geringer Tiefenlage des tragfähigen Baugrundes kariert angelegt sind.

Da in diesem Bereich das abgelagerte Material zudem keine relevanten organoleptischen Befunde aufweist, wird bei Ausschachtungen sehr wahrscheinlich keine gesonderte Entsorgung erforderlich werden, sondern eine Umlagerung innerhalb des Plangebietes möglich sein. Hohe Entsorgungskosten fallen demnach nicht an. Bei der Erstellung von Kellergeschossen würden kaum deponiebedingten Mehrkosten entstehen. Bei mehrgeschossiger Bauweise würden sich die mit ca. 40 DM/m² bzw. 60 DM/m² *Gebäudegrundfläche* berechneten Mehrkosten zudem auf eine entsprechend vergrößerte Nutzfläche verteilen.

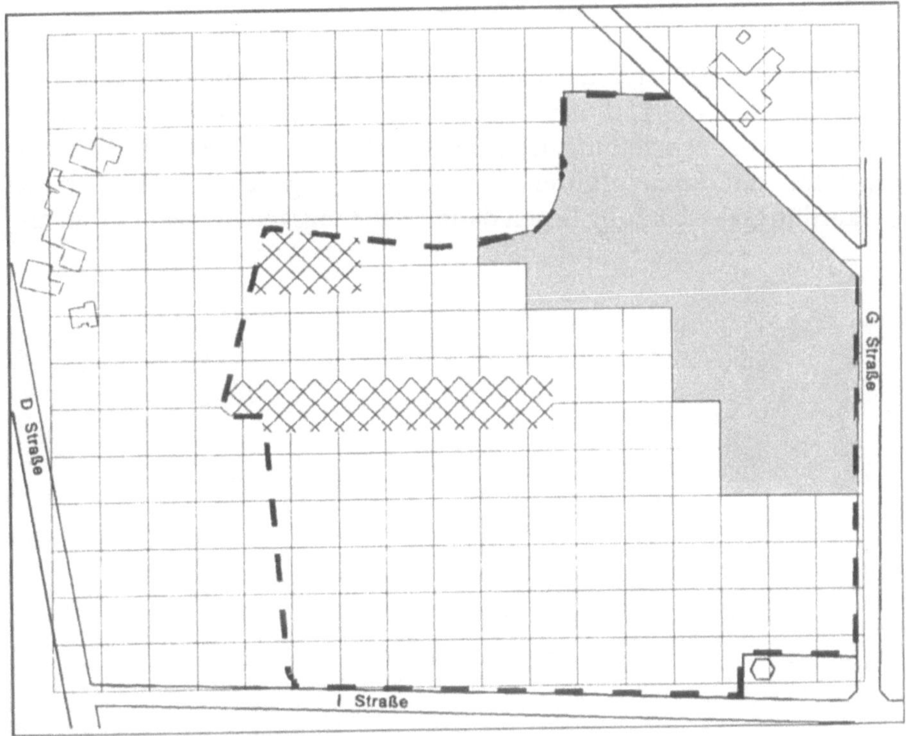

Abb. 2. Relativ günstige Baugebiete

Die vorgenannten Merkmale einer gewerblichen Bebauung treffen auf Dienstleistungen mit einem geringen Lagerplatzbedarf und mit einem geringen Freiflächenanteil zu. Bei einem geringen Verkehrsaufkommen dürften solche Gewerbebetriebe wenig stören, so daß sie gegenüber der bestehenden Bebauung an der G Straße zugelassen werden könnten. Im Bedarfsfall können solchen Betrieben Lagerflächen auf der südwestlich anschließenden Deponiefläche zugeordnet werden.

3 Ausblick

Dieses Beispiel zeigt, daß eine Transparenz für die Entscheidungsträger auch bei großen Flächen und auch ohne konkretisierte Vorgaben erreicht werden kann. Selbstverständlich ist der Aufwand umso geringer und das Ergebnis umso präziser, je konkreter die Vorgaben sind.

Mit den Ergebnissen der Bauwürdigkeitsstudie können auch Vorschläge zur *Optimierung* der Planung gemacht werden. Dies setzt voraus, die Bauwürdigkeitsstudie möglichst frühzeitig zu erstellen, wenn die Planungen noch nicht zu stark festgelegt sind.

Die meisten Altlastverdachtsflächen sollen ganz oder teilweise wieder bebaut werden. Um Zeit und Kosten zu sparen empfiehlt es sich, zumindest die für die Beurteilung der Bauwürdigkeit hilfreichen Untersuchungen sofort mit durchzuführen. Die Mehrkosten gegenüber einer reinen Gefährdungsabschätzung liegen dann erfahrungsgemäß bei 1–2 DM/m².

Handhabung kontaminierter Bodenmassen

DIETRICH MEHRHOFF

1 Marktsituation

Bei Schadensfällen und Baumaßnahmen sowie der Sanierung von Altlasten fallen verunreinigte Böden und Bauschutt an, wenn eine Sicherung der von der Kontamination betroffenen Flächenbereiche nicht möglich ist. Es entstehen Handhabungskosten über die Auskofferung hinaus, um das Material nach einer entsprechenden Aufbereitung dem Stoffkreislauf als Sekundärbaustoff wieder zuzuführen oder eine Deponierung durchzuführen. Der vorliegende Beitrag stellt eine Momentaufnahme der Marktsituation zum Zeitpunkt Mitte 1996 dar. Dies ist besonders im Hinblick auf die angegebenen Handhabungskosten von Bedeutung, da der diesbezügliche Markt durch einen starken Preisverfall gekennzeichnet ist. Bei zahlreichen Projekten ist der Eindruck entstanden, daß die einzige Kalkulationsgrundlage die Hoffnung auf bessere Zeiten ist. Innerhalb eines Jahres sind die Aufbereitungspreise für kontaminierte Böden fast auf die Hälfte gesunken, angeführt von den Kosten für die thermische Bodenbehandlung, die innerhalb von 4 Jahren von 400 DM auf fast 100 DM/t gesunken ist. Von einem Markt im üblichen Sinne kann in sofern nicht mehr gesprochen werden, die genannten Preise stellen in sofern höchstens Anhaltswerte dar.

Hinzu kommt, daß der Anteil der Behandlungskosten bei der Aufbereitung von kontaminierten Standorten am Gesamtvolumen der Baumaßnahme stark rückläufig ist. Durch Kombination der Gesamtmaßnahme mit baugrundvorbereitenden und erschließungstechnischen Maßnahmen beträgt der Anteil der reinen Behandlungskosten oftmals weniger als 20 % der Gesamtmaßnahme, während in früheren Zeiten der Schwerpunkt auf der Dekontamination des Aushubs gelegen hat.

2 Vorgehensentscheidung Sicherung/Sanierung

2.1 Qualitative Aspekte

Bei der Entscheidungsfindung über die generelle Vorgehensweise, d.h. Sicherung oder Auskofferung von kontaminiertem Material, stehen im wesentlichen 4 Aspekte im Vordergrund:

1. das Gefahrenpotential des Schadstoffherdes incl. seiner Ausdehnung.
2. die Grundwassergefährdung unter Beachtung der geologischen und hydrogeologischen Verhältnisse.
3. die geforderte Sicherheit und Effektivität bezüglich der Nachfolgenutzung der Fläche.
4. die Akzeptanz der Maßnahme sowohl behördlicherseits als auch durch die betroffene Bevölkerung (psychologische Effekte).

Aus dieser Aufzählung wird deutlich, daß es keine generelle Entscheidung pro oder contra Sanierung oder Sicherung geben kann, sondern jede Fläche als Einzelfall betrachtet werden muß. Nicht zuletzt die Nachfolgenutzung selbst bestimmt in maßgeblicher Weise den auf der Fläche zu betreibenden Sanierungsaufwand. Dies muß vor dem Hintergrund beschränkter finanzieller Mittel einerseits und der Endlichkeit sonstiger zur Verfügung stehender Flächen andererseits gesehen werden. Es muß die Verhältnismäßigkeit gewahrt bleiben und planungsrechtlich erwirkt werden, die Sensibilität der Nachfolgenutzung auf die Charakteristika des Standortes abzustimmen bzw. abstimmen zu können.

2.2 Kostenvergleichbarkeit

Neben den zuvor qualitativ genannten Aspekten rückt zunehmend der direkte Kostenvergleich bei der Entscheidungsfindung Sicherung oder Sanierung in den Vordergrund. Sieht man einmal von den begrenzten Fördermitteln ab, so sitzen sicherlich die Grundstückseigentümer bzw. potentiellen Investoren am längeren Hebel, die, wenn mehr als Gefahrenabwehr nach Ordnungsrecht betrieben werden soll, die Entscheidung bezüglich Sanierungsaufwand bzw. Qualität der Nachfolgenutzung beeinflussen können. Da hierbei der Verkehrswert des Grundstückes die maßgebende Kenngröße ist, kann ein Kostenvergleich nur über den Bezug auf die Sanierungskosten pro Quadratmeter möglich sein. Während bei reinen Sicherungsmaßnahmen der Oberfläche hierzu eine Addition der Komponenten eines Abdeckungs- oder Abdichtungssystems erfolgt, ist bei der Sanierung die Kubatur der Auskofferung auf die Flächeneinheit Quadratmeter zu beziehen, wobei der Kontaminationstiefe die faktorisierende Dimension zukommt.

3 Sicherung

Die Diskussion verschiedener Sicherungsalternativen kann nur im Hinblick auf die Unterbindung der möglichen Gefährdungspfade erfolgen. Hierbei ist zu unterscheiden zwischen

1. Abdeckung (verhindert Direktkontakt, Verwehung)
2. Abdichtung (verhindert zusätzlich Elution durch Sickerwasser)
3. Abdichtung (verhindert zusätzlich Bodenluft) und
4. Einkapselung (verhindert zusätzlich vertikalen Stoffaustrag).

Für den Kostenansatz der zu erstellenden Barrieresysteme muß zusätzlich die beabsichtigte Oberflächennutzung (Tragfähigkeit) berücksichtigt werden. Reine Abdeckungsmaßnahmen können oftmals kostenneutral durchgeführt werden, da bei Grünflächennutzung eine Rekultivierungsschicht oder für Verkehrsflächen ein entsprechender Oberbau aufgebracht wird. Bei baulicher Nutzung erfolgt eine Abdeckung durch das Bauwerk selbst.

Beim qualitativen Übergang von Abdeckung zur Abdichtung wird die geforderte Wasserdurchlässigkeit bzw. Wasserundurchlässigkeit zum kostenbestimmenden Faktor. Für die rein mineralische Dichtungsschicht ist ein Preis von 40 - 50 DM/t anzusetzen. Zusätzliche Aufwendungen für erforderliche Wasserabführungsmaßnahmen (Drainageschichten, Drainagerohre etc.) fallen je nach Flächengröße mit 20 - 30 DM/m^2 an. Ist zusätzlich eine Tragfähigkeit der Oberfläche der Abdichtung gefordert, muß über den Einsatz alternativer Dichtungsmaterialien wie Kunststoffdichtungsbahnen, vergütete Bodenmaterialien etc. nachgedacht werden.

Eine Kostenangabe für den Quadratmeter wird hier zunehmend schwierig, da der Preis maßgeblich von den speziellen Anforderungen bestimmt wird und dem ohne Abdichtungserfordernis notwendigem Aufwand zur Erstellung der gewünschten Oberfläche gegengerechnet werden müßte.

Noch problematischer wird die Preisangabe für Bodenbereiche mit nachgewiesener Bodenluftbelastung. Hier bestimmt die Belastungskonzentration, die Bebauungsdichte und die Sensibilität der Bebauung den Grad des zu betreibenden Aufwandes, einschließlich Fragestellung aktive/ passive Gasdrainage.

Bei der Einkapselung wird der auf die Oberfläche des gesicherten Bereiches umzulegende Anteil für die vertikalen Dichtungselemente (z.B. Schmalwand, Schlitzwand) maßgeblich durch die geologischen Verhältnisse bestimmt: die Tiefenlage der geeigneten Einbindungsschicht.

4 Sanierung

4.1 Rahmenbedingungen

Gemäß Definition des Abfallgesetzes vom 27.08.1986 sind Abfälle bewegliche Sachen, deren sich der Besitzer entledigen will oder deren geordnete Entsorgung zur Wahrung des Wohls der Allgemeinheit, insbesondere des Schutzes der Umwelt, geboten ist. Verbleiben kontaminierte Bodenmassen also nicht im Untergrund, sondern werden ausgekoffert, handelt es sich dem Gesetz nach um Abfall. Gemäß § 4 Absatz 5 AbfG ist die Bundesregierung ermächtigt, allgemeine Verwaltungsvorschriften über die Anforderungen an die Entsorgung von Abfällen zu erstellen. Dies ist am 10.04.1990 im Zuge der Erlassung der zweiten allgemeinen Verwaltungsvorschrift zum Abfallgesetz (TA-Abfall) durch folgende Rechtsverordnungen erfolgt:

1. Abfallbestimmungsverordnung (AbfBestV): Hier werden besonders überwachungsbedürftige Abfälle definiert, die damit bundeseinheitlich der Nachweispflicht gemäß § 11 Absatz 3 AbfG unterliegen und an deren Entsorgung und Überwachung somit zusätzliche Anforderungen zu stellen sind.
2. Reststoffbestimmungsverordnung (RestBestV): Hier sind die Reststoffe aufgeführt, für die von der zuständigen Behörde eine Nachweispflicht gemäß § 11 Absatz 2 AbfG angeordnet werden kann.
3. Abfall- und Reststoffüberwachungsverordnung (AbfRestÜberV): Hier wird die Steuerung und Kontrolle der Abfallströme geregelt.

Die wesentlichen Elemente der TA-Abfall sind neben den technischen/ organisatorischen Anforderungen nach dem Stand der Technik an Entsorgungsanlagen das Vermischungsverbot, die der Entsorgung vorgeschaltete Verwertungsprüfung sowie die Zuordnung von Abfällen zu Entsorgungsverfahren und Anlagen.

4.2 Gesicherte Umlagerung

Abweichend vom Abfallgesetz haben einige Bundesländer zusätzliche länderspezifische Regelungen in ihren jeweiligen Landesabfallgesetzen getroffen. In Nordrhein-Westfalen wurde hierzu der § 31 des Landesabfallgesetzes, Gefährdungsabschätzung Sanierung- und Überwachung, Absatz 4, im Februar 1995 derart neu gefaßt, daß im Bereich derselben Altlast entnommenes Erdreich wieder eingebaut, d.h. gesichert umgelagert werden darf. Ein zugehöriger Sanierungsplan bedarf der Genehmigung der zuständigen Behörde. Die Entscheidung, ob im Rahmen der Flächenaufbereitung von der Möglichkeit der Gesicherten Umlagerung gebraucht gemacht werden soll, ist von verschiedenen Faktoren abhängig:

1. Standorteignung für eine Gesicherte Umlagerung
2. Nachfolgenutzungskonzept
3. Einbaubarkeit der ausgekofferten kontaminierten Böden
4. Vorgabe von Belastungshöchstwerten durch die zuständige Behörde.

Generell kann gesagt werden, daß die Frage nach einer Möglichkeit zur Gesicherten Umlagerung dann von Interesse ist, wenn eine Verwertung (s. Kap. 4.3) aufgrund der Schadstoffgehalte ausscheidet und das auszukoffernde Volumen eine Größenordnung von erfahrungsgemäß 1000 m^3 bis 2000 m^3 überschreitet. Bei der Wirtschaftlichkeitsbetrachtung müssen für die Anlage einer Gesicherten Umlagerung gewisse (Planungs-) Vorlaufkosten angesetzt werden. Die Einlagerungskosten pro Tonne resultieren aus dem Verhältnis von Oberfläche (Basis + Böschungen + Oberseite) zu eingebautem Volumen. Da sich einerseits das Qualitätsniveau stark an Regelprofilaufbauten anlehnt bzw. behördlicherseits gefordert wird und andererseits der Optimierung des angesprochenen Verhältnisses bauliche Grenzen gesetzt sind, sind Kosten von mindestens 30 bis 50 DM/t für die Einlagerung von kontaminiertem Bodenmaterial als realistisch anzusehen.

4.3 Sekundärbaustoffe

Im Sinne der Abfall- und Reststoffüberwachungsverordnung hat der Abfallerzeuger zunächst die Verwertbarkeit des Abfalls zu prüfen. Allgemein anerkanntes und bewährtes Kriterium für diese Beurteilungen ist neben der bodenmechanischen Eignung der Schadstoffgehalt im Feststoff, wonach die Länderarbeitsgemeinschaft Abfall (LAGA) entsprechende Einbauklassen mit dazu gehörigen Zuordnungswerten definiert hat. Bei den in den Anforderungen an die stoffliche Verwertung von mineralischen Reststoffen/Abfällen (März 1994) genannten technischen Regeln handelt es sich um Vorsorgewerte, die vor allem aus Sicht des Boden- und Grundwasserschutzes festgelegt wurden. Die technischen Regeln sind anzuwenden für

- Bodenaushub,
- ölverunreinigten Boden,
- Boden mit sonstigen schädlichen Verunreinigungen und
- Boden, der in Behandlungsanlagen gereinigt worden ist.

In Abhängigkeit von den festgestellten Schadstoffgehalten wird der zu verwertende Boden folgenden Einbauklassen zugeordnet:

Z0: uneingeschränkter Einbau
Z1: eingeschränkter offener Einbau (mit der Unterteilung:
Z1.1 für hydrogeologisch ungünstige Gebiete,
Z1.2 in hydrogeologisch günstigen Gebieten)
Z2: eingeschränkter Einbau mit definierten technischen Sicherungsmaßnahmen.

Für oberhalb der Einbauklasse Z2 liegende Grenzwerte im Feststoff sieht die LAGA-Liste den Einbau bzw. die Ablagerung in Deponien vor. Dazu orientieren sich die einzelnen Bundesländer entweder an den Festlegungen gemäß TA-Siedlungsabfall bzw. TA-Abfall für Sonderabfalldeponien oder nehmen eine zusätzliche Unterteilung in eigene Deponieklassen vor. Für das Land Nordrhein-Westfalen erfolgt die Einteilung anhand von Eluatgrenzwerten in

- Deponieklasse 3: Siedlungsabfälle
- Deponieklasse 4: Gewerbe und Industrieabfälle und
- Deponieklasse 5: Sonderabfälle.

Die Zulassung der Einzeldeponien für bestimmte Deponieklassen erfolgt in Nordrhein-Westfalen anhand des realisierten Sicherheitsniveaus der Deponie.

Für den praktischen Entsorgungsfall bedeutet dies, daß für die Entsorgung belasteter Materialien bei den Deponiebetreibern die deponiebezogenen Abfallarten und deren Eluatgrenzwerte abgefragt werden müssen (siehe auch Kap. 4.6).

Für Bauschutt wurden mit Mitteilung der LAGA vom 5. September 1995 der Zuordnungswert Z2 für PAK n. EPA von 20 auf 75 mg/kg (in Einzelfällen 100 mg/kg) erhöht, was sicherlich auch dem Ziel der vermehrten Rückführung von Recyclingbaustoffen in den Kreislauf dienen soll.

4.4 Schadstoffbezogene Aufbereitung

4.4.1 *Verfahrensentscheidungskriterien*

Neben den wirtschaftlichen und verfahrenstechnischen Kriterien können auch andere Aspekte die Entscheidung für oder gegen bestimmte Aufbereitungsverfahren beeinflussen:

- Die Entfernung zur nächstgelegenen Behandlungsanlage oder Deponierungsmöglichkeit
- Die Kapazität und Auslastung umliegender Behandlungsanlagen
- die Nachbarschaft und ihre Sensibilität bezüglich Emissionsbelastungen
- die Bodenart hinsichtlich bodenmechanischer Zusammensetzung das Schadstoffspektrum und
- die Schadstoffhöchstwerte, die den in der anlagenspezifischen Zulassung genannten Grenzwerten gegenüber gestellt werden muß.

4.4.2 *Verfahrensüberblick*

Die wesentlichen Bodenbehandlungs- bzw. Dekontaminationsverfahren sind die biologische Behandlung, die Bodenwäsche und die thermische Behandlung. Diese drei Dekontaminationsverfahren können nicht pauschal miteinander verglichen werden, sondern es muß im Einzelfall eine Prüfung durchgeführt werden, ob ein Verfahren den Anforderungen hinreichend genügt und die günstigsten Kostenkonditionen darstellt.

Die biologischen Sanierungsverfahren sind auf den Einsatz biologisch abbaubarer Schadstoffe beschränkt. Prognosen zum Sanierungserfolg und Sanierungszeitraum können nur nach entsprechend im Vorfeld durchgeführten Toxizitäts- bzw. Sanierbarkeitstest abgegeben werden. Als nachteilig ist die relativ lange Sanierungszeit (je nach Schadstoff, Belastungsgrad und Jahreszeit einige Wochen bis zu mehreren Jahren) zu nennen. Vorteilhaft ist, daß der Boden in seiner Struktur kaum gestört wird, so daß er für Rekultivierungsmaßnahmen nach der Sanierung zur Verfügung steht.

Bei der Bodenwäsche erfolgt eine Trennung des kontaminierten Bodenmaterials in eine Reinfraktion und eine Reststoffraktion, die anderweitig entsorgt bzw. behandelt werden muß. Der Anteil der Reststoffraktion ist abhängig vom Feinkornanteil des Auskofferungsmaterials und sollte unter wirtschaftlichen Aspekten nicht mehr als 20 % bis 30 % des Ausgangsmaterials betragen. Auch hier empfiehlt sich zur Beurteilung des Sanierungserfolges, im Vorfeld einen Waschtest durchzuführen. Die Vorteile dieses Verfahrens sind die kurze Behandlungszeit und die Wiederverwertbarkeit der Grobfraktion. Dieser Vorteil impliziert gleichzeitig jedoch auch die Beschränkung auf überwiegend grobkörnige bzw. gemischtkörnige Bodenarten. Eine Bodenwäsche kann sich nur wirtschaftlich darstellen, wenn von dem entsprechenden Bodenmaterial große Kubaturen anfallen, so daß die Einrichtung einer on-site Anlage darstellbar ist, um die hohen Anlagenkosten zu kompensieren. Stationäre Anlagen sind kaum noch ausgelastet, da die behandelbaren Bodengruppen aufgrund ihrer bodenmechanischen Eignung oftmals andere Abnehmerkreise finden.

Die thermische Behandlung stößt lediglich bei dem Vorhandensein von flüchtigen Schwermetallkontaminationen auf Anwendungsgrenzen. Sie ist hinsichtlich Bodenarten und Schadstoffspektrum die sicherlich am umfassendsten geeignete Behandlungsmethode. Die Preisuntergrenze für diese Behandlungsweise wird durch den immer dafür erforderlichen Energieaufwand gebildet werden, ist aber anscheinend noch nicht erreicht.

Neben den stationären Behandlungsanlagen erscheinen auch zunehmend mobile Kleinanlagen auf dem Markt, die für die Behandlung kleinerer Bodenmengen eine kostengünstige Alternative darstellen. Weitere Behandlungsverfahren und in-situ-Sanierungsverfahren, wie pneumatisch oder hydraulische Maßnahmen sowie biologischer Schadstoffabbau in-situ stellen nur ein untergeordnetes Marktvolumen dar. Hierzu ist es kaum noch möglich entsprechende Behandlungspreise zu nennen, da die Einzelfallbeurteilung in den Vordergrund tritt und zu entsprechenden Zuschlägen führt.

4.5 Rückführung in den Stoffkreislauf

4.5.1 Technische Regeln

Die technischen Regeln der LAGA bzgl. der Anforderungen an die stoffliche Verwertung von mineralischen Reststoffen und Abfällen sehen eine

Verwendung von Boden und Bauschutt im Erd-, Straßen-, Landschafts- und Deponiebau vor. Hierzu werden in den entsprechenden Einbauklassen entsprechende Einbauvoraussetzungen definiert sowie flankierende Maßnahmen gefordert. Dies bedeutet für die Bewertung der Rückführung in den Stoffkreislauf, daß unter Umständen Folgekosten in Höhe der aufzuwendenden Zusatzmaßnahmen zusätzlich zu den reinen Aufbereitungskosten entstehen können. Darüber hinaus gibt es auf Länderebene entsprechende zusätzliche Regelungen, so bspw. im Lande Nordrhein-Westfalen die Anforderungen an die Verwendung von aufbereiteten Altbaustoffen (Recyclingbaustoffen) und industriellen Nebenprodukten im Erd- und Straßenbau aus wasserwirtschaftlicher Sicht (Ministerium für Umwelt, Raumordnung und Landwirtschaft, 30.04.1991), in denen aufgezeigt wird, unter welchen Maßgaben die Verwertung von industriellen Nebenprodukten und Recyclingbaustoffen zulässig ist. Sie regeln den Einsatz insbesondere hinsichtlich der Lage in bzw. zu Wasserschutzgebieten.

4.5.2 *Güteüberwachung*

Anlagen zur Boden- und Bauschuttaufbereitung nehmen Böden unterschiedlicher Belastung in Abhängigkeit von dem anlagenspezifischen Genehmigungsbescheid an. Hier wird das Material mechanisch/physikalisch aufbereitet und in entsprechenden Körnungen für die Wiederverwendung bereit gehalten. Annahmepreise können auch hier nur bedingt genannt werden, da Preisgefüge lokal stark schwanken und in Abhängigkeit von anstehenden Großprojekten in der näheren Umgebung gesehen werden muß. Sie liegen erfahrungsgemäß je nach Schadstoffgehalt zwischen 5 und 35 DM/t. Die Aufbereitung ist mit 5 bis 10 DM/t zu veranschlagen.

Zusätzlich zu den Regelungen gemäß Ausführungen Länderarbeitsgemeinschaft Abfall auf Bundesebene und ministerielle Erlässen auf Länderebene (z.B. Güteüberwachung von Mineralstoffen im Straßenbau, Ministerium für Stadtentwicklung und Verkehr vom 25.04.1991) hat sich die Industrie zur Gütegemeinschaft Recyclingbaustoffe e.V. zusammengeschlossen und entsprechende Güte- und Prüfbestimmungen verfaßt (RAL-RG 501/1 und 501/2). In diesen Selbstverpflichtungen werden die Materialanforderungen, Aufbereitungsmöglichkeiten und Einsatzgebiete des recycelten Materials weiter heruntergebrochen und umfassend dargestellt.

4.6 Deponierung

Wie bereits in Kap. 4.3 aufgeführt stellt die Deponierung dann eine Alternative zur schadstoffbezogenen Aufbereitungen dar, wenn sich die Schadstoffe in der Originalsubstanz oberhalb des Zuordnungswertes Z2 bewegen. Während oftmals zur Schonung des angeblich beschränkten Deponieraumes explizit aufgerufen wurde, stellt gerade momentan die Deponierung einen Hauptabsatzmarkt für mineralische Bodenstoffe unterschiedlicher Belastungsklassen dar. Sie werden benötigt zur Auffüllung von etwaigem Restvolumen, zum Einbau von Zwischenschichten sowie zur Abdeckung des Deponiekörpers. Da die Genehmigungen für das Betreiben von Deponien zeitlich befristet sind und die Anlagentechnik der Deponien meist auf das geplante Endvolumen abgestimmt sind, hat die Deponie ein wirtschaftliches Interesse daran, das geplante Füllvolumen auch zu erreichen. Die Folge ist, daß belastete Bodenmaterialien zu Preisen angenommen werden, die teilweise unter den günstigsten Behandlungspreisen liegen. Um diese Entwicklung zu begrenzen, wird auf Länderebene in Nordrhein-Westfalen ein Erlaß erwartet, der die Verwendung von mineralischen Reststoffen nur bis zum Zuordnungswert Z2 gestattet.

Eine weitere Störung des Marktgeschehens in Form zusätzlicher Aufnahmekapazität erfolgt durch die Öffnung werkseigener Monodeponien, die bei entsprechenden Genehmigungen auch externe Inertstoffe ablagern dürfen.

4.7 Kosten

Wie einleitend bereits erwähnt, stellen die nachfolgend aufgeführten Preise, gegliedert nach den zuvor beschriebenen Zuordnungen, Anhaltswerte dar, die im Einzelfall und lokal von tatsächlichen Submissionsergebnissen bzw. Preisanfragen abweichen können.

Die angebenenen Preise beinhalten keine Kosten für Arbeitsschutzmaßnahmen, Eigen- oder Fremdüberwachungsaufwendungen, Güteüberwachungsuntersuchungen, fachgutachterliche Begleitungen etc. Zu den angegebenen Preisen sind die Transportkosten zu örtlichen Aufbereitungs- bzw. Behandlungsanlagen hinzu zu addieren. Als grober Anhaltswert kann der Transport km/t mit DM 0,20 angesetzt werden.

In Anlehnung an die LAGA-Liste ergeben sich folgende anzusetzende Preise für Boden- und Bauschutt:

Tabelle 1

Zuordnungswert	Z0	Z1	Z2	Z3	Z4	Z5
Boden [DM/t]	0–2	6– 8	10–25	50–100	80–150	100–300
Bauschutt [DM/t]	0–4	7–10	15–35	50–100	80–150	100–300

Für die Einteilung in Deponieklassen entsprechend der Richtlinie des Landesamtes für Wasser- und Abfall Nordrhein-Westfalen sind folgende Preise für die Annahme von Boden- und Bauschutt zur Zeit anzusetzen:

Tabelle 2

	Boden und Bauschutt
Deponieklasse 3 NRW	70–130 DM/t
Deponieklasse 4 NRW	150–300 DM/t
Deponieklasse 5 NRW	250–500 DM/t

Für die gängigen Behandlungsmethoden zur Dekontamination von Böden betragen die Preise für die Behandlung unterschieden nach on-site und off-site Behandlung etwa

Tabelle 3

	on-site DM/t	off-site DM/t
thermische Behandlung	100–250 DM/t	100–200 [1)]
biologische Behandlung	50–120 DM/t	30–100 [1)]
Bodenwäsche	100–200 DM/t	– [2)]
Einbindung	200–250 DM/t	– [2)]

[1)] zzgl. Notifizierungskosten und Solidarfondabgaben bei grenzüberschreitender Abfallentsorgung gemäß AbfVerV der EWG, Notifizierung 259

[2)] in der Regel nur als on-site Anlagen

5 Marktentwicklung

Vor dem Hintergrund voller Kassen, gut ausgestatteter Sanierungsfonds und sehr hoher Markterwartungen aufgrund der stetig wachsenden Zahl an Altlastverdachtsflächen sind in den 80er Jahren Überkapazitäten bei Behandlungsanlagen entstanden, denen in der Mitte der 90er Jahre eine sich ändernde Einstellung zur Forderung nach Totalsanierung gegenüber steht. Dies hat zu einem dramatischen Preisverfall konkurrierender Behandlungsverfahren geführt. Zusätzlich ist das tatsächliche Abfallaufkommen durch Einführung z.B. des Dualen-Systems deutlich hinter den Erwartungen zurückgeblieben, so daß hier zusätzliches Einlagerungsvolumen für mineralische Stoffe und auch bei ehemaligen Werksdeponien (Monodeponien) zur Verfügung steht. Der (Preis-) Kampf um kontaminierte Böden ist im vollem Gange, und sorgt für fallende Preise.

Diese Tendenz scheint sich auch in naher Zukunft nicht umzukehren. Es bleibt abzuwarten, welche Auswirkungen das Inkrafttreten des Kreislaufwirtschaftsgesetzes am 07. Oktober 1996 hat. Mittel- bis langfristig werden die Auswirkungen der TA-Siedlungsabfall bzw. die Effekte der auslaufenden Genehmigungen für Deponien zu beobachten sein.

Vor diesem Hintergrund ist das Augenmerk um so mehr auf die Qualitätssicherung bei der Abwicklung von Sanierungsmaßnahmen zu richten. Nur durch konsequente und permanente Betreuung der Baumaßnahmen kann sichergestellt werden, daß die in der TA-Abfall gesetzten Standards hinsichtlich Zuordnung von Abfällen zu Entsorgungsverfahren, Beachtung des Vermischungsverbotes und nicht zuletzt der Kontrolle der im Rahmen der Einzelgenehmigungen an die Anlagen gestellten Anforderungen erreicht werden. Die Stoffkreisläufe müssen transparent bleiben, um das Entsorgungsproblem von heute nicht mit dem Argument unauskömmlicher Preise auf morgen zu verschieben. Akzeptanzbereitschaft ist sicherlich begründet, wenn Sicherungsmaßnahmen ein ähnliches Sicherheitsniveau wie Auskofferungsmaßnahmen aufweisen, sie findet aber ihre Grenzen dann, wenn an Sanierungszielen und Qualitätsstandards vor dem finanziellen Hintergrund Abstriche gemacht werden.

Einsatz geophysikalischer Methoden zur Ermittlung der Baugrundverhältnisse

Wolfgang Korbmacher und Thomas Büttgenbach

1 Einleitung

Vergleicht man den Stellenwert der Geophysik im Umwelt- und Ingenieurbereich und bei der Erdöl-/Erdgasexploration, so ist leider festzustellen, daß von einer Akzeptanz bei weitem noch nicht die Rede sein kann.

Geophysikalische Verfahren werden zur Zeit nur dann in Erwägung gezogen, wenn

- sich Kosten einsparen lassen,
- es zu gefährlich ist, direkte Aufschlußmethoden einzusetzen,
- wenn der Sachbearbeiter am Ende seines Lateins ist.

Zugegeben, niemand hat bis zum heutigen Tage eine Bodenprobe nur mittels Geophysik gewinnen können, doch birgt der flächenhafte indirekte Aufschluß sehr oft größere Vorteile als die handfeste, dafür aber immer nur punktuelle direkte Aufschlußmethode.

Um die mögliche Mehrdeutigkeit der Interpretation zu minimieren, ist es wichtig, von vornherein die verschiedenen geophysikalischen Verfahren so einzusetzen, daß sie auch eine Chance haben, Aussagen zu den Fragestellungen liefern zu können. Magnetische Messungen zur Bestimmung der Grundwasserfließrichtung einzusetzen, verspricht nur dem Scharlatan einen, wenn auch kurzfristigen (finanziellen) Erfolg. Deshalb ist es notwendig, für jede Fragestellung das *Geeignete*, besser noch zwei oder mehrere sich ergänzende Verfahren einzusetzen.

Eine weitere Grundvoraussetzung besteht darin, daß sich die physikalischen Parameter (wie z. B. der spezifische Widerstand einzelner geologischen Schichten) signifikant voneinander unterscheiden, um identifiziert werden zu können. Ebenso muß sich das sogenannte „Nutzsignal" vom „Noise" (Störsignal) unterscheiden.

Im folgenden werden geophysikalische Verfahren vorgestellt, die im Rahmen der Themenstellung dieses Buches als gängige Methoden anerkannt sind. Dies bedeutet nicht, daß die folgende Aufstellung den Anspruch auf Vollständigkeit erhebt, noch daß sich mit anderen hier nicht aufgeführten Verfahren keine Ergebnisse erzielen lassen. Daraus resultierend, kann nur die Empfehlung gegeben werden, sich an diejenigen Fachfirmen zu wenden, die ein zielführendes Konzept *zusammen* mit dem Auftraggeber entwickeln und nicht auf wenige geophysikalische Verfahren beschränkt sind.

2 Geophysikalische Methoden

Verschiedene Gesteinstypen weisen voneinander abweichende physikalische Eigenschaften auf. Auch Fundamente, versickerte Produktionsstoffe oder Ausschachtungen mit nachträglichen Verfüllungen verändern die physikalischen Eigenschaften des Bodens. Diese Veränderungen können mit Hilfe verschiedener geophysikalischer Verfahren erfaßt werden, so daß Aussagen zur Begrenzung oder Art der Einlagerungen möglich sind. Die Messungen können entweder von der Oberfläche oder im Bohrloch durchgeführt werden. Im folgenden soll ein kurzer Überblick über die bei der Bodenerkundung und Bodenbewertung hauptsächlich zur Anwendung kommenden geophysikalischen Methoden gegeben werden.

Die verschiedenen Verfahren lassen sich grob in fünf Gruppen unterteilen:

- Seismik
- Magnetik
- Geoelektrik
- Elektromagnetik
- Gravimetrie

Bei den Bohrlochmessungen kommen noch die Erfassung der natürlichen Gammastrahlung des Formationsgesteines und die Messung von Temperatur und Fließgeschwindigkeit des Wassers hinzu. Ersteres wird hauptsächlich zur Unterscheidung von Sand- und Tonschichten eingesetzt. Mit Hilfe der Temperatur und der Fließgeschwindigkeit können Bereiche im Bohrloch detektiert werden, in denen Formationswasser zufließt.

2.1 Seismik

Die Seismik gehört zu den klassischen Verfahren und wurde ursprünglich für die Lagerstättenerkundung entwickelt. Bei dieser Meßmethode werden mit Hilfe einer Explosionsquelle oder von einem Hammer oder Fallgewicht Erschütterungswellen an der Erdoberfläche angeregt, die durch den Untergrund laufen und von Geophonen an der Erdoberfläche wieder registriert werden. Treffen die Wellen auf Grenzen, die Gesteine oder Bodenbereiche mit unterschiedlichen elastischen Eigenschaften trennen, werden sie an diesen „Grenzschichten" gebrochen, reflektiert oder refraktiert. Je nachdem, ob die reflektierten Wellen oder die refraktierten Wellen zur Bodenerkundung herangezogen werden, unterscheidet man zwischen Reflexions- und Refraktionsseismik. Im Bereich der Baugrunduntersuchung und des Flächenrecyclings wird die Seismik hauptsächlich zur Bestimmung der Mächtigkeit von Lockergesteinsschichten und von Verwerfungen genutzt. Dazu gehört auch die Kartierung von Bereichen mit unterschiedlichen elastischen Eigenschaften.

Der Geräte- und Personalaufwand für eine seismische Messung ist in der Regel höher als bei allen anderen geophysikalischen Meßverfahren. Damit gehört sie auch zu den kostenintensiveren Verfahren. Demgegenüber steht aber, daß eine hohe Ergebnisqualität zu erwarten ist.

2.2 Magnetik

Die Erde besitzt ein natürliches Magnetfeld, das an der Erdoberfläche gemessen werden kann. Die globalen Anteile des erdmagnetischen Feldes werden überlagert von einem Anomalienfeld, das seine Ursachen in lokalen Unterschieden der Magnetisierung der Gesteine (Basalte, Erzlagerstätten) und anderen magnetisierbaren Materialien (z.B. auch Autowracks, Hochofenschlacke, Bauschutt mit Armierungseisen, Verpackungsmaterial wie Fässer, Lack- und Farbbehälter, Munitionsreste) hat.

Wie stark diese Unterschiede ausfallen, ist von der Art der Magnetisierung und der Größe der Körper, aber auch von deren Tiefenlage abhängig. Größe und Tiefe von einzelnen Störkörpern können durch Modellrechnungen abgeschätzt werden.

Allerdings wird sehr häufig das durch das Erdmagnetfeld induzierte Magnetfeld durch eine remanente Magnetisierung des Störkörpers überlagert, deren Richtung und Stärke in den allermeisten Fällen unbekannt ist. In diesem Fall kann nur die Lage der magnetisierbaren Objekte geortet werden.

Eine Magnetikmessung kann von nur einer Person durchgeführt werden. Eine zweite Person wird für die Einmessung der Meßprofile benötigt. Ein solches Zweier-Team kann mit einem modernen Magnetometer je nach Geländebeschaffenheit bis zu mehrere tausend Meßpunkte pro Tag abarbeiten. Damit gehört diese Methode zu den schnellen und preisgünstigen Verfahren.

2.3 Geoelektrische Verfahren

Bei den geoelektrischen Verfahren kann man zwischen den aktiven und passiven Verfahren unterscheiden. Zu den aktiven Verfahren gehören die Gleichstrom-Geoelektrik und die induzierte Polarisation. Zu den passiven Verfahren gehört das Eigenpotentialverfahren.

Die Geoelektrik, mit der im wesentlichen die *Gleichstrom-Geoelektrik* gemeint ist, zählt wie die Seismik zu den klassischen Meßverfahren und ist etwa zur gleichen Zeit für die Exploration entwickelt worden. In den letzten Jahren werden durch Anwendung des Tomographie-Ansatzes neue Anwendungsgebiete erschlossen.

Prinzipiell mißt man bei der Geoelektrik den elektrischen Widerstand des Bodens. Dazu wird in den Boden über zwei Elektroden ein Strom eingespeist. Zwischen zwei Sonden wird die durch den Widerstand des Bodens aufgebaute elektrische Spannung gemessen.

Der gemessene Widerstand entspricht einem über alle erfaßten Gesteinsschichten gemittelten Widerstandswert. Um daraus einen wahren Widerstand zu ermitteln, muß eine Modellrechnung durchgeführt werden. Die Auswertung und Interpretation der Messungen werden dadurch im Vergleich mit anderen Meßmethoden umfangreicher. Auf der anderen Seite können mit der Gleichstrom-Geoelektrik nicht nur flächenhafte Kartierungen, sondern eben auch Tiefensondierungen durchgeführt werden, so daß sich im günstigsten Fall ein dreidimensionales Bild vom Untergrund ergibt.

Eine aktuelle Weiterentwicklung ist die Nutzung von Meßanordnungen, die aus mehreren Stromelektroden und Spannungssonden bestehen. Mit diesen Anordnungen und einer Meßelektronik, mit der die verschiedenen Elektroden- und Sondenkombinationen automatisch geschaltet werden können, wird eine Art geoelektrische Tomographie möglich. Zur Zeit werden Anordnungen eingesetzt, bei denen die Elektroden und Sonden in Linien oder Kreisen angeordnet sind oder bei denen ein Quadrat aus Elektroden ein Sondenarray umschließt. Eine weitere Einsatzmöglichkeit dieser flächenhaften Geoelektrik ist die zeitliche Verfolgung von Tracer-Versuchen.

Die Geoelektrik gehört auch zu den Standard-Bohrlochmessungen. In der Regel wird dabei mit einer Vierpunktanordnung gemessen. Die Strom- und eine der Spannungselektroden sind dabei vertikal untereinander in einer Sondeneinheit untergebracht. Die zweite Spannungselektrode ist normalerweise an der Erdoberfläche installiert. Die Messungen liefern in offenen Bohrlöchern Informationen über den Gebirgsaufbau in der unmittelbaren Umgebung. So weisen Sande in der Regel einen hohen, Tone einen geringen Widerstand auf (Richter, 1993).

Die *induzierte Polarisation* gehört zu den relativ neuen Methoden, die in den letzten Jahren durch Forschungen für den praktischen Meßeinsatz auf Altlasten vorangetrieben wurden.

Dabei wird es sich zunutze gemacht, daß im Untergrund bei der Stromeinspeisung elektrische Aufladungen durch Elektronen- oder Ionenansammlungen (Polarisationen) entstehen, die sich nach dem Abschalten des Stromes wieder entladen. Je nach Beschaffenheit des Bodens und der Porenfüllung sind diese Entladeströme unterschiedlich stark und stabil. Nach Niederleithinger (1994) kann die induzierte Polarisation zur Lokalisierung anthropogener Ablagerungen eingesetzt werden, da hier die Aufladefähigkeit meist besonders hoch ist. Auch gelingt es oft, mit diesem Verfahren Materialien zu unterscheiden, die ähnliche spezifische elektrische Widerstände aufweisen, wie z.B. Ton und elektrolytbelasteter Sand (Niederleithinger, 1994).

Jüngste Forschungsergebnisse weisen auf einen Einfluß von Kontaminationen mit organischen Substanzen auf die Aufladbarkeit (Polarisationsfähigkeit) hin.

Zur Messung werden im Prinzip die gleichen Meßanordnungen und Verfahren wie bei der Gleichstromgeoelektrik verwendet. Zum Teil wird auch mit Wechselstrom gearbeitet. Gegenüber der normalen Gleichstrom-Geoelektrik muß jedoch ein erhöhter apparativer Aufwand betrieben werden, denn um die sehr kleinen Spannungen messen zu können, sind unpolarisierbare Sonden an Stelle von einfachen Stahlspießen notwendig.

Bei der *Eigenpotentialmethode* werden die im Boden vorhandenen elektrischen Spannungsdifferenzen zwischen zwei Sonden gemessen. Damit keine Verfälschung durch die Sonden selbst erzeugt werden, müssen diese wie bei dem Verfahren der induzierten Polarisation unpolarisierbar sein. Die klassische Meßmethode benutzt zwei Sonden: eine feste Basissonde, bezüglich der mit einer mobilen Sonde die Spannungen im Gelände abgegriffen werden. Eine modernere Feldtechnik ist die flächendeckende, gleichzeitige Aufnahme von EP-Werten mit mehreren Sonden. Dies führt zu einer Verbesserung der Meßgenauigkeit, so daß auch kleinere Anomalien, wie sie zum Beispiel bei der Bewegung von Flüssigkeiten in Gesteinen entstehen, gemessen werden können. Darüber hinaus kann auch die zeitliche Variation eines Spannungsfeldes durch kurz aufeinanderfolgende Wiederholungsmessungen erfaßt werden. Dies ist zum Beispiel für die Kontrolle von Pumpversuchen oder Verpressungen von Interesse.

Die Potentiale entstehen im wesentlichen durch elektrochemische Unterschiede und chemische Reaktionen oder elektrokinetische Vorgänge im Boden. Eigenpotential-Messungen werden meist als erste Kartierung der flächenhaften Ausdehnung von kontaminierten Bereichen für die Festlegung eines Bohrprogrammes und zur Kartierung von Austrittsfahnen durch Leckage in der Deponieabdichtung oder einer Dichtwand eingesetzt.

Auch im Bohrloch können Eigenpotentialmessungen durchgeführt werden. Unterschiede in der Ionenkonzentration der Spülung und des Formationswassers sind dabei die Hauptursache für das gemessene Eigenpotential. Im Idealfall können durch die Messung des Eigenpotentials Ton- und Sandschichten unterschieden werden. Auch sind unter bestimmten Bedingungen Aussagen über die Leitfähigkeit und damit u.U. über die Schadstoffbelastung des Grundwassers möglich. Voraussetzung für die Messung ist ein unverrohrters Bohrloch und ein möglichst starker Leitfähigkeitskontrast zwischen Bohrspülung und Grundwasser (Richter, 1993).

2.5 Elektromagnetik

Auf älteren Betriebsgeländen stellt sich bei Erweiterungsbauten oder Umbauten oft die Frage nach der genauen Lage von alten, zum Teil stillgelegten Versorgungsleitungen. Die Detektion von Leitungen, aber auch von

Fundamenten ist die Domäne der Elektromagnetik. Im wesentlichen unterscheidet man zwei Verfahrenstechniken:

a) Reflexionsverfahren
b) induktive Verfahren

Bei den *Reflexionsverfahren* werden elektromagnetische Wellen von einer Antenne in den Boden ausgesendet, dort an Grenzschichten reflektiert oder an Störkörpern gebeugt. Die reflektierten und zum Teil gebeugten Wellen werden wieder in der Antenne aufgezeichnet. Das Funktionsprinzip entspricht damit dem des wohlbekannten Schiffradars. Das Verfahren wird daher auch *Bodenradar* genannt.

Ausschlaggebend für die Reflexion von elektromagnetischen Wellen ist ein Wechsel in den elektrischen Parametern, wie dem spezifischen Widerstand und der Dielektrizitätskonstanten. Da Radargeräte elektromagnetische Wellen mit sehr hohen Frequenzen abstrahlen, können noch Objekte erkannt werden, die im Größenbereich von einigen 10 cm liegen. Allerdings gibt es Einschränkungen bei der Eindringtiefe. Je höher der Feuchtigkeitsgehalt des Bodens ist, desto geringer ist die Eindringtiefe der abgestrahlten elektromagnetischen Wellen.

Die *induktive Elektromagnetik* bietet eine sicherere Eindringtiefe als das Bodenradar. Dem steht eine geringere laterale Auflösung entgegen. Bei diesem Verfahren wird die Induktion von elektromagnetischen Wellen durch eine abgestrahlte primäre Welle genutzt. Es handelt sich also nicht mehr um reflektierte Wellen, die empfangen werden, sondern um neu im Störkörper angeregte Wellen. Eine Induktion gelingt nur dort, wo elektrische Induktionsströme entstehen können, also in elektrisch leitfähigen Körpern oder in elektrisch leitfähigen geologischen Strukturen. So lassen sich Stromkabel oder metallische Rohrleitungen sehr gut erfassen, Plastikrohre jedoch nur indirekt als Störung im leitfähigen Gestein.

Einen Schritt weiter geht das VLF-Verfahren (VLF steht für Very Low Frequency). Hierbei werden als Anregungsquelle vorhandene Radiosender genutzt. So benötigt man nur eine Empfangsantenne. Die von den Sendern ausgestrahlten niederfrequenten elektromagnetischen Wellen induzieren in vertikal stehenden Grenzschichten ein sekundäres elektromagnetisches Feld, das mit der Empfangsantenne an der Oberfläche registriert werden kann. Das Verfahren wurde speziell für die Kartierung von Kluftwasser führenden vertikalen Verwerfungen entwickelt.

Die Meßmethode zählt zu den preisgünstigen Verfahren, weil das Meßgerät von nur einer Person getragen und bedient werden kann.

2.6 Gravimetrie

Bei der Gravimetrie werden Anomalien in der Erdschwere oder Erdanziehung gemessen. Mit Modellrechnungen können die Anomalien nachgerechnet und angepaßt werden. Ziel ist es, Dichteunterschiede im Boden zu bestimmen. Die Messung bedarf einer genauen Höhenbestimmung der Meßpunkte, was die Gravimetrie zeitaufwendig macht.

Bei der Hohlraumerkundung kann die Gravimetrie jedoch oft die einzige Methode sein, die Aussicht auf Erfolg bietet.

Auch im Bohrloch kann mit speziellen Gravimetern über die Erdanziehung die Gesteinsdichte bestimmt werden. Im Bereich der Ingenieurgeologie wird in der Regel ein einfacheres und schnelleres Verfahren eingesetzt, bei dem das Formationsgestein einer Gammastrahlung ausgesetzt wird. Die Streuung der Strahlung an den Atomen des Gesteins ist dabei proportional der Dichte.

3 Anwendungsgebiete der Geophysik

Wie schon im vorherigen Kapitel mehrfach angedeutet, kann die Geophysik zur Klärung von Fragestellungen beitragen, die bei der Bewertung der Recyclingfähigkeit oder Bauwürdigkeit eines Geländeuntergrundes wichtig werden können. Im wesentlichen konzentriert sich der Einsatz daher auf die Erkundungsphase eines Standortuntergrundes. Daneben bietet sie Möglichkeiten bei der Überprüfung der Bodensanierung.

3.1 Geologische, hydrogeologische und tektonische Untergrundverhältnisse

Ein Untersuchungsschwerpunkt, bei dem die Geophysik häufig zum Einsatz kommt, ist die Klärung des geologischen Untergrundaufbaus im Bereich von Flächen, die einer neuen Nutzung zugeführt werden sollen. Dabei ist meist die Tiefenlage und Mächtigkeit von grundwasserleitenden oder stauenden Schichten, die Bestimmung des Grundwasserflurabstandes und die Lage von Verwerfungen von Interesse. So können Informationen über den Verlauf von Störungszonen, wie wasserführende Verwerfungen oder Bruchflächen, wichtig für die Eignung eines Geländes für Industrieanlagen mit hohem Sicherheitsanspruch sein.

Bei vermuteten alten Deponien kommt deren Detektion und die Bestimmung der lateralen Abgrenzung sowie die Erkundung der Deponiebasis hinzu. Für die Planung der Gründung von Neubauten ist die Bestimmung der Grenze zwischen Verfüllmaterial und Festgestein wichtig. Unter Umständen ist auch die Bestimmung von bodendynamischen Kennwerten möglich.

Für diese Untersuchungen bieten sich insbesondere die Seismik und die Verfahren an, die den elektrischen Widerstand oder die elektrische Leitfähigkeit des Bodens messen. Zu letzteren gehört die Gleichstrom-Geoelektrik und die Elektromagnetik. Die Geoelektrik eignet sich besonders zur Kartierung, der Bestimmung der Tiefenlage der grundwasserstauenden Schichten und zur Bestimmung des Grundwasserflurabstandes. Bei der Ermittlung der Deckschichtmächtigkeit hat sich die Refraktionsseismik bewährt. Auch bei der Aufdeckung von Störungszonen und Ver-

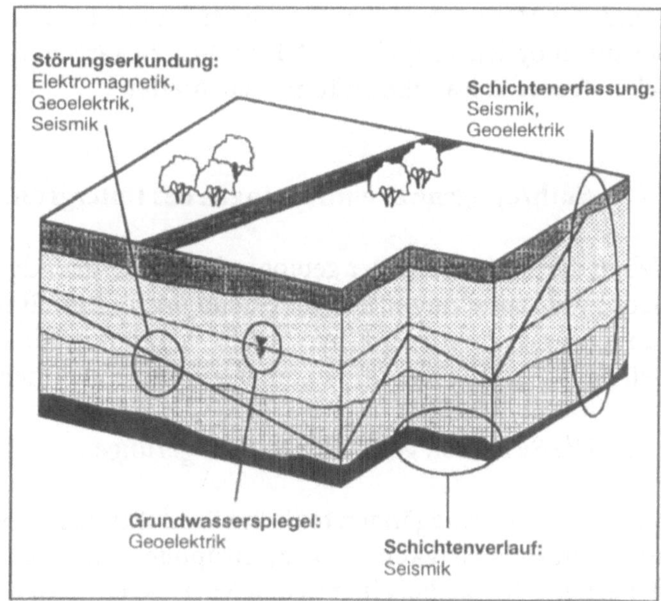

Abb. 1. Mögliche geophysikalische Verfahren zur Erkundung von natürlichen Untergrundverhälnissen

werfungen kann sie oft entscheidende Hinweise liefern. Sind diese Störungen stark geneigt und gefaltet, ist für Untersuchungstiefen von über 40 m eine Kombination mit Reflexionsmessungen erfolgversprechend.

Um bodendynamische Kennwerte mit Hilfe der Seismik bestimmen zu können, muß die normale seismische Messung erweitert werden. Es ist möglich, neben der bisher behandelten Kompressionswelle auch eine sogenannte Scherwelle anzuregen. Dieser Wellentyp breitet sich deutlich langsamer als die Kompressionswelle aus. Gelingt es, eine genügend starke Scherwelle anzuregen, die im Vergleich zu den Kompressionswellen ein deutlich erkennbares Meßsignal erzeugt, sind elastische Kenngrößen wie das Scher- oder das Kompressionsmodul bestimmbar. In die Berechnung dieser Größen geht noch zusätzlich die Gesteinsdichte ein, die mit Hilfe einer Bodenprobe im Labor oder durch eine Dichtemessung im Bohrloch bestimmt werden kann.

Für die Suche nach steilstehenden, elektrisch leitfähigen Strukturen, wie mit Ton oder Kluftwasser belegten Störungs- oder Kluftzonen, sowie von Karst-Hohlräumen, in denen sich Tonminerale (Verwitterungsreste) oder besser leitfähige Schichtwässer befinden, kann das VLF-Verfahren eingesetzt werden. Die Eindringtiefe des Verfahrens beträgt dabei 10 bis 20 m unter GOK je nach spezifischem Widerstand des Bodens.

Um die Wasserführung im Untergrund zu untersuchen, kommt zunehmend die Mehrelektroden-Geoelektrik zum Einsatz. Damit ist es zum Beispiel möglich, zeitlich und flächenhaft zu kartieren, wie sich ein künstlicher Tracer in Karsthohlräumen ausbreitet.

3.2 Anthropogene Beeinflussungen des Untergrundes

Neben der Erkundung der geologischen Untergrundverhälnisse wird die Geophysik zunehmend für die Suche nach alten Einbauten, Altablagerungen und sonstigen Einzelobjekten genutzt, die die Nutzung eines Geländes oder die Bautätigkeiten beeinflussen können.

3.2.1 Die Sicherheit gefährdende Einlagerungen

Alte Bomben-Blindgänger, toxische Produktionsrückstände oder kontaminierende Flüssigkeiten als anthropogene Einlagerungen stellen ein Sicherheits-Risiko bei einer neuen Nutzung eines Geländes dar. Auch alte

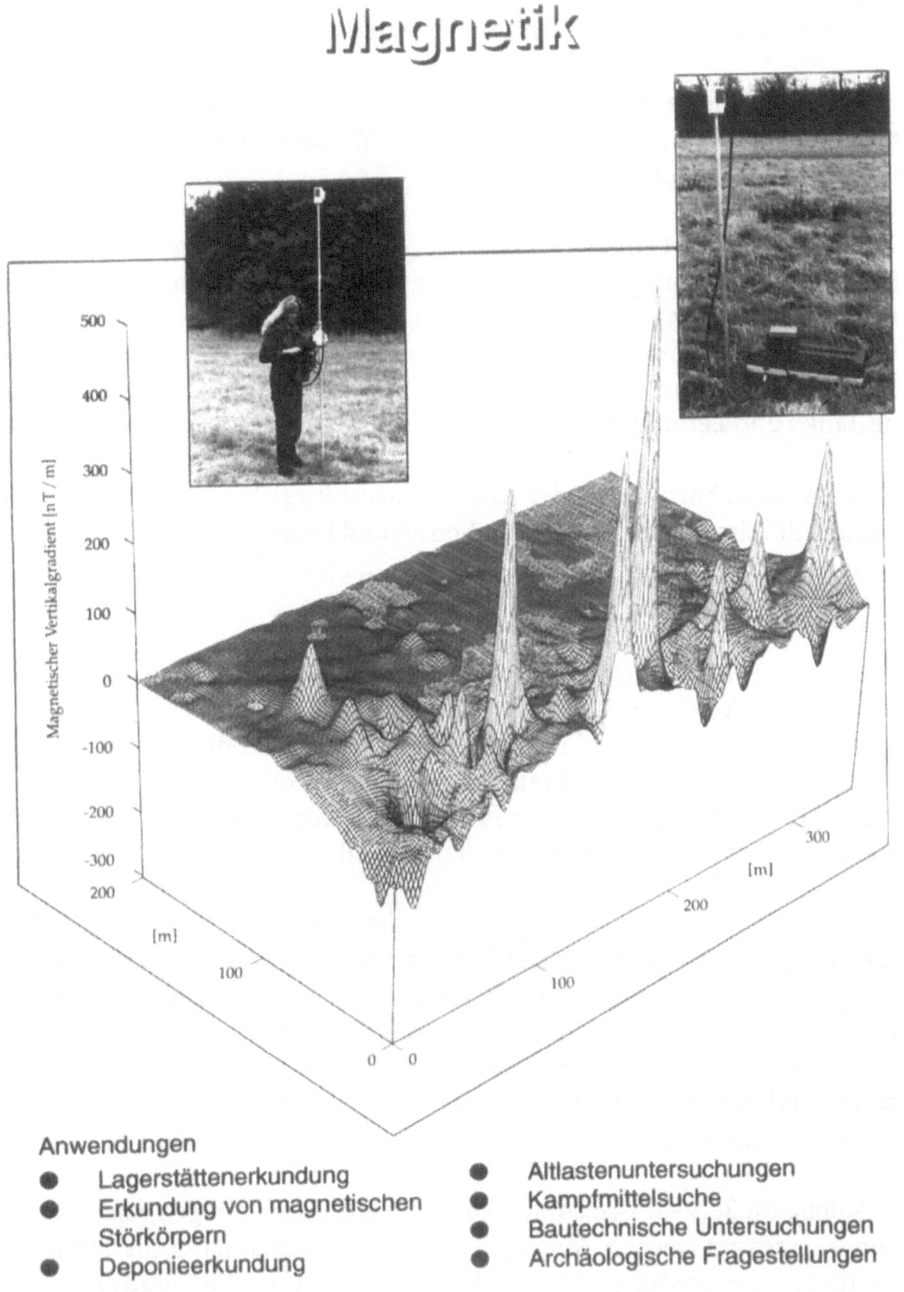

Abb. 2. Gemessene Anomalien des magnetischen Vertikalgradienten im Bereich von unterirdischen Munitionslagern

Gebäudefundamente und Leitungen können den Baufortschritt erheblich behindern und gefährden. Auch hier kann der Einsatz der Geophysik in der Vorerkundungsphase wichtige Hilfen leisten.

Für die Suche nach alten Munitionslagern oder Blindgängern aus dem zweiten Weltkrieg, zum Beispiel auf Rüstungsaltlasten, wird die Magnetik und die Elektromagnetik eingesetzt.

Abbildung 2 gibt ein Beispiel für die Detektion von ganzen Munitionslagern durch eine magnetische Messung wieder. Die Bereiche in denen die vorgegebenen Munitionskisten lagerten, grenzen sich gegen das ungestörte Umfeld durch viele Anomalien ab. Desgleichen verursachen unterirdische Bunker, die mit armiertem Beton ausgebaut wurden, sowie vergrabene Tanks und Leitungen lokale magnetische Anomalien.

Auch Bauschutt und in der Regel Hausmüll zeichnen sich gegen das Umfeld durch magnetische Anomalien ab und lassen eine laterale Abgrenzung einer versteckten Deponie mit Hilfe der schnellen und preisgünstigen Magnetik zu.

Hinweise auf die Ausdehnung von Kontaminationen und Produktionsrückständen können mit Hilfe der Geophysik gewonnen werden. Vorraussetzung ist allerdings, daß der kontaminierende Stoff die physikalischen Eigenschaften des Bodens verändert. Zu den Methoden, die auch aufgrund laufender Forschungsarbeiten erfolgversprechend sind, gehören die induzierte Polarisation, die Eigenpotentialmethode und die Elektromagnetik.

Die Abbildung 3 zeigt als Beispiel das Ergebnis einer elektromagnetischen Kartierung einer Fläche im Grundwasser-Abstrombereich von einer Teichanlage, in der Spülflüssigkeit von Tiefbohrungen gelagert wurde. Diese Spülflüssigkeiten weisen einen hohen Mineral- und Salzgehalt auf und führen daher zu einer erhöhten elektrischen Leitfähigkeit im Boden. Die Messung zeigte, daß ein Austritt aus dem Spülteich existiert und daß sich eine Kontaminationsfahne in nordwestlicher Richtung ausgebildet hat.

Solche Meßergebnisse sollten auf alle Fälle durch einige gezielte Bohrungen ergänzt werden. Mit den Bohrungen können dann die Flächenkarten der Geophysik geeicht werden. Ein Beispiel ist die Zuordnung von Meßwertbereichen eines Areals zu bestimmten kontaminierten Materialien. In Abbildung 3 sind zwei Rammkernsondierungen durch die Abkürzung RKS gekennzeichnet.

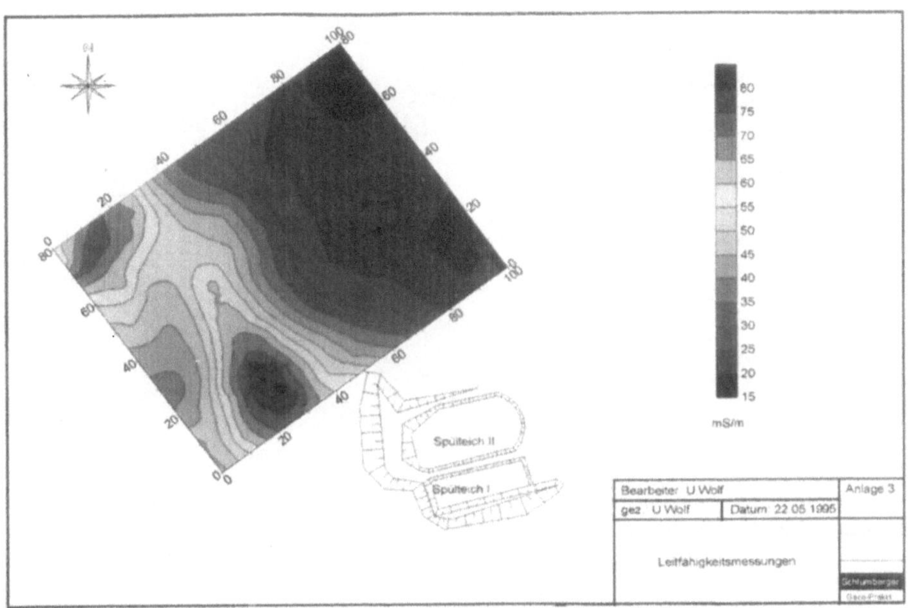

Abb. 3. Leitfähigkeitsmessungen im Abstrombereich eines ehemaligen Spülteiches (mit freundlicher Genehmigung der Fa. Prakla Seismos GmbH, Hannover)

Auch Eigenpotential-Messungen werden meist als erste Kartierung der flächenhaften Ausdehnung von kontaminierten Bereichen für die Festlegung eines Bohrprogrammes eingesetzt. Da sich auch Eigenpotentiale bei fließendem Wasser ausbilden, kann man mit Hilfe von Eigenpotentialmessungen darüber hinaus Leckagen in Dämmen oder Dichtwänden suchen.

Messungen dieser Art sind auch sinnvoll als Beweissicherung im Vorfeld einer Bodensanierung. Hierzu zählt auch die zeitliche und flächenhafte Kartierung der Ausbreitung eines künstlichen Tracers, um Wegsamkeiten für Flüssigkeiten im Untergrund aufzuzeigen.

3.2.2 *Lokalisierung von Fundamenten, Leitungen und Tanks*

Auf älteren Betriebsgeländen stellt sich bei Erweiterungsbauten oder Umbauten oft die Frage nach der genauen Lage von alten, zum Teil stillgelegten Versorgungsleitungen, alten Gebäuderesten und Öltanks.

Mit dem Bodenradar steht ein Verfahren zur Verfügung, mit dem relativ schnell alte Fundamente und Kabel gesucht werden können. Abbil-

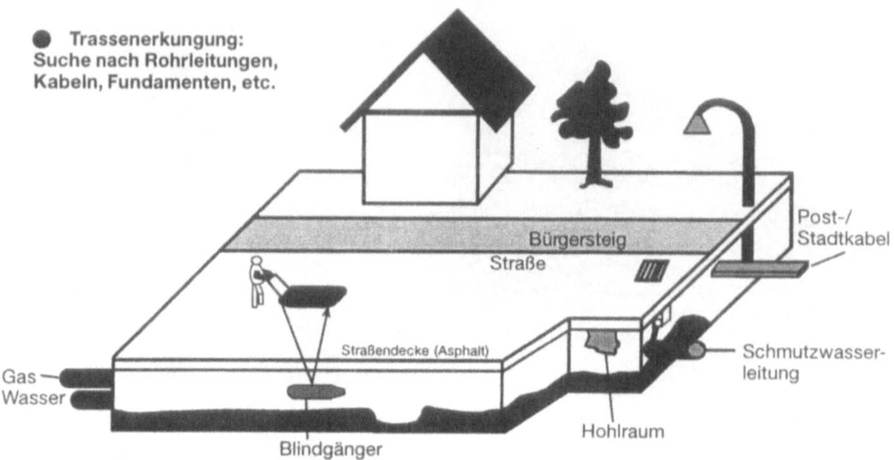

Abb. 4. Zielobjekte für das Bodenradar bei der Trassenerkundung

dung 4 zeigt die vielfältigen Anwendungsmöglichkeiten des Radars, das auch Hinweise auf Hohlräume und Materialwechsel im Boden liefert. Aufgrund der Möglichkeit, nahezu kontinuierlich Signale abzustrahlen und zu registrieren, läßt sich die horizontale Lage der Störkörper sehr genau bestimmen. Das Bodenradar ist aber leider kein Allheilmittel. Denn hat man es mit einer schluffig bis tonigen Deckschicht zu tun, so ist die Sondierungstiefe auf einige Zentimeter bis Meter, je nach ausgesendeter Wellenlänge (und damit vorgewählter räumlicher Auflösung), beschränkt. Die Suche nach unterirdischen Einzelobjekten in den ersten Metern unter Geländeoberkante ist daher in unseren Breiten das Hauptanwendungsgebiet für das Georadar.

Die induktive Elektromagnetik ist ein weiteres Verfahren für den gleichen Einsatzbereich, jedoch mit der Möglichkeit, auch größere Sondierungstiefen zu erreichen. Allerdings ist die laterale Auflösung geringer und die Tiefenbestimmung nicht so genau wie bei dem Georadar.

Abbildung 5 zeigt ein Beispiel für die flächenhafte Kartierung der Lage einer unterirdischen Gasleitung mit Hilfe einer elektromagnetischen Messung. Die vermessene Fläche weist Leitfähigkeiten von 10 mS/m im ungestörten Bereich (y = 0-10 m) auf, um dann die Lage der Gasleitung zwischen y = 18 und y = 30 m durch eine typische Anomalie anzuzeigen. Die genaue Lage der Gasleitung wird durch das Minimum der Anomalie ausgewiesen.

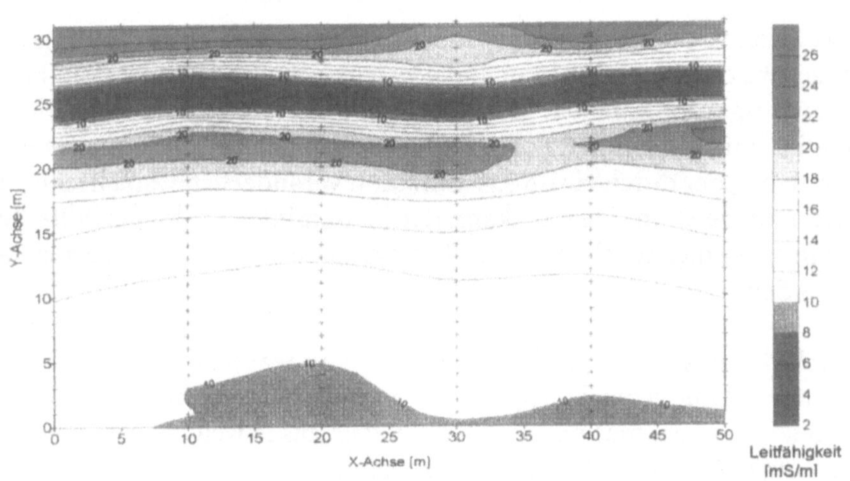

Abb. 5. Beispiel einer flächenhaften Kartierung mit Hilfe der Elektromagnetik (mit freundlicher Genehmigung der Fa. Prakla Seismos GmbH, Hannover)

Dieses Minimum ist durch zwei grüne Streifen eingerahmt. Da es sich bei der Leitung um einen sehr guten Leiter handelt und der Leitungsquerschnitt kleiner ist als der Spulenabstand im Meßgerät, ergeben sich für die Anomalie unrealistische (weil niedrige) Leitfähigkeitswerte. Dieser Effekt tritt insbesondere dann auf, wenn man Leitungen oder Kabel quert.

Mit elektromagnetischen Messungen sind auch unterirdische Tanks detektierbar, auch wenn sie unter einer versiegelten Oberfläche liegen. Das gleiche gilt für magnetische Messungen mit der Einschränkung, daß dabei die Tanks aus Metall sein müssen. Mit beiden Verfahren kann eine hohe Meßpunktanzahl pro Tag erreicht werden, so daß eine hohe Meßpunktdichte und damit eine hohe laterale Auflösung möglich ist.

3.2.3 *Massenabschätzungen*

Ein weiterer Beitrag der Geophysik zur Klärung der Baugrundverhältnisse sind Messungen, die zum Ziel haben, Volumina abzuschätzen. Das können zum Beispiel Bodenbereiche sein, die bei früherer Bautätigkeit mit Aufschüttungsmaterial verfüllt wurden und damit eine geringere Festigkeit als der umliegende Boden aufweisen. Ebenso ist es denkbar, einen kontaminierten Bereich abzugrenzen, der vollständig ausgehoben und einer Bodensanierung zugeführt werden muß.

Die Seismik oder Geoelektrik kann dabei zur Tiefenbestimmung der Grenze zwischen Aufschüttung und gewachsenem Boden oder dem Festgestein eingesetzt werden. Mit Hilfe von elektromagnetischen Eigenpotential- und induzierten Polarisationsmessungen ist der Bereich lateral eingrenzbar, der durch eine Kontamination veränderte physikalische Parameter aufweist. Im Idealfall kann der kontaminierte oder verfüllte Bereich mittels einer geoelektrischen Tomographie dreidimensional abgetastet werden.

Auch die Bestimmung der Tiefenlage von wasserundurchlässigen Schichten ist mit geoelektrischen und seismischen Messungen möglich und liefert die Information, um abzuschätzen, bis in welche Tiefe die Auswaschung eines Fremdstoffes gelangen kann.

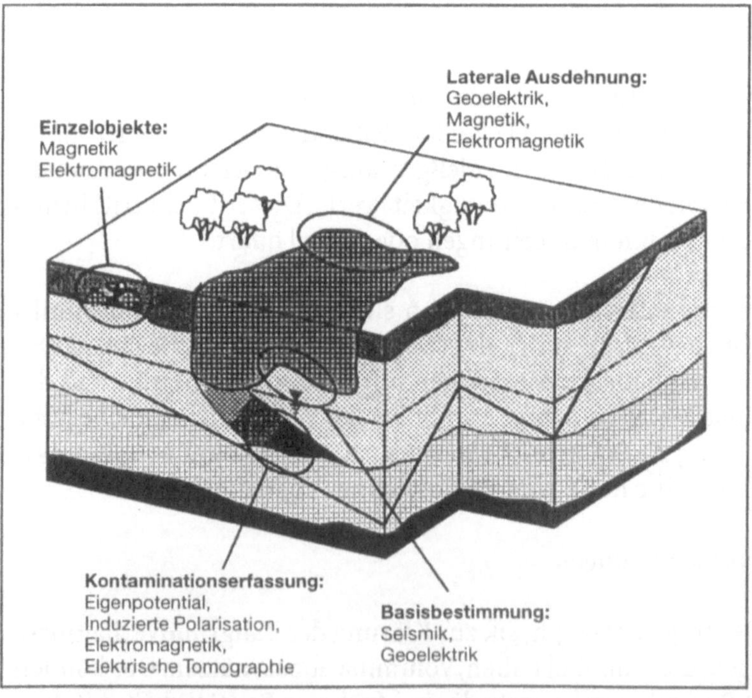

Abb. 6. Mögliche geophysikalische Verfahren zur Erkundung von künstlichen Untergrundverhältnissen

Alle bisher aufgezählten Messungen werden von der Oberfläche ausgeführt. Durch entsprechende Messungen in einigen Bohrlöchern können diese Messungen geeicht und in ihrer Aussagesicherheit untermauert werden.

Durch wiederholte Kontrollmessungen eines physikalischen Bodenparameters kann der Einsatz der Geophysik darüber hinaus bei der Überwachung von Sanierungserfolgen sinnvoll sein.

4 Schlußbemerkungen

Der Erfolg und die Qualität des Einsatzes der Geophysik hängt in hohem Maße vom Zusammenspiel des Auftragnehmers mit dem Auftraggeber ab. Es sollte selbstverständlich sein, daß nur qualifiziertes Personal mit hochwertigem Material und Gerätschaften zum Einsatz kommt. Dennoch, ohne das Einbeziehen von Zusatzinformationen, sei es durch bereits vorhandene Bohrungen oder Kartenmaterial, Vorgutachten, Betriebspläne, etc. können die ansonsten besten Voraussetzungen nur zu mittelmäßigen Ergebnissen führen.

Der Auftraggeber sollte sich nicht scheuen, bei der Durchführung der Arbeiten dem Auftragnehmer kritisch über die Schulter zu sehen und bei Unklarheiten zu hinterfragen. Jedes seriöse Unternehmen wird diese Verhalten akzeptieren, da es nichts zu verbergen hat.

Eine qualitative hochwertige Arbeit wird niemals zu einem Dumpingpreis angeboten werden können. Einen Billiganbieter zu beauftragen, kostet im Nachhinein fast immer mehr und zerstört zudem das gerade gewonnene Interesse an einem modernen und nützlichen Werkzeug im Umwelt- und Ingenieurbereich.

Literatur

Bender F, 1985, Angewandte Geowissenschaften – Band II: Methoden der Angewandten Geophysik und mathematische Verfahren in den Geowissenschaften, Ferdinand Enke Verlag.
Kertz W, Einführung in die Geophysik, Band 1, Bibliographisches Institut Mannheim.
Militzer H, Weber, F. 1984, Angewandte Geophysik Band 1–3, Springer Verlag.
Niederleithinger E, 1994, Geoelektrische Verfahren, Praxisseminar: Geophysikalische Methoden zur Erkundung von Altstandorten, Bildungsakademie des Berufsverband Deutscher Geologen, Geophysiker und Mineralogen, Bonn.

Richter J, 1993, Geophysikalische Bohrlochmeßverfahren, in: Büttgenbach, Th., Höfflin, C. (Hrsg.), Geophysikalische Methoden zur Erkundung von Altlasten, Schriftenreihe des Berufsverband Deutscher Geologen, Geophysiker und Mineralogen, Heft 12, Bonn

Ward S H., 1990, Geotechnical and Environmental Geophysics, Volume 1–3, Society of Exploration Geophysicists, Tulsa, Oklahoma.

Baugrundsituation bei mehrfach genutzten Industriegeländen – Setzungsverhalten und Gründung

Udo Becker

1 Einleitung

Bedingt durch die Vornutzung und den vorhandenen Gebäudebestand findet sich im Untergrund alter Industriestandorte neben dem natürlich anstehenden Boden oftmals ein weites Spektrum aufgefüllter Böden, ggf. durchsetzt mit Mauerwerks- und Fundamentresten. Es handelt sich dann um einen inhomogenen Untergrund mit wechselnder Tragfähigkeit.

Alle aus einem Bauwerk resultierenden Lasten werden über den Gründungskörper auf den Untergrund übertragen. Eine sichere Gründung setzt voraus, daß der anstehende Boden nur innerhalb seiner begrenzten Tragfähigkeit belastet wird, wobei er sich unter der Lasteinwirkung verformt, Setzungen des Bauwerks sind die Folge. Entsprechend dem unterschiedlich tragfähigen Untergrund stellen sich Setzungsdifferenzen ein.

Die Anpassung der Gründung an die geringe und / oder wechselnde Tragfähigkeit ist zumeist aufwendig sowie kosten- und zeitintensiv.

Neben dem Risiko aus evtl. vorhandenen Altlasten kann das Baugrundrisiko in mehrfach genutzten Industriegebieten damit wesentlich durch das Risiko aus nur gering oder unterschiedlich tragfähigen Böden und den daraus resultierenden hohen Setzungen oder den großen Setzungsunterschieden bestimmt sein

2 Zulässige Setzungen / Setzungsunterschiede

Gleichmäßige Setzungen sind im allgemeinen für das Bauwerk unschädlich, jedoch besteht bei großen Setzungsbeträgen die Gefahr, daß Hausanschlüsse u.ä. Schaden nehmen. Wesentlich problematischer sind die Setzungsunterschiede innerhalb eines Baukörpers, die zu Schiefstellungen und Rissen bis hin zum Bruch von Bauteilen führen können.

Allgemein gültige Angaben über zulässige Setzungunterschiede bzw. die daraus resultierende Winkelverdrehung können nicht gemacht werden, weil die Empfindlichkeit eines Bauwerks gegen Setzungsschäden in hohem Maße von der Konstruktion des Gebäudes sowie den verwendeten Baustoffen abhängt. Die nachstehende Tabelle zeigt eine näherungsweise Zuordnung zwischen der Winkelverdrehung und der möglichen Schadensgröße (nach Smoltczyk, 1990).

Tabelle 1. Schadenskriterien für Winkelverdrehungen, nach Smoltczyk 1990

Winkelverdrehung s/L	mögliche Schäden
1/750	Grenze für setzungsempfindliche Maschinen
1/600	Schadensgrenze für Rahmen mit Ausfachung
1/500	Sicherheitsgrenze zur Vermeidung jeglicher Risse
1/300	Grenze für erste Risse in Wänden
1/250	Sichtgrenze für die Schiefstellung hoher starrer Bauwerke
1/150	Erhebliche Risse in tragenden Wänden Sicherheitsgrenze für Ziegelwände h/l < ¼ Schadengrenze für Bauwerke allgemein
1/10	Schiefer Turm von Pisa

Die Winkelverdrehung s/L entspricht dem Quotienten zwischen dem Setzungsunterschied (s) zweier benachbarter Fundamente und deren Abstand (L). Beispiel: Ein Setzungsunterschied s von 2 cm zwischen zwei Fundamenten im Abstand L von 500 cm führt zu einer Winkelverdrehung von 1/250.

In der Praxis kann häufig eine Winkelverdrehung von 1/300 in Kauf genommen werden. Die zu erwartenden Schäden sind gering und auf den architektonischen Bereich beschränkt.

Die oben gemachten Angaben beziehen sich auf die üblicherweise bei Setzungen eintretende Muldenlagerung (Düllmann, 1997). Wegen massiver Mauerwerksreste im Untergrund, womit im Bereich ehemaliger Industriestandorte zu rechnen ist, kann hier auch die problematischere Sattellagerung eintreten. Smoltczyk (1990) weist darauf hin, daß in diesem Fall schon mit Rissen bei halb so großen Winkelverdrehungen wie oben angegeben zu rechnen ist.

Die Setzungsunterschiede wachsen mit dem Betrag der absoluten Setzungen, so daß auch diese nach oben hin zu begrenzen sind. Für gewöhnliche Hochbauten werden folgende Werte angegeben (Smoltczyk, 1990):

Tabelle 2. Zulässige Setzungen (Smoltczyk 1990)

Gründung	Baugrund	zulässige Setzung [cm]
Einzelfundament	Ton	6
Einzelfundament	Sand	4
Platte	Ton	6 bis 10
Platte	Sand	4 bis 10
Wanne	Ton	10 und mehr

Große Unterschiede ergeben sich auch im zeitlichen Setzungsverlauf. So sind die Setzungen in einem nichtbindigen Boden wie Sand oder Kiessand i.a. mit der Fertigstellung des Rohbaus, d.h. mit Aufbringen der Last abgeschlossen. Bei einem bindigen Boden kann es Monate (Lehm) und Jahre (Ton) dauern, bis die Setzungen abgeklungen sind (Sommer u. Hoffmann, 1991). Entsprechend lange ist auch noch mit dem Auftreten von Setzungsschäden zurechnen.

3 Baugrund

Wie bei jedem Baugrund ergibt sich auch im Bereich ehemaliger Industrieflächen schon aus dem natürlich vorhandenen Boden eine weite Spannbreite bodenmechanischer Eigenschaften. Kompliziert wird die Situation durch ggf. vorhandene Auffüllungen / Anschüttungen, deren Zusammensetzung ebenso wie ihre laterale und vertikale Ausdehnung kleinräumigen Schwankungen unterworfen ist.

Mauerwerks- und Fundamentreste, ggf. noch vorhandene Versorgungsleitungen und -schächte und nicht verfüllte Hohlräume steigern die Komplexität der Baugrundsituation.

Weil Industrieflächen während des Krieges bevorzugte Bombenziele darstellten, ist ferner mit Blindgängern im Untergrund zu rechnen.

3.1 Zusammensetzung des anstehenden Materials

Grundsätzlich und insbesondere für Auffüllungen / Anschüttungen ist zunächst die Zusammensetzung des vorhandenen Bodenmaterials von Bedeutung. Abgesehen von der häufig vorhandenen Schadstoffbelastung, muß hier u.a. beurteilt werden, ob das Material verdichtungsfähig ist und ob sich seine bodenmechanischen Eigenschaften im Laufe der Zeit nachteilig verändern können.

So zersetzt sich zunächst festes Bergematerial aus Tonschiefer bei Zutritt von Wasser und wandelt sich unter Volumenänderung in einen sandig tonigen Lehm von geringer Tragfähigkeit um. Ähnlich verhalten sich Ziegelbruch und manche Schlacken. Ein hoher Anteil an verrottungsfähigen Komponenten (Holz, Torf) führt zu weiteren Volumenänderungen mit den entsprechenden Setzungen. Daher ist der zulässige Gehalt an organischen Substanzen auf 3% bei nichtbindigem Material und auf 5% bei bindigem Material beschränkt (DIN 1054).

In alten Auffüllungen sind diese Vorgänge im Regelfall weit fortgeschritten oder abgeschlossen, entsprechend gering ist dann das hieraus resultierende Setzungsrisiko.

Für die Beurteilung der generellen Verdichtbarkeit ist im wesentlichen das vorhandene Korngrößenspektrum entscheidend. So sind bindige Böden mit hohem Feinkornanteil (z.B. Lößlehm) nicht bzw. nur eingeschränkt verdichtungsfähig, rollige Böden mit weitgestuftem Korngemisch (z.B. Kiessand) lassen sich besser verdichten als enggestufte Böden (z.B. Flugsand).

Auffüllungen bestehen zumeist aus einem lehmigen Kies-Sand-Gemisch mit Anteilen von Bauschutt und Schlacke u.a.. Die bodenmechanischen Eigenschaften hängen dann davon ab, welcher der Gemengteile überwiegt.

3.2 Lagerungsdichte / Konsistenz

Alle Bodenkenngrößen, die für die Beurteilung der Tragfähigkeit und des Setzungsverhaltens eines Bodens maßgebend sind, werden unmittelbar von der Lagerungsdichte (bei rolligen Böden) bzw. der Konsistenz (bei bindigen Böden) beeinflußt. Daher werden z.B. in der DIN 1055 (Lastannahmen für Bauten) Teil 2 die Bodenkenngrößen in Abhängigkeit von Lagerungsdichte/Konsistenz angegeben, die DIN 1054 (Zulässige Belastung des Baugrunds) gibt die zulässigen Bodenpressungen für bindige Böden in Abhängigkeit von der Konsistenz an.

Für Gründungen sind Böden mit mindestens steifer Konsistenz oder mitteldichter Lagerung geeignet.

Die nachstehende Tabelle gibt einen Überblick über die Spannbreite des Steifemoduls E_s für jeweils gleiches Bodenmaterial in Abhängigkeit von der Lagerungsdichte bzw. Konsistenz (EAU, 1985). Die angegebenen Steifemodule verstehen sich als Mittelwerte für Vorentwürfe. In der dritten Spalte ist zur besseren Anschauung das Ergebnis einer überschlägigen Setzungsberechnung eingetragen. Angegeben ist die Setzung s, die ein Fundament 2 × 2 m bei einer Bodenpressung von 200 kN/m² auf einer 3 m dicken Schicht des jeweiligen Bodens erfährt. Spalte 4 gibt den in der Setzungsberechnung angesetzten Steifemodul an.

Tabelle 3. Ausgewählte Steifemoduln (EAU, 1985) und Setzungen

Bodenart	Steifemodul Es (MN/m²]	s [cm]	Es [MN/m²]
nichtbindige Böden			
Sand, locker, eckig	40 bis 80	0,6	40
Sand, mitteldicht, eckig	80 bis 150	0,3	80
Sand, dicht, eckig	150 bis 250	0,2	150
bindige Böden			
Lehm, weich	4 bis 8	4,7	5
Lehm, halbfest	5 bis 20	1,6	15

Die hier dargestellten Zusammenhänge gelten auch für Auffüllungen / Schüttungen mit entsprechender Kornverteilung.

Sofern das Material unverdichtet eingebaut wurde, ist hier nur mit lokkerer Lagerung bzw. weicher Konsistenz infolge eingesickerten Wassers zu rechnen. Alte Auffüllungen können unter dem Eigengewicht konsolidiert und dichter gelagert sein. Dies gilt auch für ehemals überbaute Bereiche.

In krassem Gegensatz zum relativ nachgiebigen (aufgefüllten) Untergrund stehen oftmals noch im Untergrund vorhandene Mauerwerks- und Fundamentreste, welche als starr zu bezeichnen sind und die somit keine Setzungen zulassen.

Der Vollständigkeit halber muß auf die Möglichkeit von im Untergrund vorhandenen Hohlräumen hingewiesen werden. Dies können beispielsweise oberflächennah nicht verfüllte Keller oder Kanalleitungen sein, in ehemaligen Bergbaugebieten ist grundsätzlich mit Hohlräumen im tieferen Untergrund zu rechnen, die zu Bergsenkungen führen können.

3.3 Räumliche Situation

Nur selten sind Auffüllungen horizontal gelagert und von gleichmäßiger Dicke. Gerade bei alten Verfüllungen zeigt sich häufig, daß verschiedene Materialien nicht horizontal übereinander eingebaut wurden, sondern daß sie fächerartig nebeneinander liegen.

Besonders problematisch sind die Randbereiche verfüllter Gruben oder kleinräumig verfüllte Strukturen wie Keller, Bombentrichter u.ä., wo die Auffüllung gegen den gewachsenen Untergrund auskeilt. Weil die Setzung eines Baukörpers proportional zur Dicke der elastischen Schicht ist, resultieren sich aus wechselnden Mächtigkeiten der Auffüllung entsprechende Setzungsunterschiede.

Bei den oben genannten kleinräumigen Strukturen ergeben entsprechend kleinräumig große Mächtigkeits- und damit Setzungsunterschiede.

4 Geotechnische Untersuchungen

Um eine solide und wirtschaftliche Planung sicherzustellen, ist eine sorgfältige Erkundung des Baugrundes unabdingbar. Einzelheiten hierzu regelt die DIN 4020 (Geotechnische Untersuchungen für bautechnische Zwecke).

Der Baugrund kann durch Rammkernsondierungen, Schürfe und Bohrungen nach DIN 4021 aufgeschlossen und dabei die für die Laborversuche erforderlichen Bodenproben entnommen werden. Zweckmäßigerweise sollte hier eine Abstimmung mit dem ggf. erforderlichen Untersuchungsprogramm zur Erfassung der Altlastensituation erfolgen (Kötter, 1997).

Die Lagerungsdichte / Konsistenz des Untergrundes ist durch Sondierungen nach DIN 4094 zu erkunden. Hierbei können Rammsondierungen, Drucksondierungen oder der Standart Penetration Test zur Ausführung kommen. Die Wahl des Verfahrens richtet sich nach Fragestellung und anstehender Bodenart. Oberflächennah kann die Verformbarkeit des Untergrundes durch Lastplattendruckversuche bestimmt werden.

Ergänzend zu den bisher genannten Verfahren können auch geophysikalische Untersuchungen, insbesondere zur Erfassung großflächiger Strukturen, sinnvoll sein (Büttgenbach/Korbmacher, 1997).

Zur näheren Bestimmung der unterschiedlichen Bodenkennwerte und -parameter steht eine große Auswahl bodenmechanischer Laborversuche zur Verfügung. Hierzu zählen u.a.:

Die Bestimmung des / der
- natürlichen Wassergehalts (bindige Böden),
- Konsistenzgrenzen (bindige Böden),
- Glühverlustes (organische Böden),
- Kornverteilung durch Sieb-/Schlämmanaysen,
- Dichte, Wichte,
- Lagerungsdichte, Proctordichte,
- Zusammendrückbarkeit, Scherparameter,
- Wasserdurchlässigkeit,
- Betonaggressivität.

Art und Umfang der erforderlichen Versuche richten sich auch hier nach angetroffener Bodenart, Aufgabenstellung und örtlicher Erfahrung. Sofern für die Bestimmung eines Parameters sowohl Feld- als auch Laborversuche verfügbar sind, sollte dem Feldversuch Vorrang gegeben werden. Durch eine Bodenprobe wird nur ein sehr kleines, nicht zwangsweise repräsentatives Volumen des natürlichen Bodens erfaßt, so daß der ermittelte Laborwert mit entsprechenden Unsicherheiten behaftet ist.

Grundsätzlich muß bei allen Untersuchungen, ob als Feld- oder Laborversuch, beachtet werden, daß „Boden" ein natürlicher Baustoff ist und keine definierten technischen Eigenschaften besitzt. Um ein Maß für die Schwankungsbreite der einzelnen Parameter zu bekommen, sind daher immer mehrere gleichartige Versuche an unterschiedlichen Proben / Bohrpunkten vorzusehen.

Aus wirtschaftlichen Gründen kann es sinnvoll sein, gerade bei den hier diskutierten ehemaligen Industriestandorten, die Neubauplanung der gegebenen Altlasten-/Baugrundsituation anzupassen. In diesem Falle steht die endgültige Planung zum Zeitpunkt der ersten Baugrunduntersuchung noch nicht fest. Ausgehend von einer ersten Voruntersuchung zur Erfassung der grundsätzlichen Situation sollten die geotechnischen Untersuchungen und die fortschreitende Planung Zug um Zug aufeinander abgestimmt werden, bis ein den örtlichen Verhältnissen angepaßtes Raster von Aufschluß- und Untersuchungspunkten vorliegt (Kötter, 1997).

Auf diese Weise wird einerseits ein unnötig hoher Untersuchungsaufwand ggf. mit doppelt zu erbringenden Arbeiten vermieden und andererseits sichergestellt, daß zu allen relevanten Bereichen eine Aussage zur Baugrundsituation möglich ist.

5 Gründungsmöglichkeiten

5.1 Allgemeine Grundsätze

Bei einer Neubebauung ehemaliger Industrieflächen sind zumeist drei Hauptinteressen gegeneinander abzuwägen bzw. in Einklang zu bringen:

- Schutz von Mensch / Umwelt / Grundwasser vor Gefahren aus einer ggf. vorhandenen Schadstoffbelastung in Abstimmung mit den zuständigen Fachbehörden
- Sicherstellen einer auf Dauer standsicheren Gründung, festgelegt durch technische Regelwerke
- Investoreninteresse, im Regelfall Grundsatz der Wirtschaftlichkeit

Dabei entspricht die o.g. Reihenfolge der Aufzählung gleichzeitig der Wertigkeit:

Unter Beachtung der ordnungsbehördlichen Auflagen ist ein technisch einwandfreies Bauwerk zu errichten, von mehreren Varianten ist die wirtschaftlichere vorzuziehen. Sofern wegen einer Belastung mit umweltrelevanten Stoffen Maßnahmen zur Sicherung / Sanierung vorgesehen sind, sollten Sanierungs- und Gründungskonzept unbedingt aufeinander abgestimmt werden.

Von großer Bedeutung für ein mögliches Gründungskonzept ist selbstverständlich die Art der vorgesehenen Neubebauung. Wie oben beschrieben besteht das Hauptproblem bei einem Untergrund wie dem hier diskutierten in der Begrenzung der auftretenden Setzungsunterschiede. Diese sind bei gering belasteten Fundamenten kleiner als bei hoch belasteten, ein hohes Gebäude reagiert auf Setzungsunterschiede empfindlicher als ein niedriges. Damit ist die Gründung eines setzungsempfindlichen Bauwerks mit hohen Fundamentlasten aufwendiger als die Gründung eines setzungsunempfindlichen Bauwerks mit geringen Lasten.

Wesentlichen Einfluß auf die Gründung hat auch die Frage, ob für das geplante Gebäude eine Unterkellerung vorgesehen ist und ob diese ein- oder mehrgeschossig erfolgen soll.

Im allgemeinen steigt mit zunehmender Gründungstiefe die Wahrscheinlichkeit, ausreichend tragfähigen Boden anzutreffen, weil Auffüllungen oder junge Deckschichten durchteuft werden. Zusätzliche Maßnahmen zur Gründung entfallen dann. Bei geringer Tragfähigkeit ist eine Aussteifung des Gebäudes über einen steifen Kellerkasten einfacher zu erreichen, als über eine ausgesteifte Bodenplatte oder, wegen der zahlreichen Durchbrüche, ein ausgesteiftes Erdgeschoß.

Andererseits steigt mit zunehmender Gründungstiefe die Wahrscheinlichkeit, daß das Gebäude durch das Grundwasser beeinflußt wird und eine entsprechende Abdichtung und Auftriebsicherung erforderlich wird. Weiterhin fallen Maßnahmen zur Baugrubensicherung und Wasserhaltung an. Ein weiterer entscheidender Kostenfaktor liegt in der Verwertung/Entsorgung des anfallenden Erdaushubs und der Auffüllung sowie im Abbruch/Entsorgung der unterirdischen Mauerwerks- und Fundamentreste.

5.1 Nutzung bestehender Gründungen

Gerade alte Industriebauten verfügen oftmals über dicke und massive Fundamente und Kellermauern aus Beton, die nur mit großem Aufwand rückgebaut oder abrissen werden können.

Die Weiternutzung dieser Bauteile stellt sicherlich die Ausnahme dar und ist oftmals auch wegen der dann eingeschränkten Planungsfreiheit nicht möglich. Andererseits bietet diese Möglichkeit eine Reihe von Vorteilen, so daß sie nicht von vornherein verworfen werden sollte. So entfallen zumindest teilweise die Kosten für den Abbruch unter Flur, Entsorgungskosten sowie das Herstellen von Baugruben, ggf. mit Verbau und Unterfangungsarbeiten. Ebenso entfallen die Kosten für die Neugründung. Ein Teil der genannten Einsparungen wird durch ggf. erforderliche Umbaumaßnahmen und/oder Sanierungsmaßnahmen am Bestand kompensiert. Durch die Vorbelastung muß nur mit geringen Setzungen gerechnet werden.

Grundlegende Voraussetzung für eine Weiternutzung bestehender Bauteile und Gründungen ist, daß diese hinreichend gut erhalten sind und die anfallenden Lasten / Bodenpressungen schadlos aufnehmen können. Falls erforderlich, kann die Tragfähigkeit durch Anordnung von Kleinbohrpfählen oder HDI Körpern im Fundamentbereich erhöht werden. Weiterhin darf die Bausubstanz aus der Vornutzung kontaminiert sein bzw. es muß eine Sanierung mit vertretbarem Aufwand möglich sein.

Diese Fragen sind rechtzeitig, möglichst noch vor dem Abriß der oberirdischen Bauteile, mit den beteiligten Fachingenieuren und Behörden zu klären.

Das aufgehende Mauerwerk der neuen Bebauung muß nicht zwingend direkt auf dem bestehenden aufliegen. Grundsätzlich besteht die Möglichkeit, auf das vorhandene Tiefgeschoß eine ausgesteifte Bodenplatte oder ein Balkenenrost aufzulegen und auf diese Weise eine tragfähige Gründungsebene (Gründungsplatte) herzustellen, die frei überbaut werden kann. Hierbei hängt die Durchführbarkeit u.a. wesentlich von der Geometrie des vorhandenen Tiefgeschosses ab. Bei zu großen Wandabständen ergeben sich u.U. zu große Spannweiten in der Bodenplatte oder dem Balkenrost. Die erforderliche Bewehrung kann reduziert werden, wenn das bestehende Tiefgeschoß sorgfältig mit verdichtetem Material aufgefüllt wird, so daß sich auf der Oberkante der Auffüllung ein tragfähiges Planum ergibt, welches die Gründungsplatte mitträgt.

Die hier beschriebenen Maßnahmen erfordern einen erhöhten Planungsaufwand und können sicherlich nur in günstig gelagerten Einzelfällen oder sehr großen Arealen zur Ausführung kommen.

5.2 Bodenaustausch

Zur Erhöhung der Tragfähigkeit und zum Ausgleich von Inhomogenitäten im Untergrund kann ein Bodenaustausch vorgenommen werden. Dabei wird der anstehende Boden unterhalb des neuen Gründungskörpers ausgehoben und durch verdichtungsfähiges Material ersetzt. Dieses wird in dünnen Lagen von ca. 0,30 m eingebaut, die Lagen werden einzeln verdichtet. Auf diese Weise entsteht ein tragfähiges „Kiespolster", welches die

Setzungen und Setzungsunterschiede abmindert. Unter Beachtung eines Lastabstrahlwinkels von 45 % muß das Kiespolster entsprechend über den Gründungskörper hinausragen. Bei eng stehenden Einzelfundamenten empfiehlt sich ein großflächiger Bodenaustausch.

Bauwerksreste müssen mindestens bis 1 m unter Gründungssohle abgebrochen werden, um eine Sattellagerung zu vermeiden.

Als Einbaumaterial ist ein weitgestuftes Kies/Sand Gemisch, Schotter oder Recyclingmaterial (RCL) aus Betonbruch geeignet. Die anstehenden Auffüllungen sind zumeist wegen ihres Korngrößenspektrums nicht geeignet. Es kann geprüft werden, sonstige Eignung vorausgesetzt, ob durch Zumischen von Fremdmaterial eine geeignete Kornverteilung hergestellt werden kann.

Die Dicke des Bodenaustausches richtet sich nach dem Untergrund sowie der vorgesehenen Belastung und liegt meist zwischen 0,5 und 2 m. Größere Tiefen sind oft unwirtschaftlich. Das Material muß auf 100 bis 103% der einfachen Proctordichte verdichtet werden. Der Verdichtungserfolg kann durch Lastplattendruckversuche überprüft werden.

Der wesentliche Nachteil des Bodenaustausches liegt in der anfallenden Menge des ausgehobenen Materials. Hierbei handelt es sich vorzugsweise um minderwertigen Erdaushub oder aber um aufgefülltes, vielfach auch belastetes Material. Die Entsorgungs- / Verwertungskosten steigen mit dem Grad der Belastung des auszutauschenden Materials. Je nach der Belastung des ausgekofferten Materials ergibt sich damit rasch eine Grenze (Mächtigkeit des Bodenaustausches), ab der eine solche Maßnahme wirtschaftlich nicht mehr sinnvoll ist. Die anfallenden Entsorgungskosten müssen daher frühzeitig einkalkuliert werden.

Oft verbleibt unter der ausgetauschten Schicht Material geringer Tragfähigkeit. So verbleibt noch immer ein Risiko großer oder ungleichmäßiger Setzungen, dem durch konstruktive Maßnahmen (bewehrte Streifenfundamente, ausgesteifte Bodenplatte, Trennung von Bauteilen durch Fugen) zu begegnen ist.

5.3 Verdichtung des Untergrundes

Mit den gängigen Verdichtungsgeräten wie Rüttelplatte oder Vibrationswalze lassen sich Tiefenwirkungen von max. 1 m erzielen. Für die

Verdichtung in größerer Tiefe kommen in Abhängigkeit von der Bodenart unterschiedliche Verfahren in Frage (Voth, 1995):

- Rütteldruckverfahren in kohäsionslosen (nichtbindigen) Böden
  Unter Wasserzugabe wird ein Tiefenrüttler in den Boden eingerüttelt und das umgebende Erdreich verdichtet. Der an der Oberfläche entstehende Trichter wird mit Kies aufgefüllt.
- Rüttelstopfverdichtung in kohäsiven (bindigen) Böden
  Hierbei wird ein belasteter Rüttler in den Boden eingefahren und anschließend wieder gezogen. Das entstandene Loch wird mit Kies oder Schotter verfüllt und der Rüttler erneut eingefahren, wobei er den Kies seitlich verdrängt und eine Verdichtung des umgebenden Bodens erreicht. Der Vorgang wird mehrfach wiederholt. Die so entstehende Schottersäule kann im Bedarfsfall mit Zementmörtel weiter verfestigt werden.
- Dynamische Intensivverdichtung
  Ein Fallgewicht von 10 bis 40 t wird aus einer Höhe von 10 bis 40 m auf den zu verdichtenden Boden fallen gelassen. Unter dem Einfluß des stoßartigen Schocks verflüssigt sich der Boden, wobei Luft und Porenwasser austritt und eine Verdichtung erzielt wird. Der an der Oberfläche entstehende Trichter wird mit Kies verfüllt.
- Kalkpfähle in bindigen Böden
  Hierbei werden Bohrlöcher mit Kalk verfüllt, welcher dem Boden zunächst Wasser entzieht und diesen dann durch Wechselwirkung mit den Tonmineralen stabilisiert

Wie aus der Beschreibung ersichtlich wird, verdichten alle genannten Verfahren den Untergrund nur punktförmig, eine flächige Verdichtung wird erst durch überschneiden der einzelnen Punkte oder ein sehr enges Punktraster erzeugt. Damit wird die Verdichtung großer Flächen aufwendig und erfordert eine sorgfältige Kalkulation von Zeit und Kosten. Weiterhin besteht die Gefahr, daß im Untergrund vorhandene konsolidierte Schadstoffherde mobilisiert werden.

5.4 Tiefgründungen

Kann die erforderliche Tragfähigkeit durch einen Bodenaustausch nicht hergestellt werden oder scheidet dieser aus sonstigen Gründen aus, wird eine Abtragung der Bauwerkslasten auf eine tragfähige Schicht im tieferen Untergrund erforderlich.

Im einfachsten Fall kann dies über eine Fundamentvertiefung mit Magerbeton geschehen. Wegen des relativ hohen Betonverbrauchs und der Schwierigkeiten beim Aushub tiefer Fundamentgräben findet diese Möglichkeit im Regelfall nur bis zu einer erforderlichen Vertiefung von max. 1 bis 1,5 m Anwendung.

Bis zu einer Tiefe von 3 bis 4 m können die Lasten über eine Brunnengründung auf den tragfähigen Baugrund übertragen, wobei der Brunnen lotrecht auf dem tragfähigen Baugrund aufsteht und als Flächengründung gerechnet wird. In der Praxis ist dieses Verfahren heute auf kleinere Bauvorhaben beschränkt.

Alternativ zur Brunnengründung und bei größeren Tiefen zwingend kommt eine Abtragung der Lasten über Pfähle in Betracht. Diese müssen in den tragfähigen Untergrund einbinden und tragen die Lasten über Mantelreibung und Spitzendruck ab. Durch unterschiedliche Pfahldurchmesser und Einbindetiefen kann nahezu jede Tragfähigkeit und jedes Setzungsverhalten „eingestellt" werden. Voraussetzung ist eine hinreichend genaue Kenntnis des Baugrunds und der für die Pfahlbemessung maßgebenden Parameter. Auch bei Pfählen wird die Anordnung eines lastverteilenden Kopfbalkens erforderlich. Der Pfahlabstand richtet sich nach der Tragfähigkeit des Untergrundes, den anfallenden Lasten und der Konstruktion des Gebäudes. Große Pfahlabstände machen eine sehr steife Ausbildung des Kopfbalkens erforderlich. Im allgemeinen ergeben sich Pfahlabstände von 3 bis 8 m, Abweichungen nach oben und unten sind möglich.

Bei jungen, noch nicht konsolidierten Auffüllungen oder sehr weichen Schichten, ggf. mit humosen Anteilen, ist eine negative Mantelreibung zu berücksichtigen. Weiterhin muß geklärt werden, ob das anstehende Bodenmaterial oder das vorhandene Grundwasser betonangreifend ist.

Rammpfähle nach DIN 4026 (aus Stahl oder Stahlbeton) werden fertig auf der Baustelle angeliefert und durch rammen, pressen, vibrieren oder spülen in den Untergrund eingebracht. Massive Hindernisse können nicht durchfahren werden und müssen ggf. vorher durchbohrt werden. Aushub, der entsorgt werden muß, fällt nicht an.

Bohrpfähle nach DIN 4014 werden vor Ort in vorgebohrten Löchern erstellt. Hierbei ist, wenn auch mit zusätzlichem Aufwand, das Durchteufen von Bohrhindernissen möglich. Bei der Herstellung der Löcher fällt Bohrgut an, das entsorgt werden muß. Die Kosten müssen in der Kalkulation berücksichtigt werden.

Bei der Herstellung des Bohrloches kann überprüft werden, ob die für die Pfahlbemessung zugrunde gelegte Baugrundsituation tatsächlich vorhanden ist. Bei Abweichungen ist durch die variable Pfahllänge (innerhalb bestimmter Grenzen) eine Anpassung an die veränderte Situation möglich.

5.5 Setzungsberechnungen

Um ein gleichmäßiges Setzungsverhalten zu erreichen, ist es grundsätzlich anzustreben, ein Gebäude überall gleich zu gründen. Ausnahmen können sich ergeben, wenn sich beispielsweise bei einem flach gegründeten Gebäude nur in einer Ecke eine tiefreichende Auffüllung findet, die über eine begrenzte Anzahl von Pfählen durchgründet wird. Im Hinblick auf das zu erwartende Setzungsverhalten ergibt sich eine ähnliche Situation, wenn unter einem Bodenaustausch ein gering tragfähiger Boden mit wechselnder Mächtigkeit verbleibt.

Bauteile, für die ein unterschiedliches Setzungsverhalten zu erwarten ist, sollten durch eine Dehnfuge voneinander getrennt werden. Ist wegen eines hohen Grundwasserstands eine wasserdichte Wanne erforderlich, ist diese Forderung nicht zu erfüllen. Alternativ ist die Ausbildung eines starren Kastens möglich, um überall gleiche Setzungen zu erzwingen.

Das Maß der zu erwartenden Setzungen und Setzungsunterschiede kann durch eine Setzungsberechnung näher bestimmt werden. Nach Vorliegen der Last- und Fundamentpläne sollten entsprechende Berechnungen durchgeführt werden, wobei die Notwendigkeit dieses Schrittes mit der Schwierigkeit der Baugrundsituation wächst.

Bei einer solchen Berechnung wird für jedes Fundament die Setzung in Abhängigkeit von Untergrund, Last, Fundamentform und Lastüberschneidung berechnet. Liegt das Ergebnis frühzeitig vor, kann durch Verteilung der Lasten oder andere Fundamentdimensionierung noch eine Optimierung erfolgen bzw. die Konstruktion, z.B. durch Anordnung einer Trennfuge, entsprechend angepaßt werden.

6 Zusammenfassung

Es wurde aufgezeigt, mit welcher Baugrundsituation im Bereich ehemaliger Industrieflächen zu rechnen ist und wie sich diese auf eine mögliche Neubaumaßnahme auswirkt. Der Schwerpunkt lag hierbei auf dem Hauptproblem der Setzungen / Setzungsunterschiede. Weiterhin wurden Methoden zur Erfassung der Baugrundsituation vorgestellt und einige Verfahren zur Bauwerksgründung auf einem solchen Untergrund angegeben. Die Verfahren können einzeln oder teilweise in Kombination zur Ausführung kommen, eine Festlegung kann nur am konkreten Einzelfall unter Kenntnis aller Randparameter erfolgen.

Die Notwendigkeit einer frühzeitig beginnenden und mit Planungsstand fortschreitenden geotechnischen Begleitung wurde ebenso unterstrichen wie die Erfordernis der Abstimmung auf die Belange des Umweltschutzes und der sich hieraus ergebenden Maßnahmen. Nur so können unnötige Kosten vermieden und damit dem Investoreninteresse nach einer wirtschaftlichen Gründung Rechnung getragen werden.

Literatur

Büttgenbach/Korbmacher (1997) Einsatz geophysikalischer Methoden zur Ermittlung der Baugrundverhältnisse In: Flächenrecycling - Inwertsetzung, Bauwürdigkeit, Baureifmachung; Hrsg.: R. Kompa, M. v. Pidoll, B. Schreiber, Springer Verlag Heidelberg 1997

EAU (1990) - Empfehlungen des Arbeitsausschusses „Ufereinfassungen"EAU 1990, Berlin

DIN (1991) - Erd- und Grundbau, DIN Taschenbuch 36; Beuth Verlag GmbH, Berlin, Köln

Düllmann H, (1997) Geotechnische Besonderheiten bei Gründungen auf künstlich geschüttetem Untergrund In: Flächenrecycling - Inwertsetzung, Bauwürdigkeit, Baureifmachung; Hrsg.: R. Kompa, M. v. Pidoll, B. Schreiber, Springer Verlag Heidelberg 1997

Kötter L, (1997) Die Bauwürdigkeitsstudie - ein Fallbeispiel. In: Flächenrecycling - Inwertsetzung, Bauwürdigkeit, Baureifmachung; Hrsg.: R. Kompa, M. v. Pidoll, B. Schreiber, Springer Verlag Heidelberg 1997

Smoltczyk U, (1990) - Grundbautaschenbuch Verlag W. Ernst & Sohn, Berlin und München

Sommer H, Hoffmann H, (1991) - Last - Verformungsverhalten der Gründung des Messeturms Frankfurt/Main. Festkolloquium 20 Jahre Grundbauinstitut.; Herausgeber: Grundbauinstitut Prof. Dr.-Ing. H. Sommer und Partner GmbH, Darmstadt

Voth B, (1995) - Tiefbaupraxis; Bauverlag GmbH, Wiesbaden und Berlin

Geotechnische Besonderheiten bei Gründungen auf künstlich geschüttetem Untergrund

HORST DÜLLMANN

1 Einführung

Durch die Rohstoffgewinnung und andere industrielle Nutzungen werden jedes Jahr relativ große Flächen in Anspruch genommen. Um den Flächenbedarf insgesamt zu begrenzen, wird häufig über eine Mehrfachnutzung nachgedacht und diese auch realisiert. Von besonderem Interesse ist dabei die Bebauung von ehemaligen Verfüllungsbereichen. Während aber z.B. die ausgekohlten Gruben der Braunkohlentagebaue systematisch wieder nutzbar gemacht bzw. rekultiviert werden, ist dies bei der Verfüllung von Ton-, Sand- und Kiesgruben oder bei Bergematerialschüttungen und -aufhaldungen häufig nicht der Fall.

Hieraus ergeben sich geotechnische Besonderheiten für die Folgenutzung solcher im Normalfall nicht verdichteter Schüttungen, die nachfolgend kurz erörtert werden.

2 Charakterisierung von Schüttungen

Bei der Charakterisierung von Verfüllungen und Anschüttungen unterscheidet man:

- verfüllte Ton-, Kies- und Sandgruben, Steinbrüche,
- Außen- und Innenkippen des Braunkohlentagebaus,
- Halden aus Nebengesteinen des Steinkohlenbergbaus (Bergematerial), Schlacke und Asche,
- Schlammteiche (z.B. Rotschlamm aus der Aluminiumproduktion),
- ungeordnete Anschüttungen von Berge- und Abbruchmaterial bei z.B. Montanstandorten.

3 Baugrunduntersuchung und -beurteilung

Vor der Aufstellung eines Erkundungsprogramms empfiehlt sich eine Recherche bereits verfügbaren Materials. Hierzu gehören:

- örtliche Erkundungen (Begehungen),
- Studium von Kartenmaterial,
- Angaben über die Geometrie und Zusammensetzung von Schüttungen (Ausdehnung, Tiefe und Mächtigkeit, Verfüllmaterial, Liegezeit),
- Klärung der generellen geologischen und hydrogeologischen sowie hydrochemischen Standortbedingungen (Kartenwerke, Bohrarchive etc.),
- Altlastenbewertungen,
- Luftbildauswertungen,
- Setzungsbeobachtungen,
- Erfassung ggfs. älterer baulicher Nutzungen (Fundament- und Leitungspläne), auch unter Berücksichtigung von Mehrfachnutzungen (Sukzession).

Zur Erkundung von Auffüllungsgrenzen (vertikal, lateral), der Art von geschütteten und natürlich anstehenden Materialien und für die Probennahme eignen sich generell alle in DIN 4020: „Geotechnische Untersuchungen für bautechnische Zwecke (1990)“ beschriebenen Verfahren. Besonders hervorzuheben sind dabei:

- Bohrungen: (Schappen-, Schnecken- oder Kernbohrungen, großkalibrige Greiferbohrungen und in Sonderfällen auch Kleinbohrungen),
- Schürfgruben: (Probennahme, visuelle Begutachtung der Auffüllung oder von Mauerwerksresten),
- Geophysikalische Erkundungsmethoden.

Für die Beurteilung der Tragfähigkeit (Lagerungsdichte, Konsistenz, Zusammendrückbarkeit) können ergänzend eingesetzt werden:

- Ramm- und Drucksondierungen (DIN 4094),
- Probebelastungen, Lastplattendruckversuche (DIN 18134).

Im Baugrundlabor werden je nach Aufgabenstellung die erforderlichen Bodenkennwerte bestimmt. Im Sonderfall ist auch die chemische Aggressivität des Bodens zu untersuchen.

Der Schwankungsbereich des Grundwassers ist zu ermitteln, bei abgesenktem Grundwasser auch die Möglichkeit des Wiederanstiegs. Das Grundwasser ist auf Beton- und Stahlaggressivität und mögliche Kontaminationen zu überprüfen.

4 Eigenschaften von Auffüllungen

Verfüllungen aus natürlichen Böden bestehen überwiegend aus bindigen Komponenten (Schluff, Ton, Lehm, Felsbruch). Sie sind i.d.R. unverdichtet und damit hohlraumreich gelagert, die Bodenkennwerte schwanken in weiten Grenzen.

Schüttungen aus Bauschutt bestehen überwiegend aus nicht verrottbaren Anteilen (Mauerwerk, Betonbrocken, Stahlteilen, Glas, Straßenaufbruch) und verottbarem Material (z. B. Holz). Bauschutt ist bei normaler Stückigkeit (Grenze liegt bei 0,3 - 0,6 m) verdichtbar, führt aber häufig zu inhomogenen Ablagerungsverhältnissen mit in der Folge ungleichmäßigem Setzungsverhalten. In Bereichen von ehemaligen Bebauungen kann bei nicht zurückgebauten Kelleranlagen und nicht rückgebauten aufgegebenen Kanaltrassen zusätzlich ein Tagesbruchproblem gegeben sein (Genske, Noll, Olk, 1995).

Eine Besonderheit stellen die Kippenböden des Braunkohlenbergbaues dar. Es handelt sich i.d.R. um Mischböden aus Sand und Kies (nichtbindige Böden) sowie Ton und Schluff (bindige Böden) sowie untergeordnet Kohle- und Aschebeimengungen. Bei der Beurteilung der bautechnischen Eigenschaften der üblicherweise mit Absetzern abgelagerten Mischböden können unterschiedliche Teufenbereich unterschieden werden (s. Lange, 1969).

Der Setzungsverlauf einer Kippe ist sehr komplex (s. Abb. 1) und hängt i.a. ab von (Formazin, 1988):

- Zeitsetzung des Liegenden (Kippensohle),
- Zeitsetzung des Kippenkörpers infolge Konsolidation,
- Setzungen (Sackungen) infolge Grundwasser-Wiederanstieg,
- Setzungen durch zusätzliche Bauwerkslasten.

Der Zeitpunkt und die Größe der Endsetzung können über statistische Beziehungen i.d.R. relativ genau in Abhängigkeit vom Kippentyp und der Kippenhöhe prognostiziert werden (Lange, 1969; 1979) (Abb. 2).

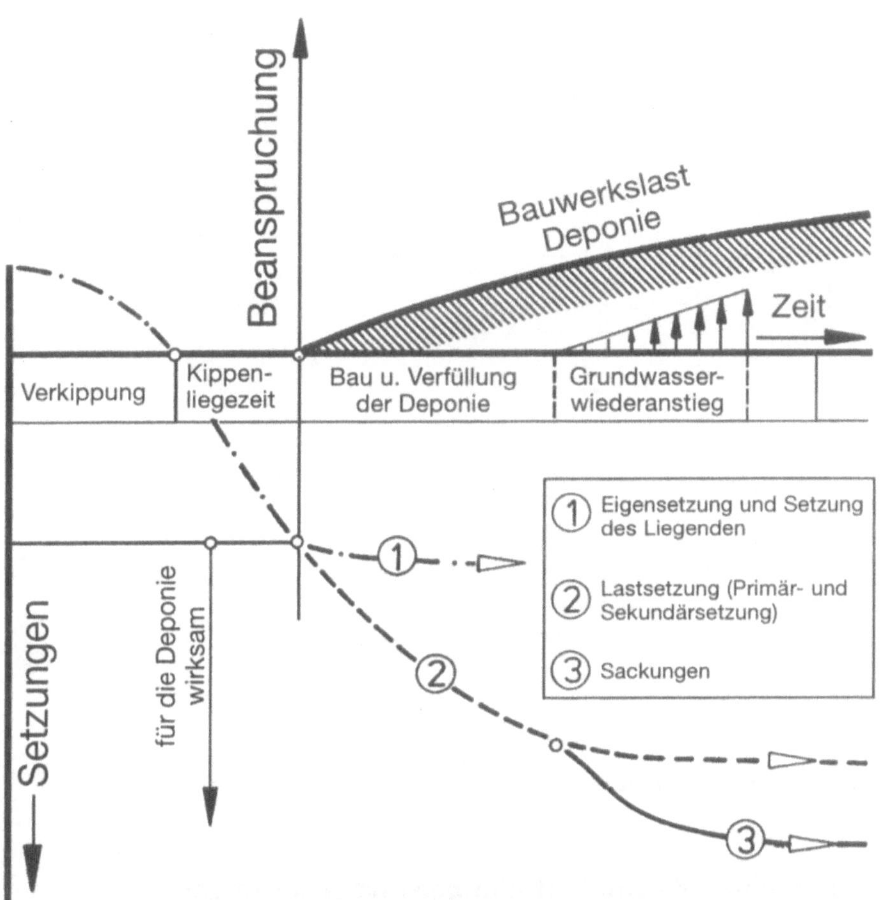

Abb. 1. Komponenten der Setzungen von Kippenoberflächen (nach Formazin, 1988)

Verfüllungen von Gruben oder Aufhaldungen mit Waschbergen bestehen überwiegend aus Ton- und Schluffsteinen mit einem Größtkorn bis zu 150 mm. Das Material ist an der Luft stark verwitterungsempfindlich. Häufig treten in alten Halden Restkohlegehalte bis zu 30 Massen-% auf. Nicht selten sind Beimengungen wie Grubenabfälle, Holz, Papier und Müll.

Spülkippen aus feinkörnigen Böden (Schluff, Ton), aus Absetzprodukten der Kohlegewinnung (Flotationsberge) oder sonstigen Industrieproduktionen (Rotschlamm, Klärschlamm) sind i.d.R. für eine bauliche Nutzung ungeeignet. Die Feinkörnigkeit verzögert die Konsolidation; die Materialien verhalten sich wie Schlämme oder pastöse Massen. Rekultivierungsmaßnahmen sind dagegen technisch grundsätzlich möglich.

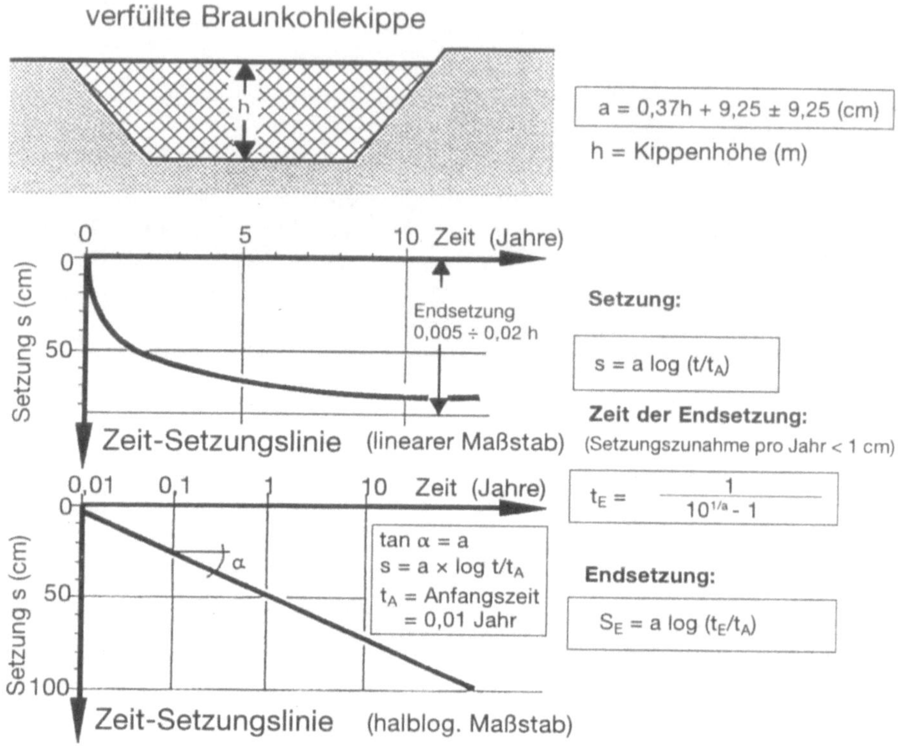

Abb. 2. Setzung einer Braunkohlenkippe (nach Lange, 1969, 1979)

5 Bebaubarkeit von Auffüllungen und Schüttungen

Für die Beurteilung der Bebaubarkeit von Kippen sind folgende Informationen erforderlich:

- Art des Bauwerks (setzungsempfindlich oder setzungsunempfindlich)
- Belastungssituation (statisch, dynamisch),
- Lage des Bauwerks (relativ zu Kippenrändern- bzw. Auffüllungsgrenzen, Auffüllungsmächtigkeit),
- Untergrund (Zusammensetzung, Lagerungszeit, Verwitterungs- und ggfs. Verrottungsgrad),
- Grundwasser (möglicher Anstieg im Hinblick auf Sackungsvorgänge),
- Gründung und zulässige Baugrundbelastung mit Abschätzungen über:
  § Tragfähigkeit (Sicherheit gegen Grundbruch),
  § Setzungen und Schiefstellungen und ihre Verträglichkeit mit der Konstruktion.

6 Bauwerksgründungen

Unverdichtete Schüttungen ohne Zusatzmaßnahmen scheiden i.d.R. als Gründungsboden aus. Verdichtete Schüttungen können dagegen unter der Voraussetzung der mitteldichten Lagerung (nicht bindige Böden) oder einer Verdichtung von 100 % der einfachen Proctordichte (bindige Böden) nach den Tabellenwerten der DIN 1054 belastet werden. Bei Schüttungen oder Auffüllungen liegt i.d.R. kein Tragfähigkeitsproblem (Grundbruch) vor. Das größere Problem liegt in der richtigen Abschätzung der Setzungen und Setzungsunterschiede und ihre zeit- und lastabhängige Entwicklung sowie die darauf abzustimmende Bauwerkkonstruktion und Gründungsart.

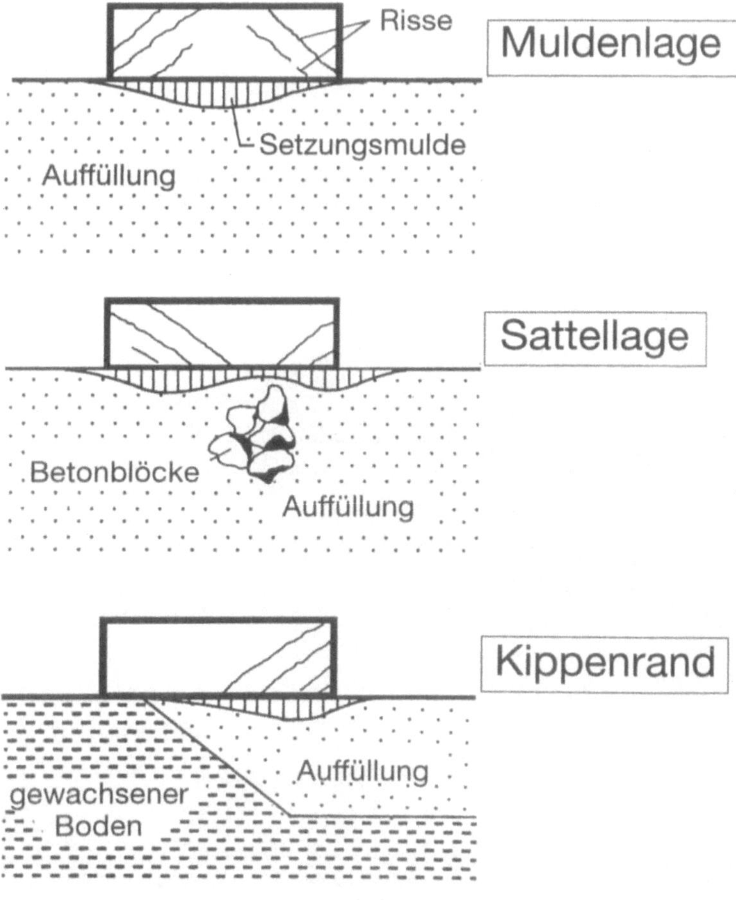

Abb. 3. Setzungen und Rißbildungen für unterschiedliche Auflagerbedingungen (König, 1984)

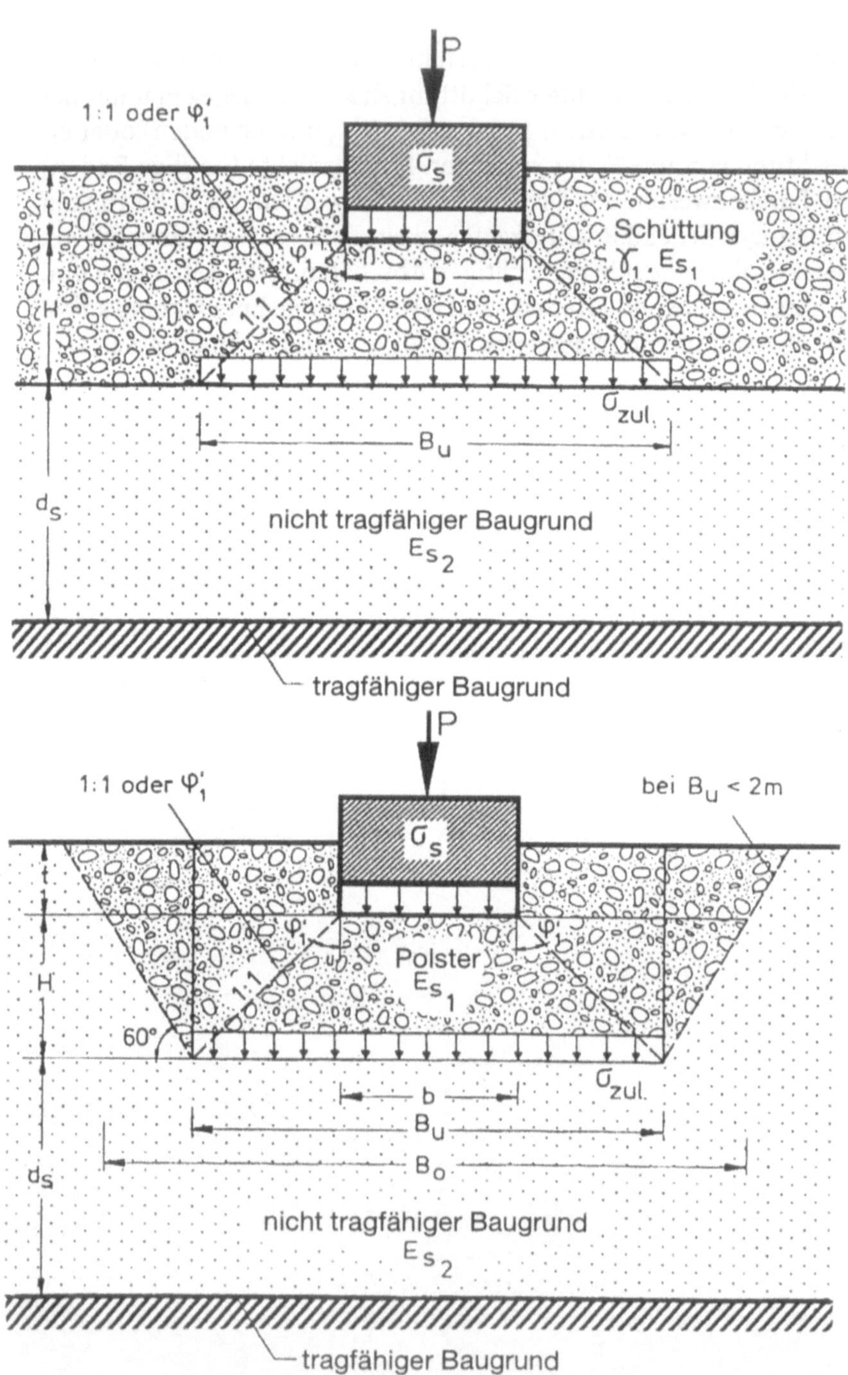

Abb. 4. Flachgründungen auf aufgefülltem Untergrund (Polstergründung)

Bei normalen Verhältnissen ergibt sich auf Kippen eine Muldenlage, bei der Überbauung von harten Einlagerungen dagegen eine Sattellage. Eine Besonderheit stellt die Überbauung eines Kippen- oder Auffüllungsrandes dar (Abb. 3).

Bei geringmächtigen Auffüllungen und tragfähigem Baugrund unterhalb der Schüttung ist eine Pfahlgründung oder Durchgründung mit Magerbetonscheiben möglich. Bei der Bemessung der Pfähle ist eine mögliche negative Mantelreibung infolge Eigensetzung oder Last-Setzung der Schüttung zu berücksichtigen.

Eine normale Flachgründung (Polstergründung) auf nur oberflächennah behandelten Aufschüttungen zeigt Abbildung 4.

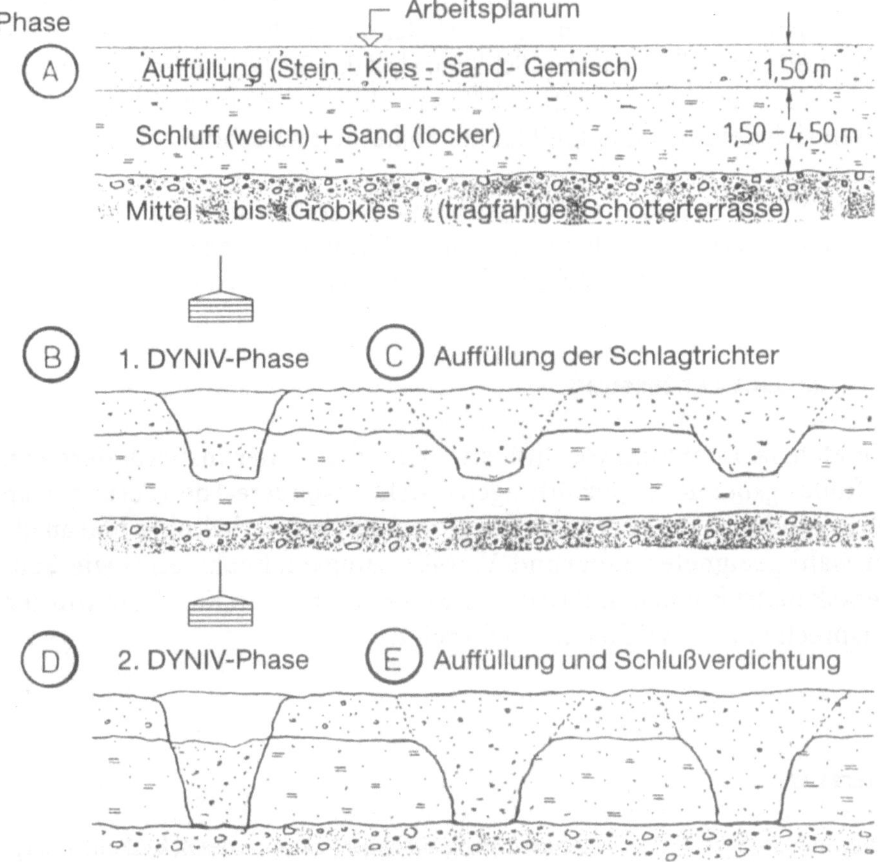

Abb. 5. Verfahren der „Dynamischen Intensivverdichtung“ (System DYNIV)

Weitere Möglichkeiten stellen Baugrundverbesserungen dar, z.B. mittels:

- Tiefenrüttelverfahren (Rütteldruck- oder Stopfpfahlverdichtung),
- Dynamischer Tiefenverdichtung (Fallplattenverdichtung) (Abb. 5).

Als Ergänzung von oder als Ersatz für Bodenverbesserungsmaßnahmen können in Analogie zur Bergschadenssicherung aufgeführt werden:

- steifes Bauwerk oder Vollsicherung, d.h. Bemessung der Konstruktion für alle möglichen Freilagen,
- schlaffes Bauwerk, das sich weitgehend rißfrei den Verformungen des Untergrunds anpaßt.

Vollsicherungen sind technisch sehr aufwendig und i.d.R. nur für kleine Bauwerksabmessungen wirtschaftlich anwendbar. Aufgelockerte oder weitgespannte Konstruktionen, z.B. Hallenbauten, können normalerweise nicht steif ausgebildet werden. Schäden sind durch Nachstellmöglichkeiten und bevorzugt einfache statische Konstruktionen zu vermeiden. Risiken lassen sich dennoch nicht mit letzter Sicherheit ausschließen.

Für die Muldenlage liegt die kritische Winkelverdrehung infolge von Setzungsunterschieden bei 1 : 300, unter Einberechnung einer 1,5-fachen Sicherheit bei ca. 1 : 500. Bei Sattellage ist dieser Wert zu halbieren.

7 Zusammenfassung

Die Mehrfachnutzung von Industriegeländen – hier insbesondere von Auffüllungsbereichen, Schüttungen – stellt besondere Anforderungen an die Erkundung und Bewertung der geotechnischen Verhältnisse und an die Auswahl geeigneter Baugrund-Verbesserungsmaßnahmen sowie Bauwerkskonstruktionen und Gründungsmaßnahmen. In Kurzform wurden entsprechende Möglichkeiten aufgezeigt.

Literatur

Dorschner, E. (1995) – Der Setzungsvorgang auf Tagebaukippen des Braunkohlenbergbaues. Freiberger Forschungsheft A 334, Markscheidewesen.

Formazin, J. (1988) – Bebauung von Kippen des Braunkohlentagebaus. Bauplanung – Bautechnik, 42, S. 483 – 486.

Genske, D., Noll, H.-P., Olk, Chr. (1995) – Montanstandorte im Wandel -Konzepte und Beispiele zur Wiedernutzbarmachung. Taschenbuch Brachflächenrecycling 1995, S. 75 – 105.
König, G. (1984) – Bebaubarkeit von aufgeschütteten Böden und Mülldeponien. Seminar Techn. Akademie Esslingen.
Lange, S. (1969) – Das Tragfähigkeitsverhalten von Kippeninnenflächen. Braunkohle, Wärme und Energie, Heft 10, S. 27 – 32.
Lange, S. et al. (1979) – Uncompacted Fills and Dumps and a Corresponding Soil Model. Proc. 7th Europ. Conf. on Soil Mechanics an Foundation Engineering, England, Vol. 4, S. 228 – 229.
Nehring, H. (1971) – Auswirkungen von Kippensetzungsbetrachtungen. Mitteilungen aus dem Markscheidewesen, S. 273 – 287.
Sparmann, H. (1988) – Bauwerke auf Kippen. Bauplanung – Bautechnik.

III Baureifmachung

Baureifmachung – Wesentliche Arbeitsschritte

Michael Blesken

1 Einführung

Obwohl der Begriff der „Baureifmachung" untrennbar mit der Reaktivierung von Brachflächen verbunden ist, wird vielfach übersehen, daß der Gesetzgeber an diese erheblich umfangreichere Anforderungen richtet, als nur einen ausreichend tragfähigen Baugrund zu erstellen. Die Definition für den *baureifen* Zustand einer Fläche ergibt sich aus der Ermächtigung des § 199 des Baugesetzbuches, Vorschriften über Verkehrswerte zu erlassen, und damit aus der Wertermittlungsverordnung (Weiterermittlungsverordnung – Wert V, 1988). In § 4 wird dort – sofern man von Flächen der Land- bzw. Forstwirtschaft absieht – folgende Unterscheidung getroffen:

- *Bauerwartungsland* sind Flächen, die nach ihrer Eigenschaft, ihrer sonstigen Beschaffenheit und ihrer Lage eine bauliche Nutzung in absehbarer Zeit tatsächlich erwarten lassen ...
- *Rohbauland* sind Flächen, die nach den Paragraphen 30, 33 und 34 des Baugesetzbuches für eine bauliche Nutzung bestimmt sind, deren Erschließung aber noch nicht gesichert ist ...
- *Baureifes Land* sind Flächen, die nach öffentlich-rechtlichen Vorschriften baulich nutzbar sind.

Dies bedeutet, daß – sofern nicht andere Instrumentarien des Planungsrechts greifen – ein bestandskräftiger Bebauungsplan und die Erschließung bestehend aus Verkehrsanlagen sowie Ver- und Entsorgungseinrichtungen vorhanden sein müssen. Als weiteres Zustandsmerkmal werden in § 5 für die Beschaffenheit der Fläche die Bodengüte, die Eignung als Baugrund sowie die Belastung mit Ablagerungen angeführt. Auch aus der Anforderung des § 1 des Baugesetzbuches, ergibt sich, daß in der Bauleitplanung die allgemeinen Anforderungen an gesunde Wohn- und Arbeitsverhältnisse und die Sicherheit der Wohn- und Arbeitsbevölkerung zu berücksichtigen sind. Durch konkrete Vorgaben (Rd. Erl.d. MSV / BM Bau / MURL, 1992) ist sichergestellt, daß Bodenbelastungen – soweit erforderlich – vor Durchführung der Baumaßnahmen saniert werden.

2 Baureifmachung früher und heute

Der Wandel im Umgang mit der Baureifmachung von Brachflächen wird im folgenden beispielhaft anhand des Grundstücksfonds erläutert, den das Land Nordrhein-Westfalen im Jahre 1980 als zentrales Instrument zur Reaktivierung von Zechen-, Industrie- und Verkehrsbrachen eingerichtet hat. Dieser Grundstücksfonds wird von der Landesentwicklungsgesellschaft Nordrhein-Westfalen treuhänderisch bewirtschaftet (MSWV, 1987). Wie die dort geforderte Baureifmachung im einzelnen auszusehen hat, wird nicht näher ausgeführt. Aus der Zielsetzung, die Flächen nach Freilegung und Baureifmachung für private und öffentliche Investitionsmaßnahmen zu verwenden, lassen sich jedoch Sinn und Zweck dieser Vorgabe ableiten.

Zu Beginn der achtziger Jahre zeichnete sich die Baureifmachung dadurch aus, daß nach Aussonderung schadstoffbelasteter Bereiche die aus dem Abbruch stammenden gebrochenen Baumaterialien unter Beimischung anstehender Böden so wieder eingebaut wurden, daß durch lagenweises Einbringen und Verdichten ein standsicherer Baugrund entstand, der hinsichtlich der Tragfähigkeit einem Gelände mit gewachsenem und ungestörtem Baugrund entsprach (MSWV, 1988). Vielfach wurde die Baureifmachung, um zeitliche Verzögerungen bei der Wiedernutzung zu vermeiden, durchgeführt, ohne daß die städtebauliche Planung abgeschlossen war bzw. mit der Erschließung des Geländes begonnen werden konnte. Da zu diesem frühen Zeitpunkt Investoren und deren konkrete Ziele noch nicht bekannt waren, mußten recht hohe Anforderungen an die Intensität der Baureifmachung und damit die Kosten gestellt werden. Seinerzeit ging man davon aus, daß eine Vermarktung der Grundstücke nur dann möglich war, wenn eine vollständige Aufbereitung im beschriebenen Sinne durchgeführt wurde.

Gegen Ende der achtziger Jahre setzte sich zunehmend die Einsicht durch, daß die Ausrichtung der Baureifmachungsarbeiten auf konkrete Nutzungs- und Erschließungsanforderungen weitaus wirtschaftlicher darzustellen ist (MSWV, 1988). Da erhebliche Kosten- und Zeiteinsparungen zu erwarten waren, wenn die Baureifmachungsarbeiten auf die Erschließung abgestimmt werden, sind die Grundstücksfonds-Richtlinien im Oktober 1987 dahingehend geändert worden, daß diese im Auftrag des Landes bzw. der Gemeinde unter bestimmten Voraussetzungen ebenfalls durchgeführt werden kann.

Der Wandel, der bei der Projektentwicklung innerhalb der Jahrzehnte deutlich wurde, hat ein Ende bislang nicht gefunden. Dies liegt zum einen daran, daß sich Gesetze und technische Vorschriften fortlaufend ändern, zum anderen bleibt deutlich festzustellen, daß es das ideale Projekt mit idealen Arbeitsschritten in der Praxis nicht geben kann. Nur die ständige Abstimmung zwischen den unterschiedlichen Anforderungen an die Baureifmachung kann nach heutiger Auffassung den Besonderheiten des Einzelfalles Rechnung tragen. Daraus ergibt sich zwangsläufig, daß ausschließlich das Zusammenspiel der beteiligten Fachdisziplinen sowohl zeitliche als auch finanzielle Vorgaben erfüllen kann.

3 Wesentliche Arbeitsschritte

Die Ansprüche an die neue Nutzung sind bei genauerer Betrachtung ebenso vielfältig wie die Brachflächen selbst mit all ihren Schattenseiten hinsichtlich ihrer Beschaffenheit. Obgleich ein idealer Ablauf in der Praxis nur selten eingehalten werden kann, wird im folgenden der Versuch unternommen, einen solchen vorzustellen. So soll auch Abbildung 1 nicht im Sinne eines schematischen Abhakens verstanden werden, vielmehr ist es außerordentlich wichtig, diese als Merkposten dahingehend zu begreifen, welche Inhalte in den jeweiligen Arbeitsschritten vorgegeben, abgearbeitet oder aber neu formuliert werden müssen.

Im Zusammenspiel zwischen städtebaulicher Planung, Abbruch bzw. Entfundamentierung, Altlastensanierung und Erschließung treten die einzelnen Leistungsphasen in der Gesamtbetrachtung deutlich in den Hintergrund. Dies bedeutet allerdings nicht, daß diese innerhalb der beteiligten Disziplinen vernachlässigt werden dürfen.

Der wesentliche Unterschied zwischen der Wiedernutzbarmachung von Industriebrachen und der Standortentwicklung im Freiraum liegt vor allem in den zunächst unbekannten Untergrund- und Aufbauverhältnissen. Insofern wird verständlich, daß sich die nachfolgenden Ausführungen auf die Arbeitsbereiche *Abbruch* und *Altlastensanierung* konzentrieren.

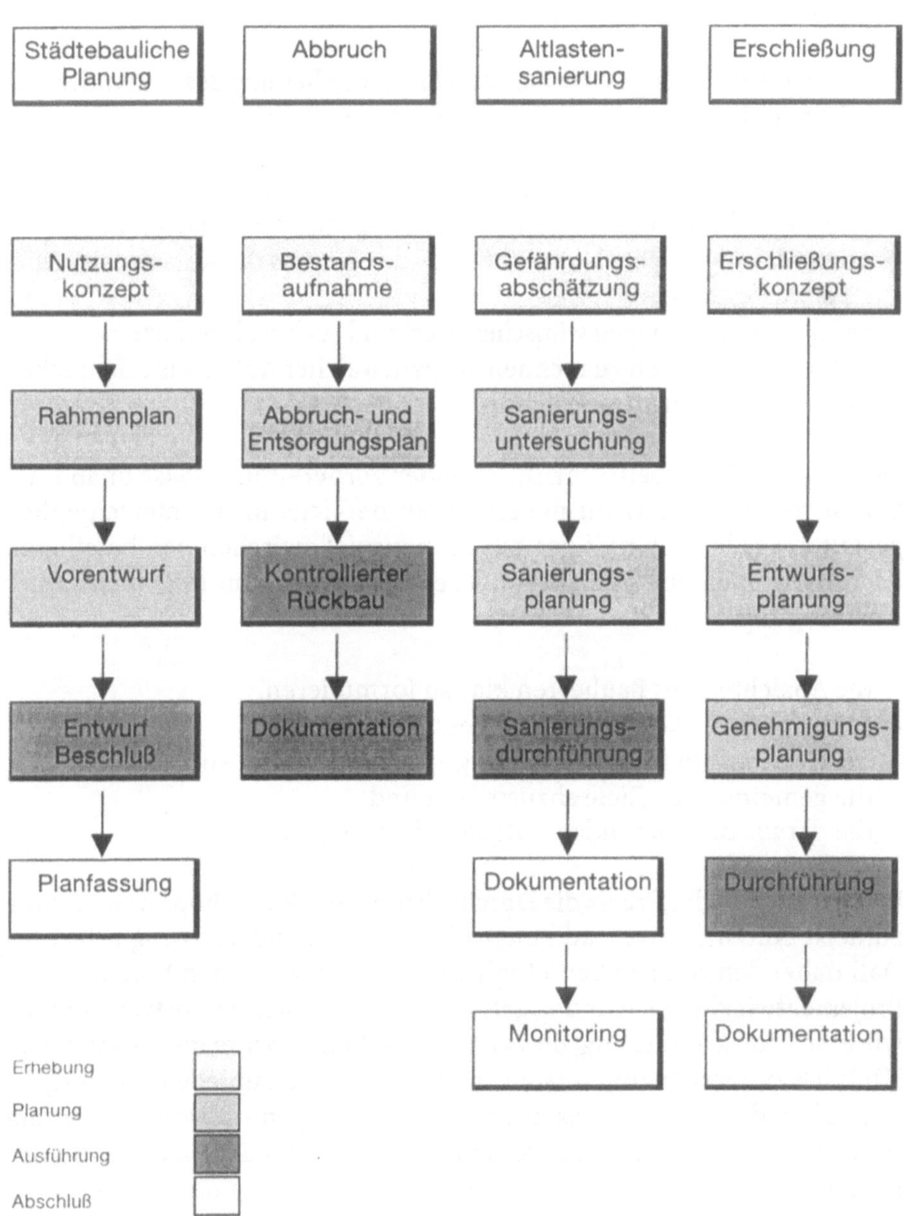

Abb. 1. Wesentliche Arbeitsschritt bei der Baureifmachung

3.1 Vorbereitung

Grundlage für die Projektvorbereitung ist die Erhebung des Bestandes und des Entwicklungspotentials. Zu klären ist vor allem,

- welche baulichen Möglichkeiten der Standort bietet,
- inwieweit die vorhandene Infrastruktur genutzt werden kann,
- ob für die angedachte Nutzung Gefährdungen aus der Altlastensituation zu erwarten sind,
- welche Nachnutzungen wünschenswert und auch realisierbar erscheinen,
- mit welchen Kosten zu rechnen ist, bzw. welcher Anteil aus öffentlichen Mitteln finanziert werden kann.

Der wesentliche Arbeitsschritt, der in der Vorbereitungsphase unabdingbar ist, kann und darf für die einzelnen Bereiche nicht unterschiedlich gestaltet werden. Hier ist das Zusammenspiel zwischen den beteiligten Fachdisziplinen von ganz besonderer Bedeutung, um in gemeinsamer Anstrengung

- die Absichten des Bauherren klar zu formulieren,
- Probleme zu erkennen und eindeutig zu umreißen,
- die Grundlagen für deren Lösung zusammenzutragen,
- die gemeinsamen Ziele abzustecken und
- die daraus resultierenden Aufgaben festzulegen.

Hier hat sich in der Praxis die Durchführung von Workshops bewährt, die zumeist eine intensive und konstruktive Auseinandersetzung erlauben. Daß dabei den finanziellen Möglichkeiten und zeitlichen Vorgaben der Projektentwicklung Rechnung getragen wird, ist ebenso selbstverständlich wie eine Projektsteuerung, die sämtliche Arbeitsschritte insbesondere im Hinblick auf Fristen und Kosten laufend begleitet. Für jede Fachdisziplin gilt daher, daß Abweichungen und Veränderungen im weiteren Verlauf unmittelbar weitergegeben werden. Nur so ist gewährleistet, daß nach gemeinsamer Abstimmung und erneuter Festlegung der Projekterfolg nicht gefährdet wird.

3.2 Erhebung

Im Zuge der städtebaulichen Planung ist vor allem zunächst ein – in diesem Arbeitsschritt naturgemäß noch recht grobes – Nutzungskonzept aufzustellen, das den jeweiligen regionalen Anforderungen und Möglichkeiten Rechnung trägt. Daraus ergibt sich zwangsläufig, daß ebenfalls ein erstes Konzept für die Erschließung vorliegen muß. Desweiteren ist regelmäßig die Frage zu klären, ob aus wirtschaftlichen bzw. denkmalpflegerischen Gründen vorhandene Bausubstanz zu erhalten ist.

Parallel dazu wird als wesentliche Grundlage für die Ausschreibung und Vergabe der Abbruchmaßnahmen eine Massenaufstellung erarbeitet. Für den weiteren Ablauf hat es sich – vor allem bei häufigem Wechsel der Nutzung – als hilfreich erwiesen, besonderes Augenmerk auf die Erstellung eines Fundamentplanes zu legen.

Wie die Erfahrung zeigt, ist jede zur Umnutzung anstehende Industriebrache als Altlastenverdachtsfläche zu behandeln. Insofern ist die Durchführung einer Gefährdungsabschätzung, die sich nicht auf die gesetzlichen Vorgaben (LAbfG 1988) im Sinne einer Gefahrenabwehr beschränken kann, unverzichtbar. Vielmehr ist auch zu berücksichtigen, wo und in welchem Umfang die Folgenutzung beeinträchtigt werden kann bzw. bei Aushubmaßnahmen Entsorgungsprobleme auftauchen können. Nicht nur für die Planung der Abbrucharbeiten hat es sich als sehr hilfreich erwiesen, die Proben- und Parameterauswahl für die chemische Analyse schon zu diesem frühen Zeitpunkt auf mögliche Entsorgungswege abzustellen. Weiterhin sollten die Untersuchungen erste Aussagen über die Beschaffenheit des Baugrundes erlauben.

Von ganz besonderer Bedeutung ist die Frage, ob die städtebauliche Situation – dies gilt vor allem für kleinere Flächen – nur eine bestimmte Nutzung zuläßt und damit im weiteren Verlauf die Altlastensanierung ganz erheblich beeinflußt. Sofern jedoch dort Spielräume zur Verfügung stehen, kann das Ergebnis der Gefährdungsabschätzung zu einer geänderten Planung führen. Dabei wird der Umstand genutzt, daß bei weniger sensiblen Nutzungen die durchzuführenden Sanierungsmaßnahmen in ihrem Aufwand zurückgenommen werden können.

3.3 Planung

Im weiteren Verlauf sind zunächst die Abbruch- und – falls notwendig – Entsorgungsmaßnahmen auf Grundlage der Ergebnisse der Gefährdungsabschätzung und der Untersuchung der Gebäudesubstanz zu konzipieren. Wichtig ist hier vor allem, eine geordnete Entsorgung, zumindest aber eine genehmigungsfähige Zwischenlagerung sicherzustellen (Blesken, 1995). Sofern die Ergebnisse der Gefährdungsabschätzung dem nicht entgegenstehen, umfassen die Abbrucharbeiten ebenfalls die Entfundamentierung vor allem der Bereiche, die bei der geplanten Nutzung in Anspruch genommen werden. Mit der Ausschreibung und Vergabe der durchzuführenden Leistungen wird die Planungsphase für das Arbeitsfeld Abbruch abgeschlossen.

Sofern die Altlastensituation einen Eingriff in den Untergrund nicht ohne weiteres zuläßt, ist im Zuge der Sanierungsuntersuchung und -planung zu klären, inwieweit ein Aushub und damit auch die Aufnahme von Fundamenten ohnehin unumgänglich sind. In diesem Fall sind die Abbruchmaßnahmen unter Flur hinsichtlich Ausschreibung und Vergabe gemeinsam mit der Altlastensanierung zu behandeln. Können die Gefährdungen durch Sicherungsmaßnahmen wirksam unterbunden werden, wird vor allem bei größeren Brachflächen die Möglichkeit genutzt, durch eine Aufhöhung des Geländes weitere Eingriffe in den Untergrund zu vermeiden. Dabei sind vor allem auch Erschließungs- und städtebauliche Planung weiter zu konkretisieren und entsprechend zu gestalten.

3.4 Ausführung

Vor Beginn der Ausführungsphase muß für alle beteiligten Fachdisziplinen so eindeutig wie möglich festgelegt sein, welche Maßnahmen – gemessen an den Zielen der Vorbereitungs- und Planungsphase – in welcher Form durchgeführt werden müssen.

Sieht man in diesem Zusammenhang von möglichen Sofortmaßnahmen ab, die aufgrund der Altlastensituation erforderlich werden können, beginnt die Ausführung mit dem Abbruch und – falls möglich bzw. notwendig – der Entfundamentierung. Der Ablauf wird im wesentlichen bestimmt durch Anforderungen des Arbeits- und Umgebungsschutzes sowie abfallrechtliche Vorgaben. Dementsprechend wird das nach Separation gewonnene Recycling-Material überwiegend auf dem Standort für Straßen- oder sonstige Bauvorhaben verwertet. Darauf folgt in aller Regel die Sanierung von Bodenbelastungen. Im Einzelfall – dies ist jedoch abhängig von den zeitlichen Vorgaben sowie Art und Umfang der Belastungen – hat es sich als sehr hilfreich erwiesen, wenn der Aushub belasteter Böden in den Abbruch integriert wird. Generell wird dabei unterstellt, daß nicht nur jene Kontaminationen berücksichtigt werden, die aus Gründen der Gefahrenabwehr und dem Vorsorgeprinzip folgend in Angriff zu nehmen sind. Vielmehr ist sicherzustellen, daß auch die Bereiche abgearbeitet werden, in denen bei abzusehenden Aushubmaßnahmen unter abfallrechtlichen Gesichtspunkten eine gesonderte Entsorgung notwendig wird.

Vor allem bei notwendigen Abweichungen von den gesetzten Vorgaben innerhalb der Durchführung der Sanierungsmaßnahme ist es unumgänglich, nach vorheriger Abstimmung sowohl städtebauliche als auch Erschließungsplanung zu überprüfen und den geänderten Vorgaben anzupassen. In solchen Fällen ist der Bebauungsplanentwurf im zeitlichen Ablauf zu verschieben, um z.B. notwendige Festsetzungen wie den Verzicht auf Kellergeschosse treffen zu können und auch der Kennzeichnungspflicht zu genügen.

Im weiteren Verlauf ist auch nach Abschluß der Sanierungsmaßnahmen sicherzustellen, daß belastete Böden, die möglicherweise im Zuge der nachfolgenden Erschließungsarbeiten bzw. Bauvorhaben anfallen, ordnungsgemäß entsorgt bzw. zwischengelagert werden können.

3.5 Abschluß

Die Abschlußphase beschränkt sich für die jeweiligen Arbeitsschritte in aller Regel auf eine Dokumentation der durchgeführten Arbeiten, obgleich diese im Zuge der städtebaulichen Planung in dieser Form nicht erforderlich ist, da lediglich noch die Planungsfassung vorgenommen werden muß. Eine Ausnahme bildet hier die Altlastensanierung, da je nach Erfordernis eine Nachsorge vor allem in Bezug auf das Grundwasser folgen kann und muß.

In der Gesamtschau ist es außerordentlich wichtig, daß die Dokumentation jeweils eine Kostenfeststellung enthält und insofern eine Auswertung hinsichtlich eventueller Abweichungen von den Vorgaben vorgenommen werden kann. Nicht zuletzt vor dem Hintergrund, daß vergleichbare Projekte folgen können, ist darüber hinaus eine generelle Analyse und Dokumentation der Arbeitsschritte sinnvoll, damit die gewonnenen Erfahrungen auch in späteren Zeiten verfügbar sind.

Um die nunmehr baureife Fläche einer neuen Nutzung zuführen zu können, ist die Entwicklung vertraglicher Vorgaben vor allem hinsichtlich der Gewährleistung für Baugrundeignung und Altlastensituation unabdingbar. Da ein Erwerber in aller Regel nicht bereit sein wird, entsprechende Risiken zu übernehmen, empfiehlt es sich hier, eine zeitlich befristete Vereinbarung zu treffen, die an die tatsächliche Durchführung der Baumaßnahme in diesem Zeitraum geknüpft ist. Damit kann für beide Vertragsparteien das Risiko überschaubar gestaltet werden.

Eine Sonderstellung nimmt in diesem Zusammenhang in aller Regel die Frage ein, wer für etwaige Grundwasserverunreinigungen haftbar bleibt. Sofern eine bereits begonnene Sanierung noch abzuschließen ist, wird diese Verantwortung in der Regel der Verkäufer tragen. Nicht immer geklärt ist jedoch die Frage, wie mit möglicherweise nachträglich eintretenden Grundwasserbelastungen umzugehen ist. Sofern die Maßnahmen ausschließlich oder zu überwiegenden Teilen aus öffentlichen Mitteln finanziert wurden, kann dieses Risiko grundsätzlich der Kommune als Nutznießerin der Baureifmachung angelastet werden.

4 Baureifmachung in der Praxis

Wie bereits deutlich wurde, läßt sich ein idealer Ablauf innerhalb der Projektentwicklung bei der Baureifmachung nur selten erreichen. Im folgenden werden einige wichtige Einflußfaktoren vorgestellt, denen in der Praxis erfolgreich begegnet werden konnte:

Ein Grund, der in der Praxis am häufigsten zu Abweichungen führt, sind *enge zeitliche Vorgaben*. In solchen Fällen hat es sich bewährt, zum einen die Altlastensanierung – sofern es sich um Aushubmaßnahmen handelt – in die Abbruchvorhaben zu integrieren. Zum anderen erfordert dieser flexible Ablauf die frühzeitige und kontinuierliche Einbeziehung der Fach- und Ordnungsbehörden, um den gesetzlichen Vorgaben hinsichtlich des Sanierungsplanes gerecht zu werden. Diese Ziel kann dadurch erreicht werden, daß die durchzuführenden bzw. abgearbeiteten Maßnahmen im Rahmen von Behördenrunden vereinbart und in Form eines gemeinsam getragenen Protokolles verbindlich festgelegt werden (Blesken, 1996). Dies bedeutet allerdings auch, daß ein höherer Abstimmungs- und Koordinationsaufwand zu leisten ist.

Auf Brachflächen mit *groben Anschüttungen und geringen Bodenbelastungen* kann auf eine Baureifmachung, wie sie in Kapitel 2 beschrieben wurde, verzichtet werden, wenn sowohl für die Erschließungsmaßnahmen als auch die späteren Bauvorhaben vertraglich gesichert ist, zu wessen Lasten die zusätzlich notwendigen Arbeiten durchgeführt werden. Diese bestehen in aller Regel in der Separierung von nicht einbaufähigem sowie dem Brechen von verwertbarem Material. Insofern wird eine Bodenaufbereitung nur dort durchgeführt, wo sie aus bautechnischer Sicht erforderlich ist. Alternativ ist in solchen Fällen zu prüfen, ob durch andere Verfahren eine ausreichende Verdichtung des Untergrundes erreicht werden kann.

Auf Altstandorten mit *diffusen Bodenbelastungen*, die ein Eingreifen aus Gründen der Gefahrenabwehr nicht erforderlich machen, ist vor allem zu prüfen, wie ein Aushub und damit verbunden eine kostenträchtige Entsorgung bzw. Verwertung vermieden bzw. minimiert werden kann. Dies kann jedoch nur dann zum Erfolg führen, wenn sowohl die Größe der Fläche als auch die Höhenabwicklung eine den technischen Vorgaben entsprechende Erschließung erlauben. Auch hier ist zu untersuchen, inwieweit die spätere Bebauung den Baugrundverhältnissen angepaßt werden kann oder aber Verbesserungsmaßnahmen erforderlich werden. In solchen Fällen kann sich die Entsorgung belasteter Böden auf die Mengen beschränken, die bei der Ver- und Entsorgung des Geländes anfallen.

Auch wenn sich innerhalb der einzelnen Arbeitschritte Abweichungen bzw. im Zusammenspiel Verschiebungen – wie in diesen Beispielen deutlich wurde – zwangsläufig ergeben müssen, so sind die damit verbundenen Fragestellungen dennoch jeweils zu berücksichtigen und Lösungsmöglichkeiten sicherzustellen. Die grundsätzlichen und wesentlichen Anforderungen an die Baureifmachung – nämlich die Baugrundeignung, der Ausschluß von Gefährdungen durch Bodenbelastungen, die planungsrechtliche Bebauungsmöglichkeit sowie eine vorhandene Erschließung – bleiben davon unberührt, denn nur damit kann eine ehemalige Brachfläche in einen baureifen Zustand gebracht und damit für eine neue Nutzung geöffnet werden.

Literatur

Blesken, M.: Vergabe von Separierungs- und Entsorgungsleistungen im Zuge von Abbruchmaßnahmen. In: Borries, H.-W. (Hrsg.): Problemkreis Altlasten: Von der Ausschreibung bis zur Folgenutzung. Springer, 1995.

Blesken, M.: Wegberg-Wildenrath – Nutzungsansprüche und Altlastensanierung auf einem ehemaligen Militärstandort. In: R. Kompa & B. Schreiber, K.-H. Fehlau (Hrsg.): Forum Umweltschutz '95 – Altlasten und kontaminierte Böden. TÜV Rheinland, 1996 (in Vorb.).

(LAbfG – Landesabfallgesetz) Abfallgesetz für das Land Nordrhein-Westfalen vom 21. Juni 1988, zuletzt geändert durch Gesetz vom 7. Februar 1995 GV. NW. S. 134 – SGV. NW. 74.

(MSWV) Rd. Erl. d. Ministers für Stadtentwicklung, Wohnen und Verkehr v. 29.10.1987 – ICI-80/81.00 – 803/87: Richtlinien für Ankauf, Freilegung, Baureifmachung und Wiederveräußerung von Gewerbe-, Industrie- und Verkehrsbrachen im Rahmen des „Grundstücksfonds Nordrhein-Westfalen" und des „Grundstücksfonds Ruhr".

(MSWV) Minister für Stadtentwicklung, Wohnen und Verkehr des Landes Nordrhein-Westfalen (Hrsg.): Rechenschaftsbericht zum Grundstücksfonds Ruhr und zum Grundstücksfonds Nordrhein-Westfalen, Stand: 31.12.1988.

(Rd. Erl. d. MSV / BM Bau / MURL) Berücksichtigung von Flächen mit Bodenbelastungen, insbesondere Altlasten, bei der Bauleitplanung und im Baugenehmigungsverfahren. Gem. Rd.Erl. d. Ministeriums für Stadtentwicklung und Verkehr – I A 3 – 17.48-04 -, d. Ministeriums für Bauen und Wohnen – II A 1/2 – 867.41 – u. d. Ministeriums für Umwelt, Raumordnung und Landwirtschaft – IV A 4 – 584.10 – vom 15.05.1992.

(Wertermittlungsverordnung – Wert V). Verordnung über Grundsätze für die Ermittlung der Verkehrswerte von Grundstücken BGBl. I S. 2209, 6.12.1988.

Entwicklung von Nutzungs- und Gestaltungskonzepten zur Reaktivierung von Industrie- und Gewerbebrachen

Franz Pesch

1 Reaktivierung heißt Stadtentwicklung

Industrie- und Gewerbebrachen sind Ergebnis und sichtbarer Ausdruck des städtischen Strukturwandels. Die europäische Industriestadt gehört schon heute der Vergangenheit an. Selbst in Ruhrgebietsstädten wie Dortmund hat die Zahl der Arbeitsplätze im Dienstleistungssektor die im produzierenden Gewerbe längst hinter sich gelassen.

Die freiwerdenden Flächen bieten hundert Jahre nach Beginn der Industrialisierung erstmals wieder die Chance, aktiv Stadtentwicklung zu betreiben, Mängel im Nutzungsbild zu korrigieren, Insellagen zu beseitigen, Infrastrukturdefizite abzubauen und neue stadträumliche Qualitäten zu schaffen. Als Nutzungen kommen Wohnen, Arbeitsplätze und Freiräume in Frage. Der Ansiedlung zukunftssicherer Arbeitsplätze kommt dabei oberste Priorität zu. Es existiert insgesamt ein breites Spektrum an Nutzungsmöglichkeiten, das je nach Standortgunst und städtebaulicher Einbindung unterschiedlich ausgeprägt ist.

Diese Ansätze sind verbunden mit der Überlegung, die Funktionstrennung zu überwinden, die jahrzehntelang die Stadtentwicklung bestimmt hat. Aus diesem Grund stehen neben der Umwandlung ehemaliger Industrieflächen in Wohngebiete, Gewerbe- oder Grünflächen auch Konzepte zur integrierten Stadtteilentwicklung.

Auf dem Gelände der Zeche Prosper III in Bottrop z. B. werden im Rahmen der Internationalen Bauausstellung Emscher Park 430 Wohnungen gebaut, 6 Hektar Gewerbefläche für Handwerksbetriebe entwickelt und Fachmärkte und Büros angesiedelt. Im Zentrum des neuen Quartiers entsteht ein Stadtteilpark.

2 Berücksichtigung ökologischer Kriterien

Das Recycling von Industrie- und Gewerbebrachen beugt der Zersiedlung vor und bedeutet aktiven Landschaftsschutz. So kann der weiteren Auflösung der Siedlungsstrukturen vorgebeugt werden. Doch geht es nicht nur darum, die Siedlungstätigkeit von der Peripherie auf die Innenstadtrandlagen umzulenken. Es geht auch darum, bei der Wiedernutzung ökologische Prinzipien des Planen und Bauens anzuwenden. Damit können die neuen Quartiere zum Modellfall zukunftsorientierter Stadtentwicklung werden; mit geringem Erschließungsanteil, geringem Versiegelungsgrad, Regenwasserversickerung und ressourcenschonender Technologie, wie Solarenergienutzung oder dezentraler Energieversorgung mit Kraft-Wärme-Kopplung.

Die Reaktivierung von Brachen sollte grundsätzlich ökologischen Kriterien folgen, auch wenn die Anwendung dieser Kriterien aufgrund der besonderen Umstände relativiert werden muß. Denn gewisse Standards sind hier nicht möglich: So kann etwa Regenwasserversickerung nur auf nicht kontaminierten Böden durchgeführt werden. Oft ist sogar eine Versiegelung des Bodens unerläßlich, z. B. um dem Eintrag von Kontaminationen ins Grundwasser vorzubeugen.

3 Nachnutzung als Problem

Nachdem die Technologieparks der ersten Stunde wie zum Beispiel im Dortmunder Universitätsumland erfolgreich vermarktet worden waren, versuchten viele Kommunen und Entwickler, diese Erfolgsgeschichte mit einem ähnlichen Nutzungsprofil fortzuschreiben. Das ist in den seltensten Fällen gelungen. Trotz eines sich rapide vollziehenden Strukturwandels bleibt der Gewerbeflächenbedarf weit hinter den Erwartungen zurück. Selbst bisher als krisensicher geltende Regionen verzeichnen heute Büroflächen-Überangebote, wie z. B. der Raum Stuttgart (rd. 300.000 qm). Und so hervorragende Standorte wie der Kölner Mediapark haben Schwierigkeiten, Nachfrager für die angebotenen Flächen zu finden. Die Ableitung eines tragfähigen Nutzungsprofils rückt deshalb immer stärker ins Zentrum der Betrachtung. Folgende Kriterien sollten dabei berücksichtigt werden:

- Gewerbliche Nachfrager sind rar. Sie können zwischen verschiedenen Standorten wählen. Viele Kommunen geraten deshalb unter Druck, wenn sie ihre ökologischen Qualitätsziele durchhalten wollen. Mit dem Argument, Arbeitsplätze in der strukturschwachen Region aufzubauen, versuchen zunehmend auch internationale Developer, großflächigen Einzelhandel auf altindustriellen Standorten zu plazieren. Dies mag im Einzelfall eine akzeptable Entwicklung sein, kann jedoch als genereller Lösungsansatz nicht funktionieren. Die Monostrukturen des Bergbaus und der Stahlindustrie durch großflächigen Einzelhandel oder Großverwaltungen zu ersetzen, hieße, die gerade ausgelaufenen Monostrukturen durch neue zu ersetzen, mit allen inzwischen bekannten Folgeproblemen. Zu fördern ist hingegen kleinteiliges, ortsteilbezogenes Gewerbe, das sich ohne Schwierigkeiten auch in die soziale Struktur des Stadtteils einfügt.

- Erfahrungsgemäß kommt der größte Teil der sich ansiedelnden Betriebe aus der Region. Die Formulierung eines Nutzungskonzepts auf Grundlage eines abstrakten Zielkatalogs geht deshalb in den meisten Fällen an den Realitäten vorbei. Der abstrakten Entwicklung von Standortprofilen sind konkrete Untersuchungen der regionalen Nachfrage vorzuziehen.
- Vor Erarbeitung eines Nutzungskonzepts muß die Lagequalität des Standorts genau analysiert werden. Innenstadtnahe Areale bieten ganz andere Handlungsspielräume als Standorte an der Peripherie. An städtebaulich integrierten Grundstücken bietet es sich an, die jeweilige Besonderheit des Standorts zu einem eigenständigen Profil zu entwickeln. In der Regel begegnet man den Standortnachteilen der Peripherie mit weitgehend offenen Nutzungskonzepten, die dann allerdings ein sehr hochwertiges städtebauliches Gerüst erfordern.

4 Nutzungsmischung als Chance

Als sich die ersten großflächigen Betriebe in den altindustriellen Regionen ansiedelten, hatte der Zugang zu Rohstoffen, Energie und Infrastruktur einen höheren Geltungsrang als städtebauliche Kriterien. Das Ergebnis war eine Siedlungsstruktur, in der sich Wohn- und Arbeitsplätze oftmals sehr konflikthaft begegnen. Diese enge Nachbarschaft führte zu vielfältigen Problemen, die in der Regel zu Lasten der Wohnnutzung ausgetragen wurden.

Die Reaktivierung der Industrie- und Gewerbeflächen bietet nun die Chance, das Nutzungsgemenge neu zu sortieren und die Gemengelagenproblematik zu entschärfen. Mittel sind:

- die Herstellung gestufter Nutzungsbilder mit gemischten Bauflächen zwischen Wohnen und Gewerbe,
- das Einfügen von Grünzügen und Freiflächen zwischen unverträgliche Nutzungen.

Eine große Chance wird in der Entwicklung neuer Quartiere gesehen, in denen sich Wohnen und Arbeiten auf engem Raum begegnen. Diese qualifizierten Mischgebiete werden möglich, da sich die Rahmenbedingungen für die Arbeit in der Stadt wandeln:

- In der Industrie nimmt die Akzeptanz komplexer und kleinteiliger Organisationsformen zu.
- Die neuen Kommunikationsmedien ermöglichen Kooperationsformen, für die räumliche Distanz kein Hindernis darstellt.
- Betriebsgründungen finden mehrheitlich im Dienstleistungssektor statt. Mit der Ansiedlung gewerblicher Nutzungen sind mithin nicht mehr zwangsläufig Emissionen verbunden.
- Die Nachbarschaft von Arbeitsplätzen kann im Rahmen integrierter Gesamtkonzepte zu einem produktiven Miteinander führen. Infrastruktur und Serviceeinrichtungen, die tagsüber den Beschäftigten zur Verfügung stehen, können am Abend und an Wochenenden von den Bewohnern genutzt werden. In diesem Sinne ist eine gemischte Stadt immer auch eine synergetisch organisierte Stadt.

Diese Erkenntnis hat sich allerdings erst in vergleichsweise wenigen Beispielen niedergeschlagen, weil in der Praxis die unterschiedlichen Anforderungen der Wohn- und Gewerbenutzung an Baustruktur, Grundstück und Erschließung ein schwer überwindbares Hindernis darstellen. Um einen Ausweg aus diesem Dilemma bemüht sich die Stadt Tübingen im Französischen Viertel, indem sie die Grundstücke nicht an Entwickler vergibt, sondern an Privatinvestoren, die an der Realisierung gemischter Strukturen interessiert sind.

5 Die Nutzung der historischen Fabrik- und Zechenarchitektur

Die auf den meisten altindustriellen Standorten zurückgebliebenen Gebäude werden von Eigentümern und Entwicklern als Belastung gesehen. Auch in der Bevölkerung ist die Wertschätzung der Fördergerüste, Maschinenhäuser, Waschkauen und Produktionshallen wider Erwarten gering. Mit den Arbeitsplätzen scheint auch die kulturelle Verbundenheit mit der Industriearchitektur wie ausgelöscht. Dabei sind es letztlich die Zeugnisse der Industriellen Vergangenheit, die den neuen Quartieren auf Brachflächen ihr unverwechselbares Gesicht verleihen. Viele neue Quartiere und Gewerbeparks beziehen ihre Identität aus erhaltener Industriearchitektur. Das Arbeitsgericht im Verwaltungsgebäude des ehemaligen Gußstahlwerks in Gelsenkirchen-Ückendorf, das Öko-Zentrum NRW in der denkmalgeschützten Maschinenhalle der ehemaligen Zeche Sachsen oder das umgenutzte Werksgasthaus beim Technologiezentrum Umweltschutz in Oberhausen sind Beispiele dafür, wie erhaltene Gebäude im Dialog mit moderner Architektur zum Wahrzeichen zukunftsorientierter Gewerbestandorte werden. Manche Erhaltung und Umnutzung wurde nur durch gezielte öffentliche Förderung möglich. In Zeiten knapper öffentlicher Mittel können in der Regel keine finanziellen Beiträge der öffentlichen Hand mehr erwartet werden. So muß auch für die Umnutzung ein privatwirtschaftlich tragfähiges Konzept gefunden werden. Erschwert wird dies dadurch, daß nur die wenigsten Unternehmen bereit sind, sich in alten Industriegebäuden anzusiedeln. Als Ausweg bietet es sich an, die historische Bausubstanz für die Unterbringung von Gemeinschaftseinrichtungen und produktionsorientierten Dienstleistungen zu nutzen: Tagungsstätten, Besprechungsräume, Ausstellungsflächen und Service-Angebote.

6 Stützung der Nutzungskonzepte durch die Landschaft

Wenn früher von Industrielandschaft gesprochen wurde, so war damit eine Summe von Eindrücken gemeint, die von der Silhouette rauchender Schlote und funkensprühender Hochöfen über Industriehäfen und Bahnanlagen bis zu den Halden und Naturresten im Gleisdreieck reichte. Mit der beginnenden Industrialisierung wurden zusammenhängende Landschaftsräume überformt, segmentiert und auf wenige Reservate zurückgedrängt. Vieles davon ist heute längst Geschichte. Die Eingriffe haben eine Dimension, daß ein Wiederaufbau von Landschaft Generationen von Planern, Landschaftsgärtnern und Bauarbeitern beschäftigen wird. Vieles von dem wird sich außerhalb der für eine Reaktivierung vorgesehenen Flächen abspielen: zwischen den Siedlungsbereichen, entlang der Bachläufe, auf Halden. Doch auch wenn es darum geht, Freiflächen innerhalb der neuen Wohn-, Misch- und Gewerbegebiete auf Industriebrachen zu entwickeln, steht die Weiterentwicklung des Vorgefundenen an erster Stelle. Eine stereotype Wiederholung des klassischen Landschaftsparks bietet hier allerdings ebensowenig eine Orientierung wie die Übertragung angelsächsischer Gewerbeparktypologien.

Wer genau hinsieht, wird der geschundenen postindustriellen Landschaft manchen Reiz abgewinnen können und Chancen zu einer naturnahen, zugleich die industrielle Herkunft nicht verleugnenden Gestaltung entdecken. Nicht Harmonisierung, Beschönigung und Wiedergutmachung sind das Ziel, es würde Identität und Geschichte verwischen. Aus der geschichtlichen Realität dieser Landschaft können Mittel gewonnen werden, um ihren Charakter zu betonen und etwas eigenes zu schaffen.

Aus dieser Perspektive werden Gleisharfen, Stahlbrücken, Fundamente zu einem Ausgangspunkt für die Landschaftsgestaltung. Im Rahmen der Internationalen Bauausstellung Emscher Park sind Konzepte für einen Wiederaufbau von Landschaft entworfen worden, die mit der Geschichte des Ortes arbeiten und damit neue, unverwechselbare Landschaftsbilder schaffen. In einer Zeit, die von einer zunehmenden Konkurrenz um ansiedlungswillige Betriebe und Wohnungsbau-Investitionen geprägt ist, werden die neuen „Landschaften" zum Hoffnungsträger der städtebaulichen Entwicklung von Industriebrachen.

7 Altlasten und Nutzungskonzept

In der Regel bildet die Bodenkontamination kein Hindernis für die Entwicklung von Industrie- und Gewerbebrachen. In der vergleichsweise kurzen Geschichte des Umgangs mit Altlasten haben sich differenzierte Analyse- und Steuerungsverfahren herausgebildet, die eine qualifizierte Grundlage für die Umsetzung darstellen (vgl. Kap. 3.4 – 3.6). So ausgefeilt die Sanierungstechniken auch sein mögen, sie ändern wenig an der großen Skepsis der Bevölkerung gegenüber belasteten Flächen. Dies betrifft nicht nur die Wohnnutzung, sondern nicht selten auch die gewerbliche Folgenutzung. Bei der Erarbeitung des Nutzungskonzeptes wird deshalb auch das Belastungsdiagramm der Kontamination eine wichtige Rolle spielen. Zum einen wird man versuchen, die Sanierungskosten durch eine geeignete städtebauliche Figur und eine möglichst verträgliche Nutzungsverteilung (z. B. Erschließungsflächen über kontaminierten Böden) im Rahmen zu halten. Zum anderen kann man durch einen entsprechenden Zuschnitt der Baufelder einem Standort das Stigma des Zukunftsrisikos nehmen.

Es ist jedoch nicht so, daß sich der städtebauliche Entwurf nun ausschließlich nach der Bodenbelastung richten müßte. Da die Verteilung von Kokereistandorten oder Schlammbecken aus städtebaulicher Sicht nur selten Anknüpfungspunkte für den Entwurf bietet, sollte ein tragfähiges städtebauliches Konzept nicht an der Altlastenproblematik scheitern. Es gilt sorgfältig abzuwägen, inwieweit aus städtebaulichen Gründen eine Altlastensanierung erforderlich ist.

8 Anforderungen an städtebauliche Konzepte

Wenn es auch der naheliegende Wunsch vieler Eigentümer und Investoren ist, Industrie- und Gewerbebrachen in relativ kurzen Zeiträumen zu entwickeln, wird man sich in der Regel auf einen längerfristigen Realisierungszeitraum einstellen müssen. Bei Arealen mit einer Größe von 60 bis 100 Hektar sind 10 bis 20 Jahre wahrscheinlich nicht zu kurz gegriffen. Insbesondere im Bereich des Gewerbes wandeln sich die Arbeitsinhalte immer schneller, „hin zu weniger großformatiger Produktion, zu kleineren und intelligenteren Produkten und vielen begleitenden und selbständigen Diensten“ (Affheldt). Was die Anforderungen eines in 10 Jahren anzusiedelnden Unternehmens sein werden, ist deshalb schwer zu prognostizieren. Die städtebauliche Antwort auf diese Unsicherheit kann weder in unverrückbaren Vorgaben noch in einem völligem Offenhalten der städtebaulichen Entwicklung liegen. Gegen letzteres spricht vor allem die Erfahrung, daß ohne einen städtebaulichen Orientierungsrahmen kein hochwertiger Gewerbestandort zu entwickeln ist.

Als Basis für eine tragfähige Entwicklung ist deshalb ein robustes städtebauliches Konzept erforderlich, das die wesentlichen qualitätsbestimmenden Merkmale eines neuen Quartiers festlegt: Ortskante, wichtige Freiräume und die Haupterschliessung. Was langfristig für die Sicherung einer hohen städtebaulichen Qualität vonnöten ist, zahlt sich auch bei der Vermarktung der Flächen aus. Im Wettbewerb der Standorte gewinnt der städtebaulich integrierte Standort mit hoher Freiraumqualität und Infrastrukturnähe zunehmend an Attraktivität für Investoren.

In der Regel ist ein Gerüst aus Alleen, Grünzügen, Parks, Gewässern und Verbindungen zur Landschaft die beste Grundlage für die langfristige Entwicklung. Aus städtebaulichen Gründen ist es außerdem sinnvoll, die Straßenräume durch Baulinien zu definieren. Ein modularer Aufbau der Baufelder im Inneren des Quartiers erlaubt Addition und Ergänzung,

Nutzungsänderung und spätere Verdichtung, hält Optionen offen. Dies erscheint bei allen Nutzungstypen möglich und sinnvoll. Im gewerblichen Bereich erlaubt diese Vorgehensweise, den Wechsel von produzierenden Betrieben zu Dienstleistungsunternehmen. Im Wohnbereich sollten die Baufelder so konzipiert werden, daß Mietwohnungsbau und Eigentumsmaßnahmen ausgewechselt werden können. Bei größeren Entwicklungsmaßnahmen kann es sinnvoll sein, auch die Anteile von Wohn- und Gewerbenutzung flexibel zu halten.

9 Gestalterische Vorgaben

Die wachsenden ökonomischen und wohnungspolitischen Zwänge setzen die Kommunen zunehmend einem Realisierungsdruck aus, der die Berücksichtigung stadtgestalterischer Aspekte als zweitrangig weil unrentabel erscheinen läßt. Doch dies ist ein Trugschluß. Gerade die gestalterische Ausprägung trägt - unabhängig von Art und Lage des Grundstücks und der zukünftigen Nutzung - entscheidend zum Erfolg eines solchen Projekts bei.

So kommt in der Konkurrenz um Gewerbeansiedlungen neben den harten Faktoren wie der Verkehrsanbindung oder den finanziellen Rahmenbedingungen verstärkt den sog. „weichen" Standortfaktoren besondere Bedeutung zu. Es ist heute unabdingbar, potentiellen Investoren eine „gute Adresse" anzubieten, einen Ort mit spezifischem, unverwechselbaren Charakter, der zur identifizierenden Aneignung einlädt. Ein Gründer- oder Dienstleistungszentrum, das die oft industriegeschichtlich bedeutsame, denkmalwerte Bausubstanz eines ehemaligen Industrieareals nutzen kann und einen klangvollen Namen dazu, verfügt über einen nur schwer auszugleichenden Wettbewerbsvorteil.

Die neue Architektur sollte den Prinzipien ressourcenschonenden Bauens verpflichtet sein und eine eigenständige Lösung der jeweiligen Bauaufgabe darstellen. Architektur wie z. B. das Wissenschaftszentrum Rheinelbe in Gelsenkirchen vermag nicht nur zukunftsweisende Unternehmen an sich zu ziehen, sondern zugleich einen ganzen Stadtteil aufzuwerten.

Allgemeingültige Gestaltungsgrundsätze sind wegen der enormen Vielfalt und Unterschiedlichkeit der Planungsaufgaben nur schwer aufzustellen. Es gibt aber Erfahrungswerte, denen die folgenden Ausführungen zugrundeliegen. Zunächst garantiert allein sorgfältige – und das bedeutet oft auch zeitintensive – Planung und Abstimmung die langfristige Akzeptanz einer Maßnahme. Dabei sollte man keine Scheu vor Details haben. Es ist oft gerade die detailgenaue Gestaltung, die die gewünschten individuellen Charakteristika schafft.

Ausgangspunkt für die Gestaltung werden zumeist die spezifischen stadt- und landschaftsräumlichen Potentiale des Standortes und seiner Umgebung sein. Sie sollten – wenn sie nicht qualitativ in die Gestaltung eingebunden werden können – so doch zumindest nicht zerstört werden. Die Nachfolgenutzung muß Maßstäblichkeit, Dimensionierung und Materialität der Umgebung berücksichtigen, zugleich aber gestalterisch eigenständig sein und eine unverwechselbare räumliche Identität bilden. Die Entwicklung eines eigenständigen Gebietscharakters läßt sich nicht allein über Vorgaben zur städtebaulichen Struktur realisieren. Ein gemeinsamer Formen- und Materialkanon für die architektonische Gestaltung und differenzierte Aussagen zur umweltverträglichen Einbindung des Bauvorhabens sind von ebenso großer Bedeutung, wobei die Gestaltungsfreiheit des einzelnen Architekten und Bauherrn nicht über das städtebaulich begründbare Maß hinaus eingeschränkt werden sollte.

Oft kann die Chance genutzt werden, ein Stück Landschaft oder Stadtraum wiederherzustellen und Maßnahmen, die nach obsoleten städtebaulichen Leitbildern verwirklicht wurden, wie etwa überdimensionierte Verkehrsanlagen, zurückzubauen. Alle Eingriffe in Landschaft und Naturhaushalt müssen durch ökologische Ausgleichs- und Ersatzmaßnahmen an Ort und Stelle kompensiert werden. Auch von der Natur zum Teil zurückeroberte Räume, die zur Geschichte des Ortes gehören, sind nach Möglichkeit bei der Gestaltung zu berücksichtigen.

Denkmalgeschützte oder denkmalwerte, häufig stadtbildprägende Bausubstanz kann ein Fixpunkt der Gestaltung sein. Es ist aber wichtig, die zu beplanende Fläche nicht als Insel im Stadtraum zu begreifen, die eigenen Gestaltungsregeln gehorcht, sondern einen flächenübergreifenden Ansatz zu wählen. Nicht alle Teilbereiche einer Fläche erfordern das gleiche Maß an gestalterischer Aufmerksamkeit. So kann die Gestaltwürdigkeit von Teilbereichen z. B. nach dem Kriterium der Öffentlichkeitswirksamkeit gewichtet bzw. abgestuft werden. Das Ergebnis ist dann eine räumliche Differenzierung nach städtebaulich exponierten und weniger empfindlichen Teilbereichen.

Die gewünschte Gestaltung sollte schließlich durch Satzungen, Handbücher (die von den Interessenten als Rechtsgrundlage anerkannt werden) etc. gesichert werden. An die Stelle von rechtsverbindlichen Gestaltungssatzungen, deren Umsetzung, besonders in Gewerbegebieten, auf erhebliche Widerstände stößt, treten zunehmend gestalterische Leitlinien. Für die einzelnen Bauvorhaben wird auf der Grundlage dieses gestalterischen Rahmens eine Qualitätsvereinbarung abgeschlossen. Für besondere Bauvorhaben werden Wettbewerbe durchgeführt. Mit diesem flexiblen Verfahren können Gestaltungsspielräume offengehalten werden, ohne daß sich das Gesamtbild des neuen Quartiers ändert.

Wichtig: Private Investoren und Kommunen müssen gemeinsam auf Gestaltungsprinzipien verpflichtet werden. Zwar erfordern strenge gestalterische Vorgaben besonderes Engagement jedes Beteiligten, dies kommt aber letztlich auch jedem einzelnen wieder zugute. Eine wichtige Rolle kommt dabei der Öffentlichkeitsarbeit zu: Sie muß den gestalterischen Anforderungen ein positives Meinungsklima schaffen und den politischen Willen dafür motivieren.

10 Fallbeispiele

Essen-Kettwig-Süd – Wohnen und Dienstleistung

Von der Lage eines Stadtteils am Wasser sind schon immer wichtige Impulse für die Stadtentwicklung ausgegangen. Zu Beginn des Industriezeitalters drängten die Betriebe an die Wasseradern, um sich Standortvorteile für die Energieerzeugung und den Warentransport zu sichern. Dies gilt auch für Essen-Kettwig, dessen Ortskern durch weitläufige Betriebsgrundstücke und Bahnanlagen von Stausee und Ruhr abgeschnitten ist. Mit der Neunutzung des ca. 31 ha großen Geländes, hier befanden sich u. a. eine Kammgarnspinnerei und eine Gleisfabrik, will die Stadt beginnen, diese Zäsur zu beseitigen. Die besondere Lagequalität an der Ruhr und die Südexposition der Grundstücke ließen hier vor allem Wohnen als bevorzugte Nutzung erscheinen. Daneben sollen aber auch Arbeitsplätze im Dienstleistungsbereich und ein kleiner Versorgungsbereich am S-Bahn-Haltepunkt entstehen. Ziel ist eine städtebauliche Akzentuierung der Lagegunst des Gebietes. Alle baulichen Strukturen orientieren sich zum Wasser. Es soll ein hochwertiges Mischgebiet mit städtischer Prägung entstehen, wo Wohnen, Arbeiten und Freizeitnutzungen sich gegenseitig stützen.

Abb. 1. Lageplan Kettwig-Süd

Abb. 2. Ausschnitt des Modells

Abb. 3. Räumliches Konzept Um- und Nachnutzung der ehemaligen Zeche Radbod in Hamm

Zeche Radbod, Hamm – Gewerbepark

Im Jahr 1990 wurde auf der Zeche Radbod nach über 80 Jahren die Förderung von Steinkohle eingestellt. Die Folgenutzung des im Nordwesten von Hamm, ca. 4 km von der Stadtmitte entfernt liegenden Areals, sollte die räumlichen und baulichen Qualitäten des Bestands übernehmen und der Sozial- und Wirtschaftsstruktur des Stadtteils Bockum-Hövel zugutekommen. Zu den Zielvorgaben gehörte deshalb die Einbindung des Zechengeländes in den Stadtteil – hier sind neue Verbindungen zu schaffen –, aber auch die Verknüpfung mit der Lippeaue.

Diese Lage, zwischen Wohngebiet und Landschaftsraum, und die Unverwechselbarkeit des Ortes mit seinen weithin sichtbaren 3 Fördergerüsten, die in einer klaren Abfolge auf das Zechengelände führen, sind gute Entwicklungschancen des Gebietes. Sie lassen sich vor allem dazu nutzen, einen Gewerbepark zu entwickeln. Denn noch immer ist der Wirtschaftsraum Hamm von der Montan- und der Großindustrie geprägt, und die wirtschaftliche Lage ist daher direkt abhängig von Schwankungen in diesem Sektor. Wenn es gelingt, ortsteilbezogenes Gewerbe in größerem Umfang dort unterzubringen, könnte Radbod ein weiteres gelungenes Beispiel für den Strukturwandel im Ruhrgebiet darstellen.

Abb. 4. Lageplan Zeche Anna in Alsdorf

Zeche Anna, Alsdorf – Wohnen und Gewerbe

Das Gelände der ehemaligen Zeche Anna schließt unmittelbar an den Alsdorfer Stadtkern an und stellt vor allem aufgrund der Größe des Areals und seiner Nähe zum zentralen Haltepunkt eines zukünftig aufgewerteten Schienenverkehrs eine der wichtigsten Entwicklungsflächen der Stadt dar. Wie viele andere Städte auch, deren Entstehung und Wachstum eng mit dem Bergbau zusammenhängt, besitzt Alsdorf heute eine polyzentrische Stadtstruktur ohne ausgeprägte Stadtmitte. Die Neunutzung bietet die Chance, eine städtebauliche und soziokulturelle Mitte zu entwickeln, indem das Gelände vor dem Hintergrund der Tradition des Ortes wieder in den Stadtorganismus integriert wird. Eine attraktive Mischung von innenstadtverträglichem Gewerbe, modernen Dienstleistungen, Wohnen und Grün kann wesentlich zur Stabilisierung der lokalen Wirtschaftsstruktur und des Einkaufsbereichs beitragen.

Die Überwindung der ökonomischen Monostruktur und die Ergänzung des Versorgungsschwerpunkts mit privaten und öffentlichen Infrastruktureinrichtungen zählten demnach zu den Zielschwerpunkten. Zum angrenzenden Grünraum, zu den Halden und zum Stadtteil Busch sollte daneben ein eindeutiger Siedlungsabschlusses geschaffen werden. Eine wesentliche Bindung für die Nutzung des ehemaligen Geländes der Zeche Anna sind die unterschiedlich kontaminierten Flächen. In zentralen Teilbereichen ist Wohnnutzung auszuschließen. Das städtebauliche Rahmenkonzept für die Zeche Anna in Alsdorf sieht über den kontaminierten Böden, die nach dem Prinzip des kontrollierten Verbleibs abgedichtet sind, einen Park vor, der dem neuen Innnenstadtviertel eine eigene Prägung verleihen wird. Der neue Annapark setzt die erhaltenen denkmalwerten Gebäude in Szene, trennt weniger verträgliche Nutzungen und fügt eine hochwertige Freifläche in die Innenstadt ein.

Asbestvorkommen beim Abriß von Industrieanlagen

WALTER DORMAGEN und WERNER PAPSDORF†

1 Einleitung

In Industrieanlagen finden sich häufig Schadstoffvorkommen, die sowohl aus branchenspezifischem, produktionsbedingtem Schadstoffeinsatz stammen können, die aber auch in Form verbauter Schadstoffe in der Bausubstanz oder als Bestandteile technischer Anlagen vorkommen können. Beim Abbruch schadstoffbelasteter Industrieanlagen ist sowohl aus Gründen des Umweltschutzes wie auch aus wirtschaftlichen Aspekten darauf zu achten, daß schadstoffbelastete Materialien strikt von schadstofffreien und schadstoffarmen Produkten getrennt, erfaßt und entsprechend den gesetzlichen Vorschriften verwertet oder entsorgt werden. Die Notwendigkeit für diese Vorgehensweise leitet sich aus der TA-Abfall und in Zukunft aus dem Kreislaufwirtschaftsgesetz ab. Eine gesetzliche Vorschrift, die diese Vorgehensweise für Gefahrstoffvorkommen bei Abrißmaßnahmen vorschreibt, ist in Vorbereitung.

Ein Gefahrstoff der aufgrund seiner vielfältigen, hervorragenden technischen Eigenschaften in nahezu allen Industrieanlagen zu finden ist, ist Asbest. Die gesundheitsgefährdende Wirkung, die von Asbest ausgeht und hier insbesondere die krebserzeugende Wirkung, haben dazu geführt, daß mit der vierten Novellierung der GefStoffV 1993 ein nahezu vollständiges Anwendungsverbot für Asbest ausgesprochen wurde. Somit ist das Auffinden dieses Gefahrstoffes heutzutage auf „Altlasten" beschränkt. Bei Abrißmaßnahmen sind zum Thema Asbest folgende grundlegende, gesetzliche Forderungen in der Gefahrstoffverordnung (GefStoffV) § 39 (2) beschrieben: „Vor Beginn von Abbrucharbeiten an baulichen Anlagen sind asbesthaltige Produkte nach dem Stand der Technik zu entfernen und geordnet zu entsorgen".

Erster Schritt zur Erfüllung dieser Forderung ist die Erfassung sämtlicher Asbestvorkommen in dem betroffenen Bereich. Eine Besonderheit in den hier angesprochenen Industrieanlagen wie z.B. chemischen Produktionsanlagen, Hochofenanlagen, Halbzeugfertigungsstraßen und Kraftwerksanlagen ist, daß es sich hierbei um sehr komplexe Anlagen handelt, in denen der technische Anteil im Vergleich zur Gebäudesubstanz deutlich überwiegt. Dies bedeutet, daß der Schwerpunkt des Erfassungsaufwands zur Ermittlung asbesthaltiger Materialien im Bereich der technischen Anlagen liegt.

2 Asbestkataster

Bei der Erstellung des Asbestkatasters sollten von Beginn an die spezifischen Eigenschaften der unterschiedlichen Industrieanlagen berücksichtigt werden. Dazu ist häufig neben der Darstellung von Asbestvorkommen in der Gebäudesubstanz eine separate Darstellung der Asbestprodukte in den technischen Anlagen erforderlich.

Wesentlich ist hierbei, daß das Kataster im folgenden uneingeschränkt für die Planung zur Entsorgung der Asbestprodukte und für die zu erstellenden Ausschreibungsunterlagen Verwendung finden kann und hierfür ausreichende Daten liefert.

Unsere Erfahrung zeigt, daß neben der möglichst vollständigen Erfassung sämtlicher Asbestprodukte folgende Anforderungen an das Kataster zu stellen sind:

a) anlagenspezifische Begutachtung und Dokumentation
b) gebäudesubstanzbezogene Begutachtung und Dokumentation
c) ausreichende Dokumentation der Schnittstellen zwischen a + b

Aus vorgenannten Gründen sind zur Erstellung eines aussagekräftigen Katasters Kenntnisse erforderlich, die über die Erfahrungen hinausgehen, die zur Erstellung eines Asbestkatasters für ein Gebäude mit geringerem Technikanteil erforderlich sind. Insbesondere sind zusätzliche Kenntnisse hinsichtlich Maschinen- und Anlagenbau sowie in verfahrenstechnischer Hinsicht unerläßlich.

Anhand des vorliegenden Katasters können dann die einzelnen Entsorgungsschritte geplant und das Leistungsverzeichnis für die Sanierungsmaßnahme erstellt werden. Anders als in der GefStoffV gefordert, kann es beim Abriß von Industrieanlagen erforderlich und sinnvoll sein, daß nicht alle Asbestprodukte in sämtlichen Bereichen der Anlage *vor* Beginn der Abbruchmaßnahme entsorgt werden, sondern daß die asbesthaltigen Materialien teilweise *parallel* zur Abrißmaßnahme unter Beachtung der gültigen Vorschriften entfernt werden.

Langjährige Erfahrung bei der gutachterlichen Begleitung von Abrißmaßnahmen von Industrieanlagen, wie z.B. Kraftwerksanlagen unterschiedlichster Art hat gezeigt, daß eine derartige in die Abbruchfolge *integrierte* Entsorgung/ Separierung der Asbestprodukte aber auch der übrigen Gefahrstoffe zumindest für einen Teil dieser Stoffe sowohl aus sicherheitstechnischen als auch aus wirtschaftlichen Gründen zu bevorzugen ist.

Die Anpassung der Vorgehensweise an diese Situation erfordert ein hohes Maß an fachlicher Kompetenz und eine frühzeitige intensive Zusammenarbeit mit den zuständigen Behörden. Auch für den Fall, daß nicht alle Asbestprodukte vor Beginn der Abrißmaßnahme entfernt werden, muß doch bereits zu diesem Zeitpunkt ein Gesamtkonzept für die Entsorgung aller Asbestvorkommen vorgelegt werden, da dies für die erforderliche Zustimmung durch die Behörde Voraussetzung ist.

Separierung, Entsorgung und Abriß müssen bei dieser Vorgehensweise eine Einheit bilden und in ein Gesamtkonzept eingebunden sein, damit ausgeschlossen ist, daß durch die Kombination der Arbeitsschritte erhöhte Gefahren für Mensch oder Umwelt entstehen. Insbesondere sind die Zustandsveränderungen der Bauwerke und der darin befindlichen technischen Systeme zu berücksichtigen, die durch den Fortschritt der Arbeiten verursacht werden.

Da der kontinuierliche, meist an mehreren Objekten gleichzeitig beginnende Rückbau der Industrieanlage eine dauernde Veränderung der Flächen- und Gebäudesubstanz mit sich bringt, und in der Schlußphase nur noch Fundamente und Stützwerk übrigbleiben, sollte das Asbestkataster den Verlust an Bezugspunkten von Anfang an berücksichtigen.

So ist die Zuordnung der Fundstellen je nach Industriekomplex nicht nur raum-und etagenbezogen, sondern auch durch Bezug auf bis zum Abschluß der Maßnahme jederzeit nachvollziehbare Festpunkte z.B. Koordinaten und Ebenen und sofern möglich durch farbliche Markierungen vor Ort zu dokumentieren. Zusätzlich sind die Asbestprodukte in einer Photodokumentation mit Übersichts- und Detailbildern zu jedem Fundort darzustellen.

Ein weiterer wichtiger Punkt, der beim Abriß von Industrieanlagen zu beachten ist, liegt darin, daß bei technische Anlagen mit schadstoffhaltigen Verbindungselementen (z.B. Flanschverbindungen mit asbesthaltigen Dichtungen) die statische Sicherheit (Standsicherheit) nur im Verbund der Teile miteinander erhalten bleibt. Eine unüberlegte Separierung der Asbeststoffe aus diesen Verbindungselementen kann nach wenigen Arbeitsvorgängen bereits die gesamte Standsicherheit gefährden.

Diese beispielhaft aufgezählten Punkte zeigen die Bedeutung eines systembezogenen Asbestkatasters. Erst dieses spezifische Kataster ermöglicht eine übersichtliche und genehmigungssichere Planung der gesamten Entsorgungs- und Abbrucharbeiten.

3 Entsorgungstechniken

Sofern keine wesentlichen Gründe dagegen sprechen, sollte die Entsorgung von Asbest generell vor Beginn der Abbrucharbeiten erfolgen. Hierzu einige praktische Anmerkungen:

Bei Asbestverbauungen innerhalb geschlossener Gebäude oder Anlagen sollte die vorhandene Außenhaut als Abgrenzung der Arbeitsbereiche genutzt werden. Gleichzeitig sollten die notwendigen Durchgänge für Personal und Material auf möglichst wenige Stellen begrenzt werden. Ziel der Maßnahme ist es, auf zusätzliche künstliche Abschottungen weitestgehend zu verzichten, da diese Einhausungen in der Regel aus Folien bestehen, und ab gewisser Größen bei Unterdruckbelastung erhebliche Undichtigkeiten und statische Probleme aufweisen. Desweiteren ist der spätere Entsorgungsaufwand für Unterkonstruktion und Abschottungsmaterial sehr hoch. Die Nutzung der anlagenspezifischen Baukonstruktion zur Arbeitsbereichsabgrenzung bringt erhebliche wirtschaftliche und sicherheitstechnische Vorteile, setzt aber bei der Planung umfangreiche Erfahrung und Sachkenntnis voraus.

Da das innere Herausschälen des Asbestes teilweise einen erheblichen Eingriff in statische Belange mit sich bringt z.B. durch Entfernung von Vorsatzwänden hinter denen sich Asbest befindet, kann dies bei ungenügender Kenntnis zu Absturz/Zusammenfallen gesamter Wand-/Deckenbereichen führen.

Es sollten möglichst wenige Arbeitsbereiche/Entsorgungsstellen gebildet werden, in denen Asbest freigesetzt werden kann. Dafür ist auf dem

Rückbaugelände innerhalb einer geeigneten Räumlichkeit eine stationäre, großzügig mit Transportfahrzeugen beschickbare zentrale Entsorgungsstelle, wo alle Produkte von Asbest separiert werden, einzurichten.

Die erfolgreiche Entsorgung sollte an Ort und Stelle deutlich, farblich auffällig und dauerhaft markiert und im Asbestkataster dokumentiert werden, wodurch jederzeit eine schnelle und sichere Überprüfung der durchgeführten Sanierungsmaßnahmen möglich ist.

Da bei der Sanierung von Asbestvorkommen in großtechnischen Anlagen häufig in geschlossenen, engen Räumen gearbeitet werden muß (enge Räume im Sinne der UVV) sind vor Beginn der Maßnahme unbedingt alle übrigen vorhandenen Gefahrstoffe (u. U. auch Restproduktionsstoffe) zu erfassen und falls erforderlich sachgerecht zu entsorgen. Dabei sind insbesondere die Arbeitsschutzvorschriften beim Umgang mit Gefahrstoffen der Gefahrstoffverordnung (GefStoffV), der Technischen Regeln Gefahrstoffe (TRGS), der Unfallverhütungsvorschriften (UVV) sowie der Unfallverhütungsrichtlinien und -Merkblätter zu berücksichtigen. Die Erfassung und Dokumentation dieser sonstigen Gefahrstoffe erfolgt spätestens mit der Erstellung des Asbestkatasters. Ihre erforderliche Entsorgung wird in der Regel vor Beginn der Asbestsanierung durchgeführt. Erst nach abschließender Reinigung und Freigabe kann die Asbestentsorgung beginnen.

Die bei der Gefahrstoffentsorgung und speziell auch bei der Asbestentsorgung einzuhaltenden Schutzmaßnahmen dienen neben dem Schutz der Mitarbeiter dazu, ungewollte und unzulässige Gefahrstoffkontaminationen angrenzender Arbeitsbereiche und der Umwelt zu vermeiden. Diese Einhaltung der Zielvorgaben ist jederzeit für jeden Arbeitsbereich nachweislich zu garantieren.

Im Bereich technischer Anlagen werden anhand des systembezogenen Asbestkatasters die asbesthaltigen Anlagenteile ausgewählt, die vor bzw. während der Abbruchmaßnahme ohne Asbestfaserfreisetzungen dem Gebäude entnommen werden können.

Diese asbesthaltigen Verbindungen/Komponenten werden aus der Anlage herausgetrennt, ohne daß dabei Asbestprodukte verletzt oder Asbestfasern freigesetzt werden. Nun vom Gesamtsystem getrennt und gesammelt, können die Verbindungsstellen zu der zentralen, stationären Entsorgungsstelle transportiert, dort gelagert und vom Asbest separiert werden. Sinnvoll ist auch hier, die gereinigten Baustoffe farbig zu kennzeichnen.

An die Einrüstung innerhalb technischer Anlagen sind höchste Anforderungen zu stellen. Eine der häufigsten Unfallursachen mit schwersten Verletzungen und vielfach tödlichem Ausgang bei der Asbestsanierung von Kesselanlagen ist die nicht sachgerechte Inneneinrüstung der Kesselzüge.

Prinzipiell sind die erforderlichen Gerüstbauklassen entsprechend den einschlägigen Regeln der Technik festzulegen und die Standfestigkeit nachzuweisen (statische Merkmale). Doch selbst bei ordnungsgemäßer Erfüllung der Grundlagen kommt es durch Zwischenlagerung von Abbruchmassen aus dem Kesselinneren während der Maßnahmen immer wieder zu Überschreitungen der maximal zulässigen Belastung der Gerüsteinbauten. Zur Vermeidung von Unfällen ist daher zu jedem Zeitpunkt sicherzustellen, daß die zulässige Belastung keinesfalls überschritten wird.

4 Zusammenfassung

Trotz des mittlerweile geltenden Anwendungsverbotes für neue Asbestprodukte ist das Auffinden von Asbestprodukten vor oder während dem Abriß von Industrieanlagen auch in den nächsten Jahrzehnten üblicherweise zu erwarten. Im vorliegenden Artikel werden einige Punkte aufgezeigt, die bei der Entsorgung asbesthaltiger Produkte, die im allgemeinen vor der Abrißmaßnahme zu erfolgen hat, zu beachten sind. Für einen reibungslosen Ablauf und unter wirtschaftlichen Aspekten vertretbaren Aufwand ist die Betreuung beim Abriß von Industrieanlagen durch einen auf diesem Gebiet erfahrenen Gutachter von wesentlicher Bedeutung.

Arbeitsschutzkonzepte bei der großflächigen Aufbereitung ehemaliger Industrieflächen

HARALD BURMEIER

1 Einleitung

Bauliche und stoffliche Altlasten prägen die Maßnahmen des Arbeits- und Nachbarschaftsschutzes bei der großflächigen Aufbereitung ehemaliger Industrieflächen. Anders als bei gezielten Eingriffen in kontaminierte Materialien, z. B. im Zuge einer Tankstellensanierung oder auch des Rückbaus eines kontaminierten Industriebauwerks, ergeben sich beim Flächenrecycling in der Regel einerseits sehr großräumige Bereiche, die nicht oder nur oberflächennah gering kontaminiert sind (z. B. Gleisanlagen, bestimmte Rohstofflagerungen) und daher häufig keiner besonderen stoffbezogen Arbeitsschutzmaßnahmen bedürfen, und andererseits hot spots, die im wesentlichen durch ehemalige kritische Betriebsprozesse (Handhabung von Chemikalien, Lagerbereiche von Chemikalien etc.) verursacht wurden. Hier sind über die üblichen Arbeitsschutzmaßnahmen hinausgehende Maßnahmen zu ergreifen. Die dargestellte Differenzierung der erforderlichen Schutzmaßnahmen orientiert sich im wesentlichen am Schadstoffpotential sowie an der Art und der Dauer der durchzuführenden Tätigkeit. Weiterhin ist zu berücksichtigen, daß im Zuge der großflächigen Aufbereitung ehemaliger Industrieflächen konventionelle Bauarbeiten im Zuge z. B. von Infrastrukturmaßnahmen für die Folgenutzung durchgeführt werden, während die Sanierung in anderen Bereichen parallel erfolgt. Die Differenzierung von Schutzmaßnahmen auf einer großflächigen Baustelle erfordert in erster Linie umfangreiche organisatorische Maßnahmen, mittels derer die immer wieder beklagten hohen Aufwendungen für Maßnahmen des Arbeits- und Nachbarschaftsschutzes auf das erforderliche Maß reduziert werden können, ohne auf den dringend notwendigen Schutz von Beschäftigten auf der Baustelle und der Nachbarschaft verzichten zu müssen. Bereits rechtzeitig vor Baubeginn ist in der Planungsphase durch den Auftraggeber festzulegen, welche Maßnahmen zu ergreifen sind.

2 Rechtliche Grundlagen

Neben den für konventionelle Bauarbeiten grundsätzlich anzuwendenden sicherheitstechnischen Regeln des Arbeits- und Nachbarschaftsschutzes, auf die an dieser Stelle nicht näher eingegangen wird, sind für Arbeiten im Zuge des Flächenrecyclings in kontaminierten Bereichen in erster Linie die „Richtlinien für Arbeiten in kontaminierten Bereichen" (ZH 1/183), die vom Hauptverband der gewerblichen Berufsgenossenschaften erarbeitet wurden, in Verbindung mit dem Chemikaliengesetz, der Gefahrstoffverordnung und den zugehörigen Technischen Regeln für Gefahrstoffe (TRGS/TRgA) anzuwenden.

Die Richtlinien für Arbeiten in kontaminierten Bereichen, im folgenden Text kurz ZH 1/183 genannt, wenden sich an Unternehmer und deren Beschäftigte für den Bereich der gewerblichen Wirtschaft und an Arbeitgeber und Arbeitnehmer des öffentlichen Dienstes. Angesprochen wird jedoch nicht nur der Unternehmer, der im Regelfall als Auftragnehmer auftritt und immer Normadressat des berufsgenossenschaftlichen Vorschriftenwerks zum Arbeits- und Gesundheitsschutz ist, sondern auch der Auftraggeber, der als Eigentümer eines kontaminierten Bereichs oder als der zur Sanierung Verpflichtete, die Sanierungarbeiten zu veranlassen hat. Die ausdrückliche Einbeziehung des Auftraggebers (Bauherrn) in die Planung und Umsetzung sicherheitstechnischer Belange ist als grundsätzliche Neuerung anzusehen und hat ihre Ursache in den Bestimmungen der EG-Baurichtlinie (Richtlinie 92/57/EWG des Rates vom 24. Juni 1992), in der umfangreiche Verpflichtungen des Bauherrn für die Belange des Arbeits- und Gesundheitsschutzes festgeschrieben sind. Die Einbeziehung des Auftraggebers in die Pflichten zur Umsetzung von Maßnahmen des Arbeitsschutzes wird gegenwärtig heftig diskutiert, wobei die folgenden Ausführungen zeigen werden, daß gerade die rechtzeitige Berücksichtigung derartiger Maßnahmen in der Planungsphase, und hier ist ja noch kein gewerblicher Unternehmer auf dem Gelände tätig, zu erheblichen Kostenreduzierungen führen kann. Im einzelnen ergeben sich für die verschiedenen Phasen der Realisierung einer großflächigen Flächenaufbereitung folgende Zuständigkeiten für den Bauherrn und für die Auftragnehmer.

In der *Planungsphase* ist der Bauherr gefordert, eine Gefährdungsabschätzung hinsichtlich der Belange des Arbeitsschutzes durchzuführen. So sind Erkundungen hinsichtlich möglicher Schadstoffbelastungen von Boden, Grundwasser, Gebäuden und Anlagen sowie der Existenz unterirdischer Hohlräume wie Tanks, Leitungen, Keller etc. vorzunehmen und die Ergebnisse zu dokumentieren. Auf der Grundlage dieser Ergebnisse ist ein Sicherheitsplan (Arbeitsplan) zu erstellen, der alle wesentlichen Angaben zum Arbeits- und Nachbarschaftsschutz enthält. Besondere Maßnahmen des Arbeitsschutzes, die den vorgesehenen Bauablauf beeinträchtigen können oder zu Mehraufwendungen für die Auftragnehmer führen, sind in die Ausschreibungsunterlagen aufzunehmen, damit die Bieter die erforderlichen Maßnahmen vorsehen und kalkulieren können, und damit die Angebote hinsichtlich der Berücksichtigung der erforderlichen Arbeitsschutzbelange geprüft und vergleichbar werden. Bei der *Auftragsvergabe* sind die Bauherren gehalten, lediglich fachlich geeignete und qualifizierte Unternehmungen für die Ausführung zu berücksichtigen. In diesem Schritt setzen die ersten Auftragnehmer- (Unternehmer) -pflichten ein, indem die Angaben des Bauherrn hinsichtlich der sicherheitstechnischen Belange, niedergelegt im Sicherheitsplan, auf Plausibilität zu prüfen sind, und auf etwaige Mißstände, Defizite und Mängel hinzuweisen ist. Im *Vergabeverfahren* hat der Auftragnehmer nachzuweisen, daß er sowohl von seiner personellen als auch technischen Ausstattung in der Lage ist, die ausgeschriebenen Tätigkeiten fachgerecht durchzuführen. Mit Vertragsabschluß hat der Auftragnehmer den für ihn zuständigen Behörden des Arbeitsschutzes schriftlich die geplanten Arbeiten anzuzeigen.

In der eigentlichen *Baudurchführung* werden Auftragnehmer und Auftraggeber gleichermaßen in die Pflicht genommen. So hat der Auftragnehmer folgende arbeitsvorbereitende Maßnahmen zu ergreifen:

- Veranlassung erforderlicher arbeitsmedizinischer Untersuchungen,
- Erarbeitung einer Betriebsanweisung nach § 20 Gefahrstoffverordnung,
- Unterweisung und Information der Beschäftigten,
- Beschaffung der persönlichen Schutzausrüstungen.

Vom Auftraggeber ist ein *Koordinator* zur lückenlosen sicherheitstechnischen Überwachung der verschiedenen Arbeiten schriftlich zu bestellen. Dieser hat den Auftraggeber bei den weiteren Planungen und der Umsetzung von Maßnahmen des Arbeits- und Nachbarschaftsschutzes zu unterstützen. Während der Bauphase kommt dem Koordinator die Aufgabe zu, die Vorgaben zum Arbeitsschutz zu überwachen, den Sicherheitsplan fortzuschreiben, die Kontakte zu den für den Arbeitsschutz zuständigen Fachbehörden zu koordinieren und ggf. erforderliche meßtechnische Überwachungen durchzuführen oder zu veranlassen. Besonders wenn es darum geht, Arbeitsschutzmaßnahmen in stark differenzierter Form auf einer Baustelle umzusetzen, kommt dem Koordinator eine Schlüsselrolle zu. In der Praxis erweist sich die erforderliche Weisungsbefugnis für den Koordinator als problematisch, da Anweisungen des Koordinators einen direkten Einfluß auf das Baugeschehen und somit auf das Vertragsverhältnis zwischen Auftraggeber und Auftragnehmer haben. Somit greifen die Weisungsbefugnisse des Koordinators in die Befugnisse der Bauleitung des Bauherrn ein. Bei Maßnahmen geringen Umfangs kann es deshalb sinnvoll sein, Bauleitung und sicherheitstechnische Koordination zusammenzufassen. Im Normalfall ist zu empfehlen, die sicherheitstechnische Koordination eigenständig durchzuführen und bereits im Bauvertrag festzulegen, welchen Umfang die Weisungsbefugnisse des Koordinators haben.

Der Auftragnehmer ist gehalten, die vorgegebenen sicherheitstechnischen Maßnahmen eigenverantwortlich umzusetzen und seine Beschäftigten anzuweisen, den Vorgaben des Sicherheitsplans zu folgen. Dem Unternehmer kommt auch die Aufgabe zu, seiner Berufsgenossenschaft Arbeiten in kontaminierten Bereichen rechtzeitig anzuzeigen. Auch hier hat es sich bewährt, die zuständigen Behörden für den Arbeits- und Nachbarschaftsschutz, die Berufsgenossenschaften und Gewerbeaufsichtsämter, heute auch vielfach staatliche Ämter für Arbeitsschutz, rechtzeitig in die Entscheidungsprozesse einzubinden. Die Durchführung und Dokumentation ggf. erforderlicher meßtechnischer Begleitungen der Arbeiten sind gleichermaßen Sache der Auftraggeber und Auftragnehmer.

3 Gefahrenpotential

Die Beschäftigten auf der Baustelle, in erster Linie aber auch die an der Sanierung beteiligten Personen im Umfeld der Baustelle sind im wesentlichen drei Einflußbereichen ausgesetzt:

- Gefahren aus der konventionellen Bautätigkeit (Baubetrieb),
- Gefahren durch Gefahrstoffe,
- Gefahren aus sonstigen Baugrundrisiken, wie Kellern, Tankanlagen, Gruben etc.

Auf Einzelheiten dieser Einflußbereiche soll an dieser Stelle nicht weiter eingegangen werden, da im vorangegangenen Kapitel bereits eine ausführliche Behandlung erfolgte. Im Zusammenhang mit der Anwendbarkeit der ZH 1/183 soll jedoch auf einige grundsätzliche Belange hinsichtlich des Umgangs mit Gefahrstoffen auf derartigen Standorten eingegangen werden. Kontaminierte Bereiche im Sinne der ZH 1/183 sind Standorte, bauliche Anlagen, Gegenstände, Boden, Wasser, Luft und dergleichen, die mit Gefahrstoffen oder biologischen Arbeitsstoffen verunreinigt sind. Der Grad der Kontamination wird nicht weiter definiert, sondern auf die Gefahrstoffdefinition nach dem Chemikaliengesetz verwiesen. In der Praxis hat sich die Auffassung durchgesetzt, daß der Kontaminationsbegriff im Sinne der Richtlinien anzuwenden ist, wenn durch die beteiligten Schadstoffe ein direkter oder auch indirekter Einfluß auf das Schutzgut Mensch zu besorgen ist.

Wenn Gefahrstoffe vorhanden sind, und somit die ZH 1/183 in Verbindung mit den anderen genannten Regelwerken anzuwenden ist, dann ergeben sich für die Sicherheitsplanung folgende grundsätzliche Fragen:

- Ist eine Lokalisierung der Schadstoffe möglich?
- Sind Art und Zusammensetzung der beteiligten Schadstoffe hinreichend genau zu beschreiben und sind flüchtige Stoffe beteiligt?
  Wenn flüchtige Stoffe beteiligt sind, wie sind die wesentlichen Eigenschaften (Toxizität, Brand- und Explosionsverhalten, Verdrängungseigenschaften, O_2-Mangel etc.) zu beurteilen?
- Ist ein Gefahrenpotential durch Mikroorganismen gegeben?

Die wichtigste und zugleich schwierigste Aufgabe besteht darin, die für die weitere Betrachtung der Arbeitsschutzmaßnahmen erforderliche Stoffeingrenzung auf Leitkomponenten vorzunehmen. Entscheidungskriterien für die Reduzierung des häufig vorhandenen komplexen Stoffgemisches auf wenige Leitkomponenten sind sowohl die physikalisch-chemischen Stoffeigenschaften als auch die biologischen und toxikologischen Stoffeigenschaften. Dieser Arbeitsschritt kann nur von erfahrenen Fachleuten aus den Bereichen der Chemie, Toxikologie, Arbeitsmedizin und Arbeitssicherheit vorgenommen werden. Gemeinsam mit diesen Fachleuten kann dann in einem weiteren Arbeitsschritt eine Festlegung von Alarm- und Handlungswerten unter Berücksichtigung der Grenzwerte des Arbeitsschutzes sowie fundierter toxikologischer Größen erfolgen, wie ADI - (acceptable-daily-intake) oder auch LD_{50}-Werten (berechnete Dosis, die auf einem Expositionsweg - außerhalb der Inhalation - bei 50 % einer Gruppe von Labortieren tödlich wirkt). Unter Berücksichtigung der ausgewählten Leitkomponenten und der durchzuführenden Tätigkeiten, wie auch der Dauer dieser Tätigkeiten, kann dann das arbeitsmedizinische Begleitprogramm, die meßtechnische Überwachung der Arbeitsplätze sowie die weiteren technischen, organisatorischen und persönlichen Schutzmaßnahmen festgelegt werden.

4 Schutzmaßnahmen

Art und Umfang der durchzuführenden Tätigkeiten vor dem Hintergrund der Gefahrstoffsituation am Standort und der Dauer der Tätigkeit bestimmen maßgeblich die zu treffenden Schutzmaßnahmen. So macht es wenig Sinn, die für die Beseitigung eines Schadensherds zu treffenden Maßnahmen auf den gesamten Standort über die Dauer der gesamten Maßnahme auszulegen. Auch die Einrichtung von Dekontaminationsanlagen für Fahrzeuge, Ausrüstungsgegenstände und Personal hängt maßgeblich von der Dauer der Tätigkeiten ab. So macht es wenig Sinn, für eine kurzzeitige Tätigkeit, z. B. für eine Dauer von zwei bis drei Geräteeinsatzwochen, für zwei oder drei Geräte eine komplette Gerätedekontaminationsanlage vor Ort auf der Baustelle zu errichten. Gleichwohl muß sichergestellt sein, daß eine Gerätedekontamination an einer hierfür geeigneten Stelle, z. B. einem Bauhof, erfolgt.

Die Schutzmaßnahmen werden nach technischen, organisatorischen und persönlichen Maßnahmen unterschieden, wobei bei der Planung derartiger Maßnahmen in Analogie zum § 19 der Gefahrstoffverordnung bezüglich der Rangfolge der Schutzmaßnahmen in dem Sinne zu verfahren ist, daß technische immer den Vorrang vor organisatorischen und persönlichen Maßnahmen haben müssen. Bei der Festlegung dieser Maßnahmen ist immer wieder die Angemessenheit zu prüfen, wobei im Zuge dieser Prüfung der Präventionsgedanke im Vordergrund stehen muß. Es hat sich bewährt, den Sicherheitsplan in Stufen mit zunehmendem Kenntnisstand fortzuschreiben. Gleiches gilt für die Festlegung von grundsätzlichen Regelungen, die über die gesamte Baumaßnahmen gelten. Diese sind bereits vor Beginn jeglicher Bauaktivität als Mindeststandards festzulegen.

4.1 Technische Schutzmaßnahmen

Zu den technischen Schutzmaßnahmen zählen Fahrerkabinen von Erdbaumaschinen, die mit besonderen Filteranlagen ausgestattet sind, oder auch technische Lüftungseinrichtungen, die zur Bewetterung von Arbeitsplätzen eingesetzt werden, oder auch Einhausungen, Unterdrucksysteme und technische Maßnahmen des Brand- und Explosionsschutzes. Diese Maßnahmen sind mit hohen Kosten verbunden, was wiederum dazu führt, eine detaillierte Einzelfallbetrachtung vorzunehmen. So ist es nicht vertretbar, bei einer Quecksilberkontamination, deren oberer Horizont 7 m unter Geländeoberkante liegt, eine Erdbaumaschine mit Filteranlage zu fordern, wenn nicht in diesen Baugrund eingegriffen wird, sondern dieser Baugrund lediglich befahren wird. Gleichwohl macht es keinen Sinn, eine Einhausungsmaßnahme zu fordern, wenn die Art des Schadstoffspektrums und die Art der Tätigkeit nur Gefahrstofffreisetzungen im Bereich der Grenzwerte des Arbeitsschutzes erwarten läßt.

Wird auf die beschriebenen technischen Maßnahmen verzichtet, so ist dieses im Sicherheitsplan zu begründen.

4.2 Organisatorische Maßnahmen

Organisatorische Maßnahmen des Arbeits- und Nachbarschaftsschutzes kosten wenig Geld, wenn sie sorgfältig geplant und konsequent umgesetzt werden. Gerade im Industrieflächenrecycling kommt den organisatorischen Maßnahmen eine entscheidende Bedeutung zu, indem z. B. eine variable Trennung zwischen konventionellen Arbeitsbereichen in unkontaminierten Bereichen und Arbeiten in kontaminierten Bereichen erfolgt. Diese Trennungen sind stark bauablaufabhängig und erfordern eine bedarfsgerechte Festlegung und Überwachung, die in der Regel nur durch einen Koordinator für Sicherheitstechnik zu bewerkstelligen ist. Dieser muß über besondere Kenntnisse der allgemeinen Sicherheitstechnik, z. B. in Form der Ausbildung zur Sicherheitsfachkraft und gute baubetriebliche Kenntnisse verfügen, damit er in der Lage ist, den baubetrieblichen Ablauf, der sehr eng mit der Sicherheitstechnik verbunden ist, optimal zu gestalten. So kann auf umfangreiche Dekontaminationsanlagen verzichtet werden, wenn die Materialhandhabung über temporäre Grau-Bereiche abgewickelt wird oder auch Materialumschlagstationen eingerichtet werden. Zu den wichtigsten organisatorischen Maßnahmen zählen:

Arbeitsmedizinische Untersuchungen: Sie sind dann erforderlich, wenn trotz technischer Maßnahmen ein oder mehrere schädigende Faktoren bewirken können, daß ein erhöhtes Krankheitsrisiko für die Beschäftigten besteht. Dieses kann für Arbeiten in kontaminierten Bereichen grundsätzlich unterstellt werden. Im arbeitsmedizinischen Dienst der Tiefbau-Berufsgenossenschaft (TBG) wurde ein dreistufiges Untersuchungsprogramm für Beschäftigte, die bei Arbeiten in kontaminierten Bereichen eingesetzt werden, entwickelt (Rumler et al., 1994). Das Untersuchungsprogramm berücksichtigt die jeweils durchzuführenden Tätigkeiten mit den dazugehörigen Schutzmaßnahmen und die vorliegende Stofflichkeit. Ist von einem umfangreichen Schadstoffpotential auszugehen, empfiehlt es sich, den Arbeitsmediziner bereits zum Planungszeitpunkt bei der Erstellung des Sicherheitsplans in die Entscheidungsprozesse einzubeziehen. Ob überhaupt arbeitsmedizinische Untersuchungen durchgeführt werden müssen, hängt im wesentlichen von der Art und Dauer der Tätigkeit ab und läßt sich allgemeingültig nicht festlegen, sofern nicht Untersuchungen zwingend vorgegeben sind, z. B. für Atemschutzgeräteträger. In der Praxis hat es sich als sinnvoll erwiesen, nur denjenigen Personenkreis zu untersuchen, der sich regelmäßig, z. B. für mehr als vier Stunden je Woche bei insgesamt mehr als 12 Wochen pro Jahr im Schwarz-Bereich des Standorts aufhält, oder denjenigen Personenkreis, der regelmäßig an unterschiedlichsten Standorten mit verschiedenen Kontaminationen in Berührung kommt, z. B. im Zuge von Spezialarbeiten, wie der Dekontamination von Bausubstanz. Der Verfasser hält eine jährlich wiederkehrende arbeitsmedizinische Grunduntersuchung, ergänzt um die wiederkehrenden Untersuchungszeitpunkte für Atemschutzgeräteträger für alle mit der Bearbeitung von Industriebrachen beschäftigten Personen ungeachtet der Expositionsdauer für sinnvoll und notwendig.

Die *Zonierung der Baustelle* wurde bereits angesprochen und ist als ein wesentliches Element der organisatorischen Maßnahmen anzusehen. Neben der für derartige Maßnahmen obligaten Umzäunung des Baugeländes wird innerhalb des Geländes variabel nach den Anforderungen der jeweils durchzuführenden Tätigkeiten zoniert. Diese innerhalb der Baustelle liegende Zonierung kann durch feste Absperrungen, Warnband oder andere Maßnahmen erfolgen. Die Zonierung kann auch an den für die Maßnahme festgelegten Kontaminationsklassen und deren Handhabung orientiert werden. So wird häufig nach folgenden Kontaminationsklassen unterschieden:

- unbelasteter Erdaushub und Bauschutt,
- belasteter Erdaushub und Bauschutt,
- Eluat-„verunreinigter“ Erdaushub und Bauschutt.

Die Handhabung dieser Materialklassen kann aus der Sicht des Arbeitsschutzes entsprechend differenziert erfolgen. Eine Dekontaminationsanlage für Personen als Schwarz-Weiß-Anlage sollte grundsätzlich vorgesehen werden, wohingegen die Einrichtung von Geräte- und Fahrzeugdekontaminationsanlagen im Einzelfall sorgfältig zu prüfen ist.

Die *meßtechnische Überwachung* der Maßnahmen ist ebenfalls für den Einzelfall festzulegen. Dabei ist nach dem Grundsatz zu verfahren, so wenig wie möglich und soviel wie nötig an Messungen durchzuführen. Besonders die Existenz flüchtiger Substanzen an den Arbeitsplätzen erfordert zwangsläufig eine meßtechnische Begleitung. Ist ein Schadstofftransfer lediglich über Staubverwehungen gegeben, ist die Notwendigkeit einer meßtechnischen Überwachung sorgfältig zu überprüfen. Hier genügt es in der Regel bei optischer Wahrnehmung von Staub, grundsätzlich Staubbekämpfungsmaßnahmen zu ergreifen. Anders verhält es sich, wenn es um Baumaßnahmen innerhalb einer Wohnbebauung geht, weil Maßnahmen zur Beweissicherung einer sorgfältigen Bauausführung häufig unumgänglich sind. Außerdem erhöht die meßtechnische Überwachung der Arbeitsabläufe die Akzeptanz für die durchzuführenden Arbeiten bei der Nachbarschaft erheblich. Eine meßtechnische Überwachung der Sanierungsarbeiten erfordert grundsätzlich die Dokumentation der Witterungsdaten, besonders wenn es darum geht, Schadstoffverfrachtungen in die Nachbarschaft schlüssig zu bewerten. Meßtechnische Überwachungen sind auch dann angeraten, wenn die gehandhabten Schadstoffe zu starker Geruchsbildung neigen.

Ein weiteres wesentliches Element der organisatorischen Schutzmaßnahmen ist die *Einweisung* und *Unterweisung* des Personals auf der Baustelle, die zweckmäßigerweise der Koordinator durchführt. Wesentlich ist, daß die am Baugeschehen beteiligten Personen von der Notwendigkeit der durchzuführenden Schutzmaßnahmen überzeugt werden. Unterweisungen sollten in regelmäßigen Abständen für Langzeitpersonal auf der Baustelle wiederholt werden und für alle an der Baumaßnahme neu beteiligten Personen Pflicht sein. Hier kann auf die Differenzierung der Schutzmaßnahmen und deren Notwendigkeit eingegangen werden.

Eine weitere Form der Unterweisung stellt die Information der Nachbarschaft zur Baustelle über die Sanierungsmaßnahmen und die dazugehörigen Schutzmaßnahmen dar. Diese Information der Nachbarschaft sollte unter Beteiligung des Koordinators für Sicherheitstechnik vorgenommen werden, um auf Fragestellungen zu den Schutzmaßnahmen adäquat antworten zu können.

Abschließend soll auf die Organisation einer funktionierenden Rettungskette sowie eines gut organisierten Brandschutzes verwiesen werden.

4.3 Persönliche Schutzausrüstungen

Die Auswahl der für den Einzelfall festzulegenden persönlichen Schutzausrüstung ist abhängig zu machen von der Art und Menge der Gefahrstoffe, der Konzentration und Mobilität der Gefahrstoffe sowie der geplanten Tätigkeit der Beschäftigten. Die für Arbeiten in kontaminierten Bereichen obligate Grundausstattung, bestehend aus Bausicherheitsgummistiefeln, atmungsaktiver Einwegschutzkleidung sowie chemikalienbeständigen Schutzhandschuhen mit unterzuziehenden Baumwollhandschuhen ist lediglich dann vorzusehen, wenn in sogenannten Schwarz-Bereichen, d. h. schadstoffbelasteten Bereichen gearbeitet wird. Von dieser Regel darf abgewichen werden, wenn in Abwägung aller Risiken, z. B. bei Schneid- und Trennarbeiten die Schweißerschutzkleidung den notwendigen Schutz vor Verbrennungen bietet, und für derartige Tätigkeiten hier die Priorität zu setzen ist. Für Arbeiten in Weiß- und Grau-Bereichen ist die für Baufacharbeiter vorgesehene gewöhnliche Schutzausrüstung hinreichend. Der Einsatz von Atemschutz ist für den Einzelfall zu prüfen und festzulegen. Die Angemessenheit der festgelegten persönlichen Schutzausrüstung ist mit dem Arbeitsfortschritt immer wieder zu prüfen, zumal besonders bei hohen Umgebungstemperaturen erhebliche physische Belastungen für die Träger derartiger Ausrüstungen zu unterstellen sind.

5 Zusammenfassung

Die Arbeitsschutzkonzepte bei der großflächigen Aufbereitung ehemaliger Industrieflächen haben dem sehr unterschiedlichen Gefahrenpotential bei derartigen Bautätigkeiten Rechnung zu tragen. Variable, jederzeit beeinflußbare organisatorische Maßnahmen des Arbeitsablaufs und der damit verbundenen Maßnahmen des Arbeits- und Nachbarschaftsschutzes sind am besten geeignet, einen reibungslosen und wirtschaftlichen Bauablauf sicherzustellen. Die sorgfältige Planung der durchzuführenden Arbeits- und Nachbarschaftsschutzmaßnahmen sollte ebenso selbstverständlich sein wie die regelmäßige Unterstützung der Arbeitnehmer bei der Umsetzung der verschiedenartigsten Maßnahmen.

Literatur

Burmeier et al: Sicheres Arbeiten auf Altlasten, 2. Aufl. focon, Aachen 1995

Hauptverband der gewerblichen Berufsgenossenschaften (Hrsg.); Richtlinien für Arbeiten in kontaminierten Bereichen (ZH 1/183), 1992

Rumler, R.; König, K.; Georgs, L.: Leitfaden der arbeitsmedizinischen Betreuung von Arbeitnehmern in kontaminierten Bereichen; Sonderdruck der Tiefbau-BG, 1994

Standortgerechte Auswahl geeigneter Sanierungstechniken

Rainer A. Beine und Michael Dohme

1 Einleitung

Altlasten, d.h. Altablagerungen oder Altstandorte, von denen eine Gefahr für das Ökosystem ausgeht, werden an unterschiedlichsten Standorten und mit unterschiedlichsten Gefahrenpotentialen (Schadstoffinventaren) angetroffen.

Die standortgerechte Auswahl geeigneter Sanierungstechniken setzt daher eine genaue Kenntnis der jeweiligen Altlastencharakteristik voraus, um eine wirksame, technisch durchführbare, der Folgenutzung angepaßte und kostenoptimierte Sanierung zu realisieren.

2 Standortcharakteristik

Die Typisierung eines Altlaststandortes erfolgt idealerweise im Rahmen mehrerer, in der Regel chronologisch aufeinanderfolgender bzw. aufeinander aufbauender Untersuchungsschritte, die nachfolgend zusammengefaßt sind:

Erfassung	• Akten- und Kartenauswertung (historische Nutzungsrecherche)
	• Luftbildauswertung
	• Zeitzeugenbefragung
Untersuchung	• Gefährdungsabschätzung
	• Sanierungsuntersuchung
Umsetzung der Ergebnisse	• Sanierungskonzept
	• Sanierungsplanung

Die *Erfassung* von Altablagerungen und Altstandorten stellt eine beprobungslose Erkundung dar, welche die Grundlagen für eine mögliche weitere Bearbeitung (z.B. Feldtätigkeit vor Ort) schaffen soll. Zu dieser Informationssammlung gehören Daten zu Art, Lage und Umfang einer Altlast, zur Chronologie der Altlastentstehung, zu potentiellen Schadstoffen in Altablagerungen, zu branchentypischen bzw. produktionsbedingten Abfallarten und Schadstoffen, zum gegenwärtigen und früheren Zustand der Altlast, zu Standortgegebenheiten (Geologie, Hydrogeologie, Nutzungsinteressen Dritter etc.) sowie zu potentiell beeinträchtigten Schutzgütern. Als wichtige Unterlagen für die Erfassungsphase sind alle Arten von schriftlichen bzw. graphischen Dokumenten wie behördliche oder betriebliche Akten sowie Karten, Pläne oder Luftbilder zu nennen. Die Auswertung letztgenannter Karten und Luftbilder bietet, sofern diese über längere Zeit fortgeführt und aktualisiert worden sind, die Möglichkeit einer multitemporalen Analyse der Entstehung einer Altlast. Auf diese Weise können Rückschlüsse über die Menge, die Art oder die Verteilung der in der betreffenden Altlast vorhandenen Schadstoffe gewonnen werden.

Sofern die Informationssammlung (Erfassung) zu der Feststellung führt, daß eine Beeinträchtigung von Schutzgütern nicht auszuschließen ist, werden für die Verdachtsfläche weitere *Untersuchungen,* zunächst in Form einer Gefährdungsabschätzung vorgenommen.

Die Gefährdungsabschätzung hat das Ziel, das Schadstoffpotential, welches auf die verschiedenen Schutzgüter einwirken kann, zu erkunden und zu bewerten. Sie bezieht sich individuell auf die jeweils untersuchte Altlast. Ziel der Gefährdungsabschätzung ist es, die potentiellen Schadstoffpfade, über welche Schutzgüter gefährdet werden können einzelfallbezogen zu erkennen und aktuelle bzw. künftige Auswirkungen der Altlast auf deren Umfeld zu bewerten. Aus wirtschaftlichen Überlegungen heraus ist es in der Regel sinnvoll, eine Gefährdungsabschätzung in verschiedene Untersuchungsphasen zu gliedern. In einer weniger aufwendigen Orientierungsphase werden dabei zunächst die Ergebnisse der Altlasterfassung und somit das Fortbestehen des Altlastverdachtes überprüft. Sofern die Orientierungsphase zu dem Ergebnis führt, daß weitere Untersuchungen notwendig sind, wird die Gefährdungsabschätzung mit der aufwendigeren Detailphase fortgesetzt. Die Intensität bzw. der Umfang der Untersuchungen richtet sich nach den Erkenntnissen der Erfassungsphase oder nach dem Umfang bzw. dem Umfeld der Altlast und den damit verbundenen Fragestellungen.

Geologisch-hydrogeologische Erkundungen liefern Daten zur Einbindung der Altlast in den Untergrund, d.h. zu den die Altlast umgebenden

Boden- und Gesteinsschichten sowie zu den Relationen des Altlastkörpers zu vorhandenen Oberflächen- und Grundwässern. Die geologisch-hydrogeologische Erkundung ist sowohl Bestandteil der Orientierungs- wie der Detailphase. In letzterer wird oft Fragen des Ausbreitungsverhaltens von Schadstoffen ggf. unter Anwendung von Schadstoffausbreitungsmodellen nachgegangen.

Chemische und physikalische Methoden dienen der Erkennung und der Quantifizierung von Schadstoffen, die in einer Altlast vorhanden sind. Dabei ist einerseits die spezifizierte Analytik auf Schadstoffe in Boden, Bodenluft und Wasser durchzuführen, die möglicherweise im Rahmen der Erfassung der Altlast bereits als potentiell vorhanden erkannt worden sind. Andererseits sind, vor allem bei Altablagerungen, deren Stoffinventar nicht näher eingrenzbar ist, auch Übersichtsanalysen erforderlich, um die Palette der Schadstoffe überhaupt definieren zu können. Aus wirtschaftlichen Gründen ist bereits vor Beginn der chemisch-physikalischen Untersuchungen ein systematisches Vorgehen zu wählen, um aus der Vielzahl potentiell vorhandener Parameter ein geeignetes Untersuchungsprogramm festzulegen. Ggf. ist auch hier eine Abstufung der Untersuchungen in eine Orientierungsphase mit der Analytik von Übersichts- und Summenparametern sinnvoll, der dann in der Detailphase eine spezifische Einzelstoffanalytik folgt.

Biologische Untersuchungen dienen oft der Überprüfung eines Schadstofftransfers aus den primär schadstoffbelasteten Umweltkompartimenten Boden, Bodenluft und Grundwasser in ein Ökosystem bzw. in die Nahrungskette, so daß sie meist Bestandteile der Detailphase einer Gefährdungsabschätzung sind. Inwieweit biologische Untersuchungen überhaupt geeignet sind das Gefährdungspotential einer Altlast zu klassifizieren ist in jedem Einzelfall neu zu entscheiden.

Die hierarchische, d.h. die nach mehreren Untersuchungsphasen gestaffelte Vorgehensweise bei der Gefährdungsabschätzung bietet den Vorteil einer nach jedem Untersuchungsschritt möglichen Bewertung der Untersuchungsergebnisse. Diese Bewertungen bilden die Grundlage für die Entscheidung zur weiteren Vorgehensweise im nächsten Untersuchungsschritt oder aber geben Anlaß zur Einstellung der Datenermittlung, weil z.B. eine Gefährdung von Schutzgütern ausgeschlossen werden kann.

Ziel der abschließenden Bewertung des Gefährdungspotentials von Altlasten ist es abzuschätzen, welche objektive Beeinträchtigung für Schutzgüter von einem Altstandort oder einer Altablagerung ausgeht. Dabei gilt es nicht nur festgestellte Kontaminationen anhand vorhandener Richt- und Grenzwerte einzustufen, sondern alle Untersuchungsdaten für die Bereiche Geologie, Hydrogeologie und Chemie sowie die Erkenntnisse zum Umfeld (z.B. mögliche Hintergrundbelastungen) oder zur derzeitigen und künftigen Nutzung der betrachteten Altlastfläche miteinander in Beziehung zu setzen.

Erst aus der Synthese aller genannten, für jede Altlast spezifischen Randbedingungen (Standortcharakteristik) ergibt sich die einzelfallbezogene Gefährdungsabschätzung.

3 Auswahl geeigneter Sanierungstechniken

Wenn die Gefährdungsabschätzung einer Altlast zu dem Ergebnis führt, daß eine nicht tolerierbare Einwirkung von Schadstoffen auf Schutzgüter gegeben ist, muß eine Sanierung, d.h. eine Beseitigung der Gefährdung ins Auge gefaßt werden. Die Situation der ein oder mehrere Schutzgüter beeinträchtigenden Altlast kann am Wirksystem Altlasten verdeutlicht werden:

Quelle – Weg – Objekt
bzw.
Emission – Transmission – Immission

Die Altlast, d.h. eine kontaminierte Altablagerung oder ein kontaminierter Altstandort setzt Schadstoffe in fester, gasförmiger oder flüssiger Phase frei (Emission), die über verschiedene Transmissionspfade zum Schutzgut gelangen können.

Eine Beseitigung der Gefährdung erfordert die Ausschaltung eines der drei Elemente Quelle, Weg oder Objekt. Abb. 1 zeigt in einer schematischen Übersicht die Verfahren und Maßnahmen, welche für eine solche Vorgehensweise prinzipiell zur Verfügung stehen.

Schutz- und Beschränkungsbestimmungen werden i.a. als Maßnahmen zur akuten Gefahrenabwehr erlassen oder aber in Kombination mit „echten" Sanierungsverfahren (Sicherung oder Dekontamination) im Rahmen der Wiedernutzbarmachung von Altlastflächen als ergänzende Maßnahmen angewandt. Als Beispiel für Schutz- und Beschränkungsbestimmungen seien hier Nutzungseinschränkungen jeglicher Art (z.B. Aus-

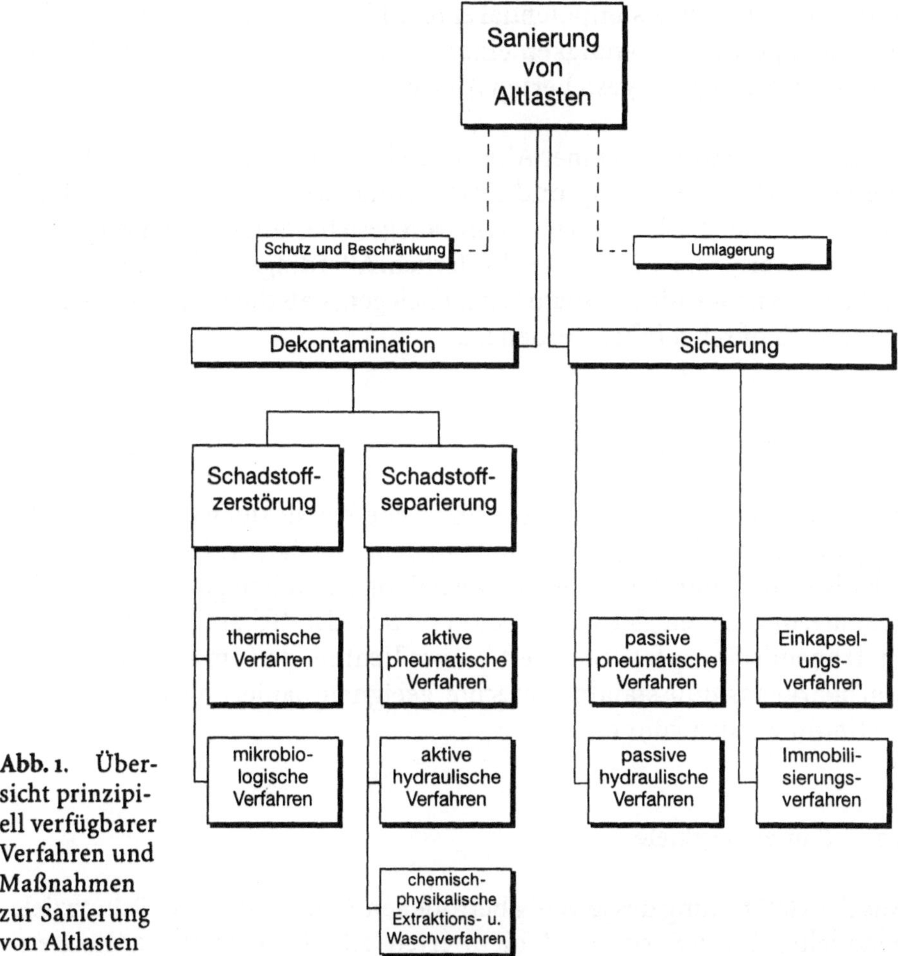

Abb. 1. Übersicht prinzipiell verfügbarer Verfahren und Maßnahmen zur Sanierung von Altlasten

schluß einer Wohnnutzung, Kellernutzung, Gartennutzung, Trinkwassernutzung etc.) genannt.

Die *Umlagerung*, also die Auskofferung und gesicherte Verbringung an einen gesicherten Einbauort (Deponie; Landschaftsbauwerk auf der Altlastfläche) wird als standortspezifische Maßnahme (z.B. Beseitigung akuter Gefahren) oder als mit anderen Verfahren kombinierte Sanierungsstrategie angewandt. Vom Verbleib der Schadstoffe her entspricht sie einer Sicherung.

Eine *Sicherung* bewirkt eine Unterbrechung der Transmissionspfade (Schadstoffpfade, Gefährdungspfade). Eine Dekontamination findet nicht statt, so daß das Schadstoffpotential einer Altlast prinzipiell erhalten bleibt. Daraus folgt die Notwendigkeit einer zeitlich zunächst uneingeschränkten Überwachung der gesicherten Altlast.

Die *Dekontamination* einer Altlast bewirkt die endgültige Beseitigung (Zerstörung; Separierung und Entsorgung) der vorhandenen Schadstoffe, d.h. eine mit der Überwachung von gesicherten Altlasten vergleichbare Nachsorgephase ist nicht erforderlich. Allerdings ist durch qualitäts- und beweissichernde Maßnahmen zu belegen, daß die Dekontamination erfolgreich durchgeführt worden ist.

3.1 Sanierungsuntersuchung

Die Sanierungsuntersuchung stellt eine Weiterentwicklung bzw. Weiterführung der Gefährdungsabschätzung mit dem Ziel dar, die Kenntnisse zum Schadstoffinventar, zur Schadstoffverteilung (Einteilung der Altlastfläche in Sanierungszonen gleicher Boden- und Schadstoffcharakteristik) sowie zu Transmissionspfaden soweit zu verdichten, daß im Rahmen einer Machbarkeitsstudie standortgerechte, geeignete Sanierungsmaßnahmen bestimmt werden können.

3.2 Sanierungsziele

Aus der Gefährdung des jeweilig betroffenen Schutzgutes sind Schutzziele herzuleiten, die in Form von Zahlenwerten (z.B. Höchstwerte der Konzentration von Schadstoffen) oder in verbaler Umschreibung angegeben werden können. Auf der Basis der Schutzziele und der Ergebnisse der Sanierungsuntersuchung sind Maßgaben für das technische Ergebnis von Sanierungsmaßnahmen (z.B. Reinigung auf bestimmte Grenzkonzentrationen) festzulegen. Dabei kann der Ansatz zur Festlegung der Sanierungsziele im Rahmen der technischen und finanziellen Möglichkeiten über die Forderung einer nutzungsbezogenen Gefahrenabwehr hinausgehen. Dagegen werden Handlungsschwellen aus den Anforderungen einer gefahrlosen Nutzung festgelegt.

Sanierungsrichtwerte können aus toxikologischen Daten der relevanten Schadstoffen, aus bestehenden Richt- und Grenzwerten, aus der Hintergrundbelastung oder aus gegebenen technischen Randbedingungen abgeleitet werden.

Die Ableitung der Sanierungsziele erfolgt für bestimmte Flächennutzungen und die sich daraus ergebenden Zielgruppen und Expositionswege sowie im Hinblick auf den Grundwasserschutz. Dabei ist die jeweils empfindlichste Zielgruppe maßgebend, die bei der angenommenen Flächennutzung exponiert wird. Weiterhin sind die für die Expositionswege relevanten Bodenhorizonte zu beachten.

Aus diesen Überlegungen sind sowohl Sanierungsziele als auch Handlungsschwellen für verschiedene Nutzungsarten und Bodenzonen herzuleiten (Tab. 1).

Tabelle 1. Sanierungsziele oder Handlungsschwellen in Abhängigkeit von Nutzungsart und Bodenzone (angesetzt 3 Tiefenbereiche)

	Nutzungsart		
Bodenzone	Gewerbe- und Industriefläche	Wohnfläche	Grünfläche
Tiefenbereich 1	Q_{GI}	Q_{W1}	Q_G
Tiefenbereich 2	Q_{GI}	Q_{W2}	Q_{GW}
Tiefenbereich 3	Q_{GW}	Q_{GW}	Q_{GW}

Q: Qualitätsanforderungen, d.h. Sanierungsziele oder Handlungsschwellen
Q_{GI}: Qualitätsanforderungen auf Gewerbe- und Industrieflächen
Q_W: Qualitätsanforderungen auf Wohnflächen (Q_{W1} strenger als Q_{W2})
Q_G: Qualitätsanforderungen auf Grünflächen
Q_{GW}: Qualitätsanforderungen im Hinblick auf den Grundwasserschutz

Die Qualitätsanforderungen an die Bodennutzung werden als Schadstoffkonzentrationen in der Originalsubstanz und im Eluat angegeben; die im Hinblick auf den Grundwasserschutz festzulegenden Werte beziehen sich vor allem auf das Eluat.

3.3 Machbarkeitsstudie und Sanierungskonzept

Im Rahmen einer Machbarkeitsstudie werden prinzipiell vorhandene Sanierungstechniken (Abb. 1) in verschiedenen Arbeitsschritten auf ihre naturwissenschaftlich-technische Eignung hin untersucht. Grundsätzlich werden die prinzipiell vorhandenen Sanierungstechniken in vier Arbeitsschritten untersucht:

- Ausschluß und Vorauswahl
- Abwägung und Wichtung
- Kostenschätzung und Kosten-Nutzen-Analyse
- Sanierungsvorschlag

Der *Ausschluß und die Vorauswahl* prinzipiell geeigneter bzw. nicht geeigneter Sanierungstechniken erfolgt nach den zuvor in der Sanierungsuntersuchung ermittelten Boden- und Schadstoffgruppen innerhalb der Sanierungszonen, die am Standort der Altlast festgelegt worden sind. Als geeignet sind dabei nur solche Sanierungstechniken einzustufen, die aus naturwissenschaftlich-technischer Sicht für alle nachgewiesenen Schadstoffgruppen sowie die vorliegende Bodengruppe wirksam sind. Bei Vorhandensein sich physikalisch und chemisch sehr unterschiedlich verhaltender Schadstoffgruppen kann es erforderlich sein, eine Sanierungstechnik zu konzipieren, bei der kontaminiertes Bodenmaterial mehrere Reinigungsstufen durchlaufen muß. Am Ende der Vorauswahl von Sanierungstechniken stehen prinzipiell für die Lösung der spezifischen Altlastenproblematik am Altlaststandort geeignete bzw. bedingt geeignete Sanierungstechniken, die in weiteren Arbeitsschritten auf ihre technische Machbarkeit detailliert untersucht werden. Diese Detailuntersuchung wird im Arbeitsschritt *Abwägung und Wichtung* vorgenommen, in dem als prinzipiell geeignet erkannte Sanierungstechniken nach verschiedenen Hauptkriterien bewertet werden, die wiederum durch Unter- und Nebenkriterien weiter zu spezifizieren sind.

Als Hauptkriterien sind die *Wirksamkeit*, die *Verfügbarkeit*, die *Umweltverträglichkeit* und die *Sicherheit* der Sanierungsverfahren zu nennen.

Die *Wirksamkeit* eines Sanierungsverfahrens ist abhängig von der granulometrischen Bodenzusammensetzung (fein-, gemischt-, grobkörnig), von den zu erwartenden Schadstoffgruppen (anorganische Schadstoffe wie (Schwer-)Metalle, Salze bzw. andere ionisierbare Substanzen; organische (halogenierte) Schadstoffe). Weiterhin hängt die Wirksamkeit bzw. der wirksame Einsatz eines Sanierungsverfahrens u.a. von infrakstrukturellen und nutzungsbedingten Gegebenheiten am Sanierungsort, von zeitlichen Rahmenbedingungen sowie vom Sanierungsziel, d.h. dem angestrebten Sanierungserfolg ab.

Für die Beurteilung der *Verfügbarkeit* eines Sanierungsverfahrens wird insbesondere dessen Entwicklungsstand und die vorliegenden Referenzen geprüft. Darüber hinaus werden zeitliche und rechtliche (Genehmigungsfähigkeit etc.) Aspekte untersucht.

Im Rahmen der Prüfung der *Umweltverträglichkeit* eines Sanierungsverfahrens sind Emissionen und Immissionen, welche bei Sanierungsdurchführung auftreten, zu untersuchen. Weiterhin sind Fragen der Energieversorgung, des Gefährdungsausschlusses für Schutzgüter im Umfeld der Altlast während der Sanierung, der möglichen Verlagerung des Gefährdungspotentiales, der Reststoffentsorgung und der weitere Verbleib (Verwertung?) der gereinigten Umweltmedien Boden, Wasser und Luft zu prüfen.

Für die Bewertung von Fragen der *Sicherheit* bei Anwendung eines Sanierungsverfahrens werden die Themen Arbeitssicherheit und Arbeitsschutz sowie die Möglichkeit bzw. Wahrscheinlichkeit von Störfallrisiken behandelt.

Vor der konkreten Realisierung einer Sanierungsmaßnahme sollten für die in der theoretischen Vorauswahl am besten geeigneten Sanierungstechniken Vorversuche im Labormaßstab gefahren werden, um die endgültige Entscheidung für die Sanierungstechnik abzusichern.

Ein weiteres Kriterium bei der Bestimmung des geeigneten Sanierungsverfahrens ist dessen wirtschaftliche Bewertung im Sinne einer *Kostenschätzung* bzw. einer *Kosten-Nutzen-Analyse*. Eine Kosten-Nutzen-Betrachtung geht dabei sowohl auf den Aufwand zur Erreichung des Sanierungszieles unter Berücksichtigung von Investitions- und Betriebskosten für die Sanierungsvarianten als auch auf die Bewertung des Projekterfolges ausgedrückt durch eine nach der Sanierung mögliche höherwertige Nutzung des Sanierungsobjektes ein.

Die Überlegungen innerhalb der Machbarkeitsstudie münden schließlich in einen *Sanierungsvorschlag*. Dieser umfaßt ggf. mehrere Sanierungsvarianten, die entsprechend der Bewertungen in der Machbarkeitsstudie gestaffelt sind. Der beste, d.h. standortgerechte und geeignete Sanierungsvorschlag wird letztlich nach Zustimmung der Entscheidungsträger in das Sanierungskonzept übernommen.

3.4 Sanierungsalternativen

Sanierungsalternativen bilden die Synthese aus den Untersuchungen zur Standortcharakteristik bzw. der Festlegung der Sanierungszonen im Rahmen der Sanierungsuntersuchung und den Ergebnissen der Machbarkeitsstudie. Weitere Aspekte, die in die Bewertung der Sanierungsalternativen einfließen sind die juristischen, ökologischen und ökonomischen Randbedingungen, welche zur Durchführung von Sanierungen erforderlich sind. Dazu gehören die Prüfung alternativer Nutzungsszenarien und deren Auswirkungen auf das Kosten-Nutzen-Verhältnis, die Klärung genehmigungs- und betriebsrechtlicher Fragen der vorgesehenen Sanierungstechniken oder die Schaffung ausreichender Finanzmittel zur kompletten Abwicklung der Sanierungsmaßnahme. In Abb. 2 sind die Arbeitsschritte zur Erstellung eines Sanierungskonzeptes zusammenfassend dargestellt, die in eine konkrete Sanierungsplanung münden.

Sollten vorgegebene Sanierungsziele (z.B. Wohnnutzung) nach Prüfung technischer und wirtschaftlicher Randbedingungen nicht realisierbar sein, so kann durch ein der Schadstoffverteilung angepaßtes Nutzungskonzept (z.B. Grünflächen in höher kontaminierten Bereichen, Gewerbeflächen in gering kontaminierten Bereichen, Wohnflächen in nicht kontaminierten Bereichen) eine unter Kosten-Nutzen-Gesichtspunkten realisierbare Sanierung erreicht werden.

Im Hinblick auf Langzeitwirksamkeit und Kosten kommt der Sanierungsstrategie – Dekontamination oder Sicherung – bzw. dem Anteil dieser Maßnahmen an kombinierten Varianten herausragende Bedeutung zu.

Sicherung und Dekontamination werden als gleichwertig eingeschätzt, wenn zur Sicherung umweltverträgliche Verfahren eingesetzt werden und deren Wirksamkeit überwacht wird. Bei den Kosten ergeben sich aber gravierende Unterschiede.

Der wichtigste Einflußfaktor auf die Gesamtkosten einer Sanierungsmaßnahme im Vergleich der verschiedenen Sanierungsstrategien ist die Menge, d.h. entweder das Volumen des zu behandelnden Bodens oder die zu sichernde Fläche. Der Kostenvergleich fällt um so mehr zugunsten der Sicherung aus, je größer das Verhältnis zu behandelndes Bodenvolumen/zu sichernde Fläche oder je größer die Fläche einer tiefreichenden Kontamination wird.

Aus dem schematischen Ablauf der Sanierungsuntersuchung wird deutlich, daß ein iteratives Verfahren durch Variation der Nutzung zielführend im Sinne eines kostenoptimierten Sanierungskonzeptes ist.

Durch Anwendung der nutzungsbezogenen Handlungsschwellen ergeben sich die Sanierungszonen als diejenigen Flächen, auf denen die jewei-

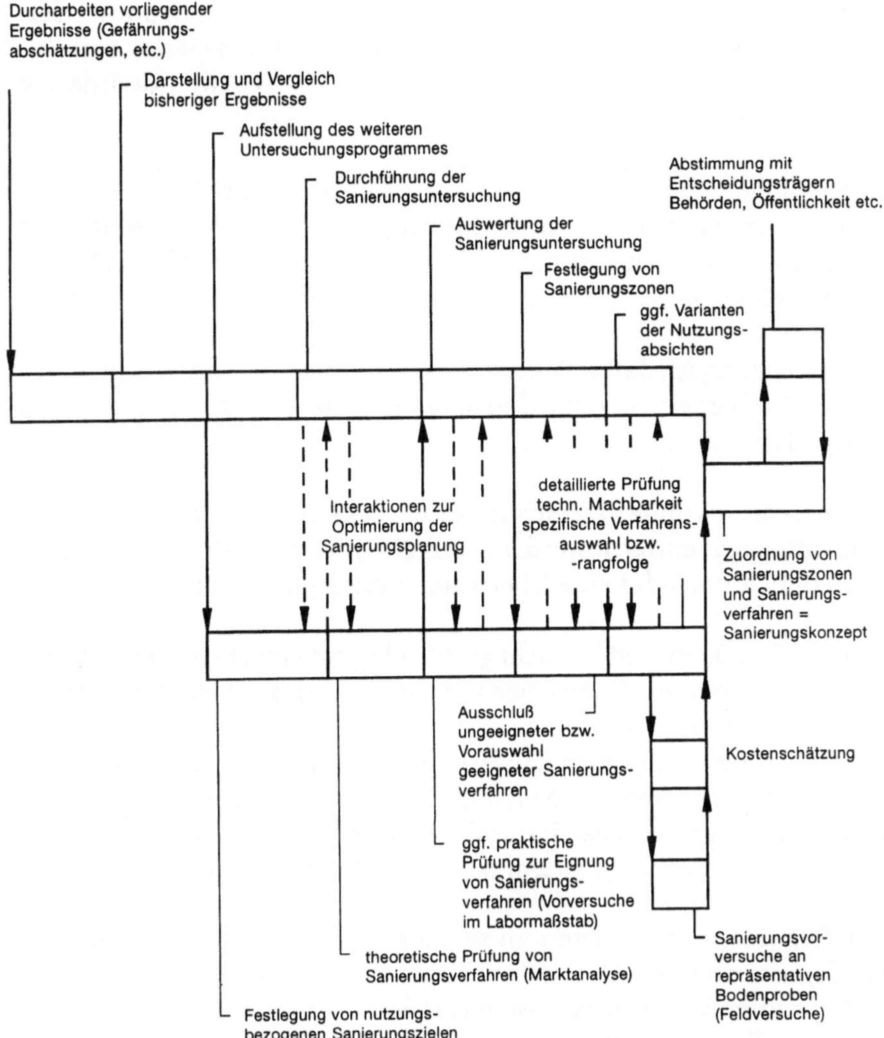

Abb. 2. Arbeitsschritte zur Erstellung eines Sanierungskonzeptes

ligen Handlungsschwellen überschritten werden. Durch die unterschiedlichen Handlungsschwellen für verschiedene Nutzungen können sich eine unterschiedliche Anzahl von Sanierungszonen, unterschiedliche Flächengrößen und Volumina kontaminierter Böden ergeben. Zum Beispiel könnte eine gering belastete Fläche, die bei Wohnnutzung als Sanierungszone auszuweisen ist, bei einer Gewerbenutzung als nichtsanierungsbedürftige Fläche unberücksichtigt bleiben. In der Sanierungsuntersuchung können sich daraus eine Vielzahl von möglichen Varianten mit unterschiedlichen Kosten-Nutzen-Verhältnissen ergeben.

Werden die Qualitätsanforderungen im Hinblick auf den Grundwasserschutz eingehalten, ist eine einfache Sicherungsmöglichkeit das Aufbringen unbelasteten Materials in Mächtigkeit des in Tabelle 1 definierten Tiefenbereichs 1.

Eine solche Oberflächenabdeckung ist eine Möglichkeit der Oberflächensicherung, wobei sich die Mächtigkeit der Abdeckung je nach Schutzziel von wenigen Dezimetern bis in den auch gründungstechnisch günstigen Meter-Bereich bewegen kann.

Voraussetzung ist, daß sich nach der daraus resultierenden Neuzuordnung der Tiefenbereiche keine Überschreitungen von Sanierungszielen in größerer Tiefe ergibt.

Ist auch der Grundwasserschutz zu berücksichtigen und können die Schadstoffe nicht entfernt werden, muß die Oberfläche durch eine Oberflächenabdichtung oder eine Überbauung versiegelt werden.

Kontaminationen sind i.a. nicht großflächig auf einem Grundstück vorhanden. Im Falle einer Oberflächenabdichtung ist deshalb die Umlagerung und Konzentration der kontaminierten Massen auf eine Teilfläche und deren Sicherung z.B. in einem Landschaftsbauwerk sinnvoll, um die Kosten der Sicherung zu senken und Nutzungseinschränkungen auf die gesicherte Teilfläche zu reduzieren. Bei der Umlagerung sollten hochbelastete Böden aussortiert und einer Dekontamination zugeführt werden.

Die Dekontamination kann on site, d.h. in mobilen Anlagen auf dem Gelände, oder off site in stationären Bodenbehandlungsanlagen erfolgen. Bei bestimmten Verhältnissen ist eine Dekontamination auch in situ, d.h. ohne Auskofferung des Bodens, möglich.

Reichen Kontaminationen bis ins Grundwasser, sind neben einer Umlagerung mit anschließender Dekontamination oder Sicherung auch vertikale Abdichtungen und/oder hydraulische Sanierungsmaßnahmen ins Auge zu fassen.

Literatur

Beine, Laßl, Egenolf, Grieseler, Krakau, Overmann: Leitfaden zur Auswahl von Sanierungsverfahren für Altlasten, in Wiedernutzung von Industriebrachen: Simulation der integrierten Nutzungs- und Sanierungsplanung von Altlasten (SINUS)/Hrsg.: WolfangSelke; Bernd Hoffmann. Bonn: Economica Verl., 1995

Der Rat von Sachverständigen für Umweltfragen: Altlasten, Sondergutachten, Metzler-Poeschel Stuttgart, Dezember 1989

Der Rat von Sachverständigen für Umweltfragen: Altlasten II, Sondergutachten, Metzler-Poeschel Stuttgart, Dezember 1995

Bebauung einer ehemaligen Industriebrache – Neue Mitte Oberhausen –

HANS-ULRICH WERNER

1 Einleitung

Die Bebauung von natürlichem, ungestörtem Gelände tritt mehr und mehr hinter der Wiedernutzung bereits bebauter Flächen zurück. Besonders bei Industrieanlagen, die seinerzeit am Stadtrand angesiedelt wurden und jetzt in größere Zentrumsnähe gerückt und zudem überaltet und unwirtschaftlich sind, bieten sich Neunutzungen des Geländes an. Daß dies nach der Wiedervereinigung nicht nur im Osten Deutschlands der Fall ist, soll das nachfolgend beschriebene Beispiel aufzeigen.

2 Die Industriebrache

Auf dem Areal zwischen Alt-Oberhausen und dem Rhein-Herne-Kanal siedelte sich in der Mitte des 19. Jahrhunderts die Stahlindustrie als eine der Keimzellen des sich schnell entwickelnden Industriestandortes Ruhrgebiet an. Noch bis in die Mitte der 70er Jahre unseres Jahrhunderts waren dort zwei Zechen zu sehen. Die letzten Walzwerke wurden aufgrund der Stahlkrise 1984 und 1991 stillgelegt. Diese je ca. 500 m x 150 m Fläche bedeckenden Bauten und einige weitere Gebäude und Anlagen bildeten die Restbebauung des als ehemaliges Thyssengelände bekannten Areals, auf welchem zur Zeit die Neue Mitte Oberhausen entsteht (Abb. 1).

3 Die neue Bebauung

Im Rahmen der Entwicklung der „Neuen Mitte Oberhausen" wird auf einer Fläche von ca. 100 ha das Centr´*O* Oberhausen, ein überregionaler Einkaufs- und Freizeitpark errichtet. Ein riesiges, aber in aufgelockerter Form konzipiertes zweistöckiges Einkaufszentrum bildet den Kern der Anlage. Der nächstgrößte Baukomplex ist eine Mehrzweckhalle, die sogenannte „Arena", welche 12.000 Besuchern Platz bietet. Der südliche Teil des Geländes ist für Büro- und Gewerbebauten reserviert, im Norden sind Sportanlagen (Tennisplätze, Hockey etc.) sowie ein Freizeit- und Vergnügungspark mit kleinen Seen und Fahrgeschäften vorgesehen. Im mittleren Bereich wird eine weitere Wasserfläche als langgestreckter Kanal angelegt, der mit Promenaden versehen einen zusätzlichen Erholungsbereich darstellt (Abb. 1).

Das gesamte Gebiet ist verkehrstechnisch bestens erschlossen: Zwei Abfahrten vom Emscher-Schnellweg (A 42) im Westen und Osten sowie unauffällige Parkhäuser in unmittelbarer Nachbarschaft zum Einkaufszentrum dienen dem Individualverkehr. Der Zugang mit öffentlichen Verkehrsmitteln ist durch eine Haltestelle der neuen Nahverkehrsstrecke Oberhausen Zentrum - Oberhausen Sterkrade gegeben, die zentral zwischen dem Einkaufszentrum und der Mehrzweckhalle eingerichtet wird.

Als Erkennungsmerkmal steht am nordwestlichen Rand des Neubaugebietes der Gasometer, ein ehemaliger Gaskessel, welcher mit seinen stattlichen 118 m Höhe zu den größten seiner Art in Europa zählt. Da er in-

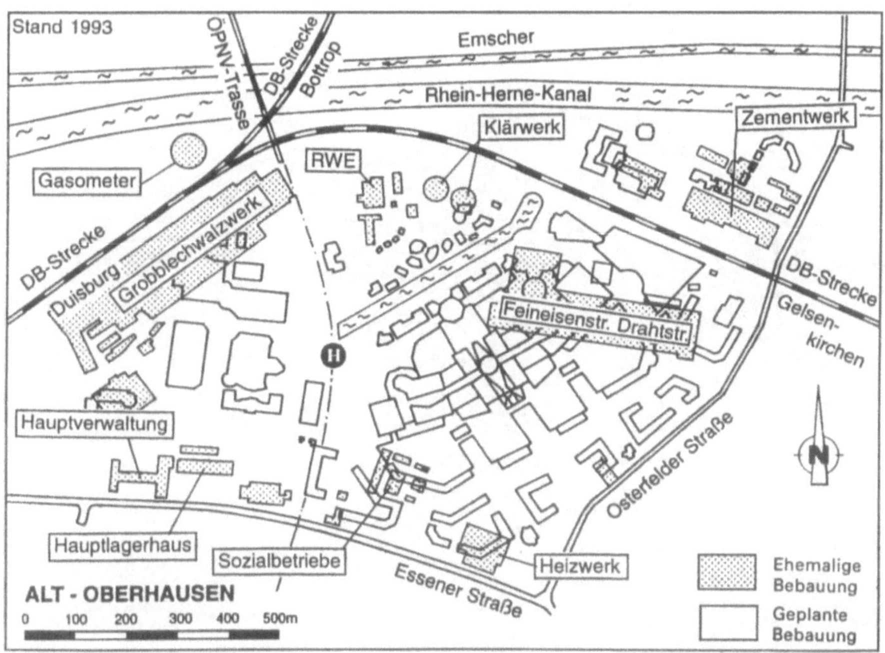

Abb. 1. Ehemalige Industrieanlagen und neue Bebauung des Projektes Centr'O Oberhausen

zwischen zu den Industriedenkmälern gehört, dessen Inneres als Ausstellungsraum und dessen Dach als hervorragende Aussichtsplattform über das Ruhrgebiet nutzbar gemacht worden ist, wird er diese Kennzeichnungsfunktion auch für längere Zeit behalten. Die Grün- und Freizeitflächen werden gestalterisch in das überregionale Emscher Park Programm integriert.

4 Untergrund- und Grundwasserverhältnisse

Das wieder neu erschlossene Bebauungsgebiet befindet sich geologisch betrachtet in den südlichen Ausläufern des Münsterländer Kreidebeckens auf einer holozänen Niederterrasse der Emscher. Der Schichtenaufbau ist gekennzeichnet von 2 m bis 7 m mächtigen künstlichen Auffüllungen, die früher zum Ausgleich von Bergsenkungen auf die in Bodenaufschlüssen noch zu erkennende Humus- und Oberbodenschicht abgelagert worden sind. Wie für das Ruhrgebiet typisch, besteht die Auffüllung unter anderem aus Bergematerial, Kohle, Bauschutt, Schlacken und anderem Abraum.

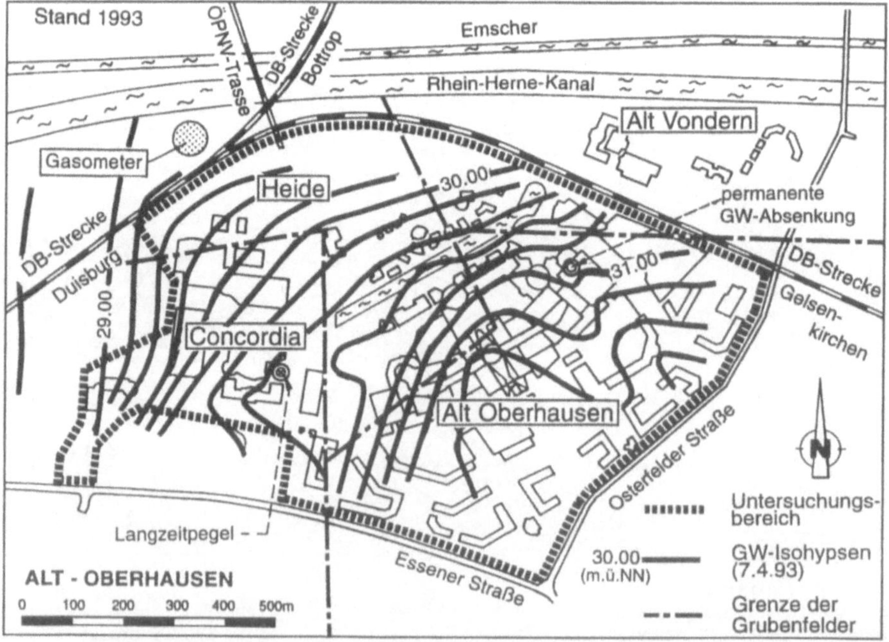

Abb. 2. Grundwasser-Isohypsen und ehemalige Grubenfelder im Bereich des Centr'O Oberhausen

Die natürlich anstehenden quartären Sande weisen unterschiedliche Schluff- und Kieskornanteile und wechselnde Lagerungsdichten auf. Sie haben eine Schichtdicke von 7 m bis 12 m und werden von sandigen Tonen steifer bis halbfester Konsistenz, dem oberkretazischen Emscher Mergel, unterlagert. Diese Tone bilden den Grundwasserstauer, die Emscher Sande das obere Grundwasserstockwerk. Das Grundwasser fließt im betrachteten Geländebereich mit geringem Gefälle von Südost nach Nordwest mit einem Flurabstand von circa 5 m (Abb. 2). Aufgrund von Analysen stellte sich das Grundwasser als aggressiv gegen Beton heraus, was bei der geplanten neuen Bebauung zu berücksichtigen war.

Eine ausführliche Beschreibung der Untergrund- und Grundwassersituation einschließlich des Untersuchungsprogrammes ist anläßlich der deutschen Baugrundtagung 1994 in Köln bereits vorgestellt worden (Werner, 1994).

5 Besonderheiten des Geländes

Neben den von der alten Bebauung zurückgebliebenen Maschinen- und Stützenfundamentresten mit Blockgrößen bis zu ca. 100 m³ Volumen, den bis zu 25 m tiefen Schächten und den alten, zum Teil noch während der Bauphase betriebenen Abwassersammlern waren im Rahmen der Planung und während der Errichtung der Neubauten folgende Umstände zu berücksichtigen:

- die Einflüsse des ehemaligen Bergbaus
- die Relikte der Bombardements während des Zweiten Weltkrieges
- die schlackenreichen Auffüllungen
- die Kontaminationen des Untergrundes und des Grundwassers.

5.1 Einflüsse des ehemaligen Bergbaus

Im Bereich der Neuen Mitte Oberhausen befanden sich die vier Grubenfelder Alt-Oberhausen, Alt-Vondern, Heide und Concordia (Abb. 2). In den beiden erstgenannten ist bis 1930, in den anderen bis 1968 Abbau bis in Tiefen von 600 m betrieben worden. Die höchstgelegenen Abbaue lagen in einer Tiefe von etwa 300 m und gehörten zu den ältesten, bereits 1900 nicht mehr genutzten Grubenfeldern. Bergsenkungen sind nach Aussagen der Fachbehörden und der Eigner im untersuchten Gelände nicht mehr zu erwarten.

5.2 Die Reste der Bombardements während des Zweiten Weltkrieges

Auf inzwischen zugänglichen Luftbildaufnahmen der ehemaligen Alliierten des Zweiten Weltkrieges sind im betrachteten Gelände deutlich zahlreiche Bombenkrater erkennbar. Der Kampfmittelräumdienst beim Regierungspräsidenten in Düsseldorf hat vier vermutete Blindgänger als lokale Verdachtsflächen einschlägig ausgewiesen. Geophysikalische Detailuntersuchungen während der Baufeldfreimachung konnten den Verdacht jedoch nicht bestätigen, so daß das Risiko, auf Blindgänger zu stoßen, nicht höher als im übrigen Ruhrgebiet einzuschätzen war. Während der Bauarbeiten wurde im März 1996 ein Blindgänger im äußersten Norden entdeckt, auf den man im Verlauf der Baufeldfreimachung nicht gestoßen war; er konnte entschärft werden, ohne Schaden anzurichten.

5.3 Die schlackenreichen Auffüllungen

Die Schlacken innerhalb der Auffüllung wurden hinsichtlich ihrer Quellfähigkeit untersucht. Dabei stellte sich heraus, daß bei weniger als acht Prozent des Schlackenmaterials aufgrund von darin enthaltenem Larnit eventuelle Instabilitäten bei Wasserzutritt hätten eintreten können. Obwohl örtlich auftretende begrenzte Expansionen zum größten Teil im Bodenverband aufgefangen werden, wurden dennoch lokal angetroffene Bereiche von konzentriert abgelagerter reiner Schlacke im Rahmen der Baufeldfreimachung ausgeräumt. Damit konnten auch die Bedenken des Investors aufgrund von unangenehmen Erfahrungen bei einem früheren Projekt in England zerstreut werden.

5.4 Die Kontamination des Untergrundes und des Grundwassers

Wie in nahezu allen weitestgehend industriell genutzten Gebieten sind auch im betrachteten Areal nach Art und Konzentration variierende Schadstoffgehalte im Boden festgestellt worden. Um darüber genaueste Kenntnisse zu erhalten, wurde ein sehr umfangreiches Untersuchungsprogramm mit ständiger Einbindung der maßgeblichen Umweltbehörden abgewickelt. Als Altlast-Bewertungsgrundlagen dienten unter anderem die LÖLF-Liste, die Holland-Liste, die Englische Liste, die WHO Quality Guidelines, die EG-Richtlinie Grundwasserverunreinigungen und der Richtlinienentwurf Deponienklassifizierung der Altlastenkommission des Landes Nordrhein-Westfalen.

Im Auffüllungsmaterial wurden zum Teil flächendeckend Spuren von überwiegend an Schlacken gebundenen Metallen und Schwermetallen gefunden; punktuell wurden auch Gehalte an Chrom, Cadmium, polyzyklischen aromatischen Kohlenwasserstoffen und Mineralölkohlenwasserstoffen nachgewiesen. Im allgemeinen zeigten die Kontaminationen nur sehr geringe Lösungsvermögen, so daß der Expositionspfad Boden-Grundwasser nicht als kritisch angesehen wurde.

Weitreichende Analysen wiesen außerdem nach, daß im Vergleich von zuströmendem und abströmendem Grundwasser innerhalb der Neuen Mitte Oberhausen keine nachteiligen Veränderungen der Wasserqualität auftraten (Werner, 1995).

6 Die Baufeldfreimachung

Im Anschluß an die Demontage und den etappenweisen Abbruch aller oberirdischen Bauteile von Hallen und sonstigen Gebäuden, was sich zum geringen Teil auch noch bis in die Bauzeit für das neu zu errichtende Projekt hinzog, erfolgte der gezielte Abbruch im unterirdischen Bereich. Dabei wurde versucht, die Beseitigung der bekannten Fundamente, Schächte und sonstigen tief liegenden Bauwerksteile im Hinblick auf die geplante Bebauung zu optimieren; extrem tief liegende Wände und Sohlen sowie außerhalb des seinerzeit definierten neuen Bebauungsbereiches vorhandene Massenfundamente wurden im Sinne einer wirtschaftlichen Lösung weitestgehend belassen. Unter dem gleichen Gesichtspunkt erfolgte die Festlegung des Niveaus für die spätere mittlere Geländeoberfläche unter Sicherstellung des Erd-Massenausgleiches. Besondere Aufmerksamkeit wurde der Steuerung von Einzelmaßnahmen wie Ausbau, Um- oder Zwischenlagerung und Entsorgung von Altmaterialien gewidmet.

Während im Kaufvertrag die Details der Aufgabenverteilung und Verantwortungsbereiche der Vertragspartner generell geregelt waren, bedurfte es im Hinblick auf die technisch realisierbaren Ausführungsbestimmungen einiger wichtiger zusätzlicher Vereinbarungen, die auf der Basis der Detailuntersuchungsergebnisse und der vorgesehenen Planungskonzeption ausgearbeitet werden mußten. In diesem Zusammenhang konnten aufgrund der Struktur der beteiligten Partner bei der Entwicklung des beschriebenen Projektes hervorzuhebend gute Erfahrungen gesammelt werden. Deshalb ist auch in anderen ähnlich gelagerten Fällen dringend zu empfehlen, bei Änderungen von Liegenschaftsverhältnissen bereits

Abb. 3. Gelände während der Baufeldfreimachung vom Dach des ehemaligen Gasometers aus gesehen (Foto: Ehrich/Joppeck)

während der Verhandlungen der Kauf- oder Nutzungsverträge spezifischen technischen Sachverstand einzubringen.

Zur Baufeldfreimachung gehörte auch die Untersuchung der Altbau-Materialien, vor allem des Betons, auf eventuell vorhandene Kontaminierungen. Dies war notwendig, da möglichst viel Abbruchmaterial zur Wiederverwertung auf dem Gelände genutzt werden sollte. Eine besondere Behandlung erfuhren die noch längere Zeit in Betrieb zu haltenden Abwasserkanäle und sonstigen Versorgungsleitungen und Bauwerke, wie z.B. das spät abgeschaltete „Schalthaus Wiese" der RWE im mittleren Teil des Areals.

7 Wiederverwertung von Abbruchmaterialien

Die demontierten Hallen und Walzwerkanlagen konnten zum großen Teil in Drittländer verschifft und dort wiederaufgebaut und genutzt werden.

Das überwiegend aus Beton bestehende Abbruchmaterial wurde nach Herkunft, Zusammensetzung und dem Grad festgestellter Verunreinigung getrennt. Großstückiges Material wurde in Brechern zerkleinert und auf Zwischenlager innerhalb des Baufeldes gelagert oder unmittelbar wieder eingebaut.

In Anlehnung an die „Anforderungen an die Verwertung von Aushubmaterialien, industriellen Nebenprodukten und aufbereiteten Reststoffen im Stadtgebiet Düsseldorf" von 1991 erfolgte die Zuordnung des Materials in drei Wiedereinbauklassen, wobei auch eine eventuelle Gefährdung des Grundwassers in die Kategorisierung mit einbezogen wurde.

Klasse I. Generell zur Wiederverwendung geeignet (ca. 30 %)
Klasse II. Zum Wiedereinbau oberhalb des Grundwassers unter einer Deckschicht zur Sickerwasserreduzierung geeignet (ca. 65 %)
Klasse III. Wie II, jedoch nur dort, wo eine vollständige Oberflächenversiegelung gewährleistet ist, d.h. unter Asphaltdecken oder Gebäuden (weniger als 5 %).

Die Klammerwerte geben die Verteilung der Gesamtmenge an angefallenem Erd-, Auffüll- und Abbruchmaterial wieder.

Abzutragen waren auch mehrere Bahndämme ehemaliger Industriegleise, was ebenfalls im Rahmen der bereits beschriebenen sogenannten „intelligenten Lösung" bei der Festlegung des optimalen späteren Geländeniveaus einschließlich der geplanten Geländemodellierungen im Freizeitpark berücksichtigt werden mußte.

Das in verschiedene Kornfraktionen gebrochene, klassifizierte und getrennt zwischengelagerte Abbruchmaterial fand seine wesentliche Wiederverwertung im Unterbau von Straßen und Hallenböden. Es wurde aber auch zur Auffüllung belassener ehemaliger Hohlkonstruktionen und zur Hinterfüllung von Stützmauern im Arenabereich, hier zum Zweck der Reduzierung des Erddruckes, eingesetzt.

8 Nutzung vorhandener Restkonstruktionen

Tiefliegende ehemalige Schacht- und Wannenbauteile und vereinzelte Blockfundamente wurden durch gezieltes Belassen quasi wiedergenutzt. Die als höher eingestuften Kosten eines Abbruches derselben deckten eindeutig das Kostenrisiko ab, welches in einer beschränkten Anzahl von Fällen mit dem notwendigen Ersatz der vorgesehenen Standardgründung durch eine besondere Gründung verbunden war. Die aufbereiteten Abbruchmaterialien wurden zur Verfüllung der im Rahmen der Baufeldfreimachung entstandenen Vertiefungen im Gelände verwendet und so eingebaut, daß bezüglich ihres Belastungsverhaltens eine bestmögliche Anpassung an den benachbarten Untergrund erreicht wurde.

Die vorhandenen Abwassersammler konnten aufgrund ihrer Lage, des Gefälles und teilweise ihres Bauzustandes nicht wiederverwendet werden. Dagegen rentierte sich die Untersuchung der weiteren Verwendbarkeit der bestehenden Dükeranlage unter dem Rhein-Herne-Kanal zur Emscher aus dem Jahr 1964 mit Durchmessern von 2 × DN1500 und 1 × DN1200. Das Dükerrohr mit dem kleineren Durchmesser wurde auf die Ableitung von Regenwasser beschränkt, welches sauberer und daher weniger aggressiv als Misch- oder Schmutzwasser ist.

Die Stabilität der beiden größeren Rohre schien nicht mehr die entsprechenden Forderungen zu erfüllen; ihre Dichtigkeit war nicht mehr gegeben. Daher wurde ein Rohr verfüllt und das zweite zur Ableitung von Schmutzwasser wieder genutzt. Das erfolgte durch das Einziehen eines Kunststoffrohres aus PE-HD, wobei es galt, die optimale Lösung zwischen größtmöglichem Durchflußquerschnitt und - aufgrund der Einbauzwangspunkte - höchstzulässigem Rohrdurchmesser zu finden. Der Ringspalt wurde mit Dämmer verpreßt.

Selbstverständlich sind alle denkmalgeschützten Bauwerke auf dem Areal der Neuen Mitte Oberhausen zur weiteren, wenn auch andersartigen Verwendung erhalten geblieben. Hierzu zählen vor allem das ehemalige Thyssen-Lagerhaus an der Essener Straße und der weithin sichtbare ehemalige Gasometer, der nach seiner Nutzungsumwidmung inzwischen von der Bevölkerung und von Besuchergruppen gut angenommen worden ist.

9 Gründungskonzeption

Die grundsätzlichen Überlegungen bezüglich der Gründungskonzeption waren zum einen geprägt von der Notwendigkeit, wegen der angestrebten Wirtschaftlichkeit zu standardisieren, und von der Kürze der zur Verfügung stehenden Bauzeit; zum anderen waren die Vorgaben des Untergrundaufbaus (Auffüllungen unterschiedlichster Materialien, Sande variabler Lagerungsdichte) und der unschädlich zu haltenden Restkontaminationen entscheidungsbeeinflussend.

Sowohl im Einkaufszentrum als auch bei den Parkhäusern war größtmögliche Flexibilität eines der wesentlichen Entwurfskritierien. Aus dem statischen System der Hochbauten ergaben sich mit insgesamt weit mehr als 2.000 Stützen hauptsächlich Punktbelastungen des Untergrundes.

Flächengründungen und Einzelfundamente schieden im allgemeinen aus, da bei den vorgegebenen zulässigen Setzungskriterien aufgrund des uneinheitlichen Bodenaufbaus wirtschaftliche Fundamentgrößen nur durch den Austausch von Bodenbereichen gegen höher belastbare Kieskornmaterialien möglich gewesen wären. Wegen der wesentlich höheren Ansprüche an die Eigenschaften wiederverwendeter gegenüber ungestört verbleibender Böden entfiel diese Variante.

Die Möglichkeit, flächenhaft Bodenverbesserungen vorzunehmen, wurde nicht in Betracht gezogen aufgrund der Befürchtung, daß die dynamischen Einflüsse aus solchen Maßnahmen zur eventuellen Lösung von sonst in gebundenem Zustand unschädlichen Altlasten und damit zu einer Kontamination des Grundwassers hätten führen können. Mineralische Bodenverbesserungen schieden aus demselben Grund aus; chemische kamen wegen der Heterogenität der Auffüllungen nicht in Frage.

Als sinnvollste Alternative stellte sich im Variantenvergleich die Pfahlgründung heraus. Bei der weiteren Untersuchung bezüglich des geeigneten Pfahlsystems wurde – ebenfalls wegen der höheren Ansprüche an wiederverwendetes Aushubmaterial als an belassenes Erdreich – dem Verdrängungspfahl der Vorzug gegenüber dem Bohrpfahl gegeben. Die Flexibilität des Ortbetonpfahls entschied zu dessen Verwendung anstelle von Fertigpfählen.

Die zunächst geschätzte Größenordnung von nahezu 10.000 Bauwerks-Pfählen erlaubte die Durchführung der ungewöhnlich großen Anzahl von 12 Probebelastungen. Im Rahmen von weiteren 6 Pfahltests an Ortbetonrammpfählen mit Fußverbreiterungen (System Franki) konnten bei geringer Entschärfung der Setzungskriterien die zulässigen Pfahllasten weiter erhöht und damit die Pfahlanzahl um insgesamt ca. 30 % reduziert werden. Ein weiteres Entscheidungskriterium für das endgültig gewählte System waren die im zulässigen Bereich liegenden Lärm- und Erschütterungsemissionen bei der Pfahlherstellung.

Durch die Verwendung von Pfählen unterschiedlicher Schaftdurchmesser wurde eine gute Anpassung an die einzelnen Stützenlasten erreicht.

Die maximal zulässige Gebrauchslast betrug 1.600 KN, 2.600 KN und 4.000 KN für Pfähle mit 42 cm, 51 cm und 62 cm Schaftdurchmesser. Diese weit über den Tabellenwerten der entsprechenden Normen liegenden Werte setzten eine einwandfreie Herstellung der Pfähle voraus. Bei der Anordnung von Pfahlgruppen wurden die zulässigen Einzelpfahlbelastungen nach den üblichen Kriterien in Abhängigkeit von der Anzahl der Pfähle in der Gruppe und vom Pfahlabstand reduziert.

Umfangreiche Überprüfungen der Integrität der hergestellten Pfähle sowie gezielte dynamische Probebelastungen von Bauwerkspfählen stellten die Qualität der Gründungselemente sicher und dienten dem Nachweis der Tragfähigkeit. Nach Fertigstellung des Rohbaus durchgeführte Setzungsmessungen an Gebäudestützen zeigten, daß die Setzungsbeträge ausschließlich innerhalb der Toleranzen lagen.

Details zur Konzeption der Gründung finden sich in der Literatur (Werner, 1994). Ergebnisse nach Abschluß der Gründungsarbeiten können an anderer Stelle entnommen werden (Sauer, 1995; Reinbold, 1995).

10 Innere Erschließungsmaßnahmen

Im allgemeinen richtet sich bei der Wiederbebauung ehemals anderweitig genutzter und mit einem eventuellen Gefährdungspotential behafteter Grundstücke das Augenmerk fast ausschließlich auf die Aushubarbeiten und die Gründungen der Bauwerke. Bei größeren Anlagen ergeben sich jedoch auch für die Erschließungsmaßnahmen umfangreiche Erdarbeiten, die aus gleichem Blickwinkel zu betrachten sind und mit ebensolcher Sorgfalt bedacht werden müssen.

Die Konzeption des Abwasserentsorgungssystems ist zum frühest möglichen Zeitpunkt den Behörden zur Zustimmung vorzulegen und die Genehmigungsplanung mit ausreichendem Vorlauf einzureichen. Bei nicht wenigen anderen Projekten wurde dieses Prinzip nicht beachtet, wodurch Zeitverzögerungen in der Planungsphase eingetreten sind, welche das Gesamtprojekt später als unwirtschaftlich erscheinen ließen, so daß schließlich von einer Realisierung Abstand genommen wurde.

Zur inneren Erschließung des Centr´O Oberhausen wurden unter anderem Straßen mit zwei bis vier Fahrspuren mit einer Gesamtlänge von 5.250 m geplant und verwirklicht. Über 15 km Entwässerungskanäle sind im Trennsystem gebaut worden. Sowohl bei den Erdarbeiten für die Verkehrswege als auch für die Ver- und Entsorgungsleitungen erfolgten fachliche Begleitmaßnahmen technischer und ökologischer Art.

Trotz des kostenaufwendigen Untersuchungsprogrammes, welches sich verfahrensbedingt auf punktuelle Erkundungen beschränkt, ließ sich nicht völlig ausschließen, daß während des Baues der Erschließungsmaßnahmen singuläre altlastverdächtige Stellen angetroffen wurden. Vorsorglich war daher vorab ein sehr ausführliches Aktionsprogramm für den Eventualfall aufgestellt und mit allen betroffenen amtlichen Stellen abgestimmt worden, um jeglichen eventuellen Zeitverzug während der Bauarbeiten zu vermeiden. Da sich herausgestellt hat, daß die tatsächlichen Gegebenheiten im wesentlichen mit den vorhergesagten übereinstimmten, mußte das Aktionsprogramm – bis auf einen Fall – nicht angewandt werden.

11 Subsoil-Management

Unter Subsoil-Management (SSM) werden alle Aktivitäten verstanden, die bei der Planung und beim Bau von Großprojekten mit, im oder direkt auf dem Boden vorgenommen werden. Es schließt die Berücksichtigung des Grundwassers mit seiner aktiven Wirkung auf die Baumaßnahme und, vice versa, die Wirkung der Baumaßnahme auf die Grundwassersituation mit ein und umfaßt das manchmal breite Spektrum der Altlastenproblematik.

Ein komplettes SSM kann bereits im Rahmen der Lastenfreistellung von Liegenschaften beginnen. Das Monitoring der Baufeldfreimachung gehört ebenso dazu wie baubegleitende Beratungen und die Unterstützung des Projektmanagements und der Projektsteuerung. Es schließt ab mit der fachlich abgesicherten Dokumentation der Untergrund- und Grundwasserverhältnisse, Gründungen und Erdbauwerke. Die üblichen Baugrunduntersuchungen und Gründungsgutachten können vorteilhafterweise, müssen aber nicht unbedingt Teil des Subsoil-Managements sein.

Bei der Wiedernutzung von Grundstücken kann der Einsatz des SSM zur Kostensenkung beitragen. Gerade die frühzeitigen, von der Planung noch berücksichtigbaren Hinweise, wie die Ausweisung z.B. unterschiedlich belastbarer Bereiche zwecks angepaßter Bebauung oder tiefreichender Schwächezonen als bevorzugte Areale für unterirdische Nutzräume, können enorme wirtschaftliche Vorteile für den Projektentwickler bzw. den Investor mit sich bringen. Oft gilt es, gegensätzliche Forderungen verschie-

Abb. 4. Einkaufszentrum und Arena (im Vordergrund) des Centr'O Oberhausen während der Bauzeit (Copyright: NMOP)

dener Behörden, z.B. einerseits nach Versickerung von Regenwasser und andererseits nach Reduzierung des Eindringens von Oberflächenwasser, kompromißbereit zu erfüllen. Das ständige Aufrechterhalten des Problembewußtseins aller beteiligten Planer speziell im Hinblick auf eventuell verbleibende Bauwerksreste, künstliche Auffüllungen, Kontaminationen von Boden und Grundwasser trägt dazu bei, rechtzeitig Schäden zu verhindern und vor allem Projektverzögerungen zu vermeiden.

Die sinnvolle Nutzung von Abbruchmaterialien und vorhandener, umzugestaltender Erdmassen, die Reduzierung von Zwischenlagerungen und die ständige Kontrolle der Massenbilanz von Abbruchmaterialien und Böden unter Berücksichtigung ihrer jeweiligen Eigenschaften und Verwendbarkeiten sind weitere vorteilhafte Anwendungsbeispiele des SSM.

Mit Hilfe von Geländemodellen können neben den Massenbilanzen, Oberflächenreliefs des Geländes und Grundwasserflurabstandspläne elegant hergestellt werden. Gleiches trifft zu für die Darstellung von relevanten Bodenschichten sowohl im Hinblick auf Tragfähigkeiten als auch auf Wasserdurchlässigkeiten.

Im SSM kommen Optimierungsmodelle zur Anwendung mit dem Ziel der Ermittlung der zweckmäßigsten Verteilung von standardisierten Gründungselementen. Bei Pfahlgründungen kann z.B. hinsichtlich der größtmöglichen Ausnutzung der Tragfähigkeit einzelner Pfähle eines gewählten Systems optimiert werden. Dies ist jedoch erst ab einer Anzahl von wenigstens 100 Stützengründungen wirtschaftlich sinnvoll.

Die ständige Zusammenarbeit mit den genehmigenden und überwachenden Behörden und Institutionen ist ebenso ein Merkmal des Subsoil-Managements wie die vorschriftsmäßige Qualitätskontrolle vor allem in der Planungs- und Bauphase.

Wie am beschriebenen Beispiel der Bebauung einer ehemaligen Industriebrache gezeigt, wurde beim Centr´O Oberhausen (Abb. 4) ein umfassendes Subsoil-Management erfolgreich eingesetzt.

Literatur

Reinbold, G. 1995 : Gründung eines überregionalen Einkaufs- und Freizeitparks am Beispiel des Centr'*O* Oberhausen, TU Braunschweig

Sauer, H. 1995 :Neue Mitte Oberhausen – Gründungstechnische Aspekte bei der Umwandlung einer Industriebrache, Münchner Geotechniker Zirkel

Werner, H.-U. 1994 : Die Wandlung einer Industriebrache zum überregionalen attraktiven Einkaufs- und Freizeitpark, Baugrundtagung Köln

Werner, H.-U. 1995 : Solution of Geotechnical and Environmental Problems by the successful application of a Subsoil Management for the Redevelopment of an Old Industrial Site, Asian Institute for Technology, Bangkok

Konversion militärisch genutzter Flächen in Nordrhein-Westfalen

H.-J. Bauer, S. Frerichs, A. Jacob, H.G. Meiners,
B.-M. Mies und J. Naumann

1 Einleitung

Die im Rahmen internationaler Abrüstungsvereinbarungen beschlossenen Truppenreduzierungen führen dazu, daß auch in Nordrhein-Westfalen eine erhebliche Anzahl von Flächen, die bisher von der Bundeswehr oder den Gaststreitkräften militärisch genutzt wurden, freigegeben werden. Mit der Auflösung von Militärstandorten eröffnen sich den Kommunen neue Chancen, Flächenentwicklung zu betreiben. Die *Konversion*, d.h. die zügige Überführung der freigewordenen Liegenschaften in eine stadtentwicklungspolitisch sinnvolle und wirtschaftlich erfolgreiche Neunutzung ist daher von besonderer Bedeutung für alle Beteiligten. Wie beim Flächenrecycling allgemein erweist sich jedoch die Unsicherheit über mögliche Altlasten als ein wesentliches Hindernis.

Liegenschaftskonversion ist aber zunächst eine vordringliche Aufgabe der *Kommunen*, die die bauliche und nicht-bauliche Nutzung von Flächen in ihrem Gemarkungsbereich planerisch vorbereiten, leiten und umsetzen. Zu ihrer Unterstützung wurde im Auftrag des Ministeriums für Umwelt, Raumordnung und Landwirtschaft NRW ein Untersuchungsvorhaben durchgeführt, in dem die Probleme und Fragestellungen der Liegenschaftskonversion im Zusammenhang mit der Altlastenproblematik modellhaft bearbeitet wurden. Dabei zeigte sich deutlich, daß die Schwierigkeiten weniger im naturwissenschaftlich-technischen Bereich als vielmehr in der engen Verknüpfung mit anderen Themenfeldern und den daraus entstehenden hohen Anforderungen an integrierte Lösungsansätze bestehen. Die Ergebnisse dieses Untersuchungsvorhabens wurden in Form einer Handlungsempfehlung für betroffene Stellen veröffentlicht. Diese enthält Informationen über die wichtigsten Aspekte der Konversion, von der Vorgehensweise über Richtlinien und Zuständigkeiten, Finanzierungs- und Förderprogramme bis hin zur weiterführenden Literatur sowie zuständigen Ansprechpartnern (LUA NRW, 1996).

Abb.1. Aufgabenfelder bei der Konversion militärisch genutzter Flächen

Die *Liegenschaftskonversion* besteht im wesentlichen aus drei großen Aufgabenfeldern, die eng miteinander verknüpft sind (Abb. 1):

- die Erkundung, Beurteilung und ggf. Sanierung von Altlasten / Bodenbelastungen,
- die Planung der zivilen Anschlußnutzung und
- die Wertermittlung mit der sich anschließenden Kaufpreisfindung und Kaufvertragsgestaltung sowie der Vermarktung der Fläche.

Flächenrecycling an sich ist gerade in Nordrhein-Westfalen keine neue Aufgabenstellung. Vorbilder finden sich zahlreich im Bereich der Wiedernutzung brachgefallener Industrie-, Gewerbe- und Verkehrsflächen. Beim Umgang mit ehemals militärisch genutzten Liegenschaften ist jedoch zusätzlich zu beachten, daß:

- verschiedene, zivile wie militärische, z.T. auch ausländische Dienststellen des Bundes und der Streitkräfte zu beteiligen sind,
- besondere städtebauliche Flächentypen vorliegen mit bislang für die städtebauliche Entwicklung wenig relevanten, militärischen Vornutzungen,
- ein erhöhtes Informationsbedürfnis zu speziellen Fragen der Wertermittlung, Vertragsgestaltung, Finanzierungs- und Fördermöglichkeiten besteht,

- Besonderheiten beim Umgang mit Altlasten und Bodenbelastungen existieren,
- zumindest auf bestimmten Flächen in erheblichem Maße mit Kampfmitteln zu rechnen ist,
- bei größeren Konversionsprojekten besondere Anforderungen an das Management und die Qualitätssicherung zu stellen sind (LUA NRW, 1996).

2 Besonderheiten beim Umgang mit Altlasten und Bodenbelastungen auf Konversionsliegenschaften

Da Liegenschaftskonversion wie gesagt eine zunächst vor allem planerische Aufgabe darstellt, sind bei der Bearbeitung möglicher Bodenbelastungen zusätzlich zu den ggf. ordnungsrechtlichen Maßnahmen weitergehende planungsrechtliche Anforderungen zu berücksichtigen.

2.1 Begriffsbestimmungen und Sachverhalte

Im Landesabfallgesetz für das Land Nordrhein-Westfalen (LAbfG NW, 1995) trägt der siebte Teil die Überschrift „Altlasten". Der sachliche Geltungsbereich dieses Gesetzesteils beschränkt sich auf altlastverdächtige Altablagerungen und Altstandorte. Nach dem LAbfG NW gilt:

- „*Altlasten* sind Altablagerungen und Altstandorte, sofern von diesen nach den Erkenntnissen einer im einzelnen vorausgegangenen Untersuchung und einer darauf beruhenden Beurteilung durch die zuständige Behörde eine Gefahr für die öffentliche Sicherheit oder Ordnung ausgeht."

Im weiteren regelt das LAbfG NW, was im einzelnen unter *Altlast-Verdachtsflächen, Altablagerungen* und *Altstandorten* zu verstehen ist, welche Schritte bei der Bearbeitung von Altlasten vorgesehen sind und welche Behörde im Einzelnen zuständig ist. In seiner neuesten Fassung ist das LAbfG NW Rechtsgrundlage für alle Maßnahmen im Zusammenhang mit Altlasten.

Demgegenüber umfaßt der weitergehende Begriff *Bodenbelastungen* entsprechend dem gemeinsamen Runderlaß des MSV, MBW und MURL (1992):

- „Altablagerungen und Altstandorte im Sinne des § 28 Abs. 3 und 4 LAbfG NW, sofern diese nach den Erkenntnissen einer im einzelnen Fall vorausgegangenen Untersuchung und einer darauf beruhenden Beurteilung durch die Gemeinde erheblich mit umweltgefährdenden Stoffen belastet sind *und*

- sonstige erheblich belastete Flächen, d.h. auch die in der Begriffsbestimmung des § 28 Abs. 3 und 4 LAbfG NW nicht erfaßten Bodenbelastungen."

Bodenbelastungen

- „sind bereits unterhalb der Gefahrenschwelle des allgemeinen Ordnungsrechts in der Bauleitplanung im Sinne des vorbeugenden Umweltschutzes zu berücksichtigen und
- beinhalten alle Flächen, deren Böden erheblich mit umweltrelevanten Stoffen belastet sind (d.h. auch Bodenbelastungen durch Lufteintrag, Überschwemmungen oder andere Ursachen)."

Die *planungsrechtliche Berücksichtigung von Bodenbelastungen* nach den Anforderungen des Baugesetzbuches geht somit über die ordnungsrechtliche Altlastenbearbeitung hinaus. Dies läßt sich aus dem Vorsorgegrundsatz der Bauleitplanung ableiten, nach dem Gefahren auch vorzubeugen ist. Das Baugesetzbuch verwendet daher auch nicht den ordnungsrechtlich belegten Begriff der „Altlasten", sondern spricht von „Bodenbelastungen" (s.o.). Aufgabe der Bauleitplanung ist es, die Wohn- und Arbeitsverhältnisse für die Bevölkerung *sicher* und *gesund* zu gestalten. Die ordnungsrechtliche *Gefahrenschwelle* stellt für die Bauleitplanung die absolute Grenze dar, von der im Sinne der Gefahrenvorbeugung ein im einzelnen Fall abzuleitender „Sicherheitsabstand" einzuhalten ist. Die Bauleitplanung verlangt die gedankliche Vorwegnahme künftiger Entwicklungen (Prognoseelement). Dies bedeutet, daß selbst bei derzeit noch unbedenklichen Stoffkonzentrationen geprüft werden muß, ob sie im Laufe der angestrebten Nutzung die Grenze zur Gefahrenschwelle überschreiten können.

Vor allem unter rechtlichen wie verwaltungstechnischen Aspekten ist daher bei kontaminierten Flächen zwischen Altlasten im Sinne des § 28 LAbfG NW und Bodenbelastungen im Sinne der §§ 5 Abs. 3 Nr. 3 und 9 Abs. 5 Nr. 3 BauGB zu unterscheiden.

Im Zusammenhang mit der Liegenschaftskonversion wird im allgemeinen Sprachgebrauch häufig der Sammelbegriff „Altlasten" verwendet.

Gemeint sind in diesen Fällen jedoch meist Bodenbelastungen im oben genannten Sinne.

Zuständigkeiten für die Altlastenbearbeitung in Nordrhein-Westfalen

Bei der Bearbeitung von Altlasten sind in Nordrhein-Westfalen i.d.R. die *allgemeinen Ordnungsbehörden* und die *Sonderordnungsbehörden* für die einzelfallbezogenen Verwaltungsaufgaben und -entscheidungen zuständig. Nach dem Abfall-, Wasser- bzw. dem allgemeinen Ordnungsrecht müssen sie sich im Zuge der Gefahrenabwehr über Gefahrenzustände informieren sowie im eigenen Ermessen ggf. Maßnahmen zur Gefahrenabwehr treffen. Daraus folgt, daß sie in den meisten Fällen über Notwendigkeit, Art, Umfang und Zeitpunkt von Maßnahmen zur Erfassung, Untersuchung und Beurteilung der Verdachtsflächen sowie zur ggf. erforderlichen Sicherung, Sanierung oder Überwachung in eigener Verantwortung zu entscheiden haben.

Die *staatliche Umweltverwaltung* (insbesondere das Landesumweltamt und die Bezirksregierungen) unterstützt und berät die Kommunen in Einzelfällen bei diesen Aufgaben. Die Bezirksregierungen führen in bestimmten Fällen die notwendigen Maßnahmen selbst durch. Darüber hinaus haben sie die beratende Aufsicht. Die Staatlichen Umweltämter sowie die Kreisordnungsbehörden werden als Träger öffentlicher Belange von den Gemeinden bei Bauleitplanverfahren beteiligt.

Auf *Bundesebene* sind darüber hinaus Ansprechpartner für Probleme im Zusammenhang mit Bodenbelastungen auf ehemals bzw. derzeit noch militärisch genutzten Liegenschaften je nach Eigentums- und Nutzungsverhältnissen:

- vor der Entwidmung die Wehrbereichsverwaltung bei Liegenschaften der Bundeswehr und der NATO bzw. die zuständige Oberfinanzdirektion (Abt. BV) bei Liegenschaften der Gaststreitkräfte,
- nach der Entwidmung das zuständige Bundesvermögensamt bei allen Liegenschaften im Bundeseigentum bzw. sonstige öffentliche oder private Eigentümer bei allen anderen Liegenschaften (MURL, NRW / Nds. 1992).

Damit ergibt sich bei Konversionsliegenschaften die Besonderheit, daß zusätzlich zur Beteiligung öffentlicher Dienststellen auf kommunaler und Landesebene sowie ggf. Privater i.d.R. auch Bundesdienststellen betroffen sind. Sollen bereits vor der Entwidmung einer Fläche Maßnahmen zur Vorbereitung der Konversion erfolgen, sind darüber hinaus auch militärische Dienststellen einzubeziehen. Die Bearbeitung von Altlasten und Bodenbelastungen auf bundeseigenen Liegenschaften ist durch die *„Richtlinie für die Planung und Ausführung der Sicherung und Sanierung belasteter Böden“* geregelt. Diese wurde im Jahr 1992 durch das Bundesministerium für Raumordnung, Bauwesen und Städtebau (BM Bau) herausgegeben und den Oberfinanzdirektionen zur Anwendung empfohlen.

Zuständigkeiten und Kostentragung für die planungsrechtliche Bearbeitung von Bodenbelastungen

Für die planungsrechtliche Bearbeitung von Bodenbelastungen sind die Gemeinden als Planungsträger zuständig und haben demzufolge auch die Kosten zu tragen. Ob die Gemeinde „die Erstattung dieser Kosten von Dritten, z.B. den Verursachern oder Beseitigungspflichtigen der Bodenbelastung, verlangen kann, richtet sich nach Rechtsvorschriften außerhalb des Baugesetzbuches“ (Rd. Erl. d. MSV/MBW/ MURL).

Bei Konversionsliegenschaften ist der Bund als Verkäufer grundsätzlich bereit, sich je nach den Gegebenheiten des Einzelfalls an den Kosten zur Herrichtung der Fläche für Zwecke der künftigen Nutzung bis maximal zur Höhe des Kaufpreises zu beteiligen, wobei der Käufer mindestens 10 % dieser Kosten übernehmen muß.

2.2 Handlungsempfehlungen

Kontaktaufnahme

Für den an einer Konversionsliegenschaft Interessierten empfiehlt es sich, möglichst frühzeitig – ggf. bereits vor der tatsächlichen Aufgabe der militärischen Nutzung – die derzeit und eventuell künftig zuständigen Ansprechpartner der jeweiligen Landes- und Bundesbehörden zu kontaktieren. Im weiteren Verlauf können sich die Beteiligten z.B. in einem Arbeitskreis zusammenfinden und den notwendigen Informationsaustausch sowie die erforderlichen Maßnahmen zur zügigen Anschlußnutzung abstimmen.

Informationsbeschaffung

Zur Einschätzung des Kontaminationsverdachts auf einer Liegenschaft kann in vielen Fällen auf bereits vorhandene und aus verschiedenen Anlässen erstellte Gutachten zur Umweltsituation zurückgegriffen werden.

Diese sollten grundsätzlich bei den entsprechenden Stellen nachgefragt werden. Ansprechpartner sind vor allem die Staatlichen Bauämter, die Bundesvermögensämter sowie ggf. die Wehrbereichsverwaltung.

Untersuchungen vor Freizug

Sollen bereits vor Freizug der Liegenschaft im Hinblick auf die geplante Anschlußnutzung Untersuchungen zur Feststellung möglicher Bodenbelastungen durchgeführt werden, so müssen die Planung und Durchführung der Maßnahmen eng mit den jeweils zuständigen militärischen wie zivilen Dienststellen abgestimmt werden. Dabei sind insbesondere der Umfang von Geländearbeiten (Sondierungen, Probenahmen) sowie dadurch möglicherweise bedingte Beeinträchtigungen des Dienstbetriebes zu klären (MURL, 1992).

Abgestimmte Altlastenbearbeitung

Falls irgend möglich, ist ein iteratives, zwischen städtebaulicher Planung und der auf Gefahrenabwehr ausgerichteten Altlastenbearbeitung abgestimmtes Vorgehen anzustreben. Abb. 2 zeigt modellhaft, daß dieser Informations- und Abstimmungsbedarf häufig während des gesamten Prozesses besteht.

Voraussetzung für eine derartige Vorgehensweise ist, daß bereits so früh wie möglich realisierbare Nutzungsüberlegungen für eine Konversionsfläche angestellt werden. Der Gemeinde als Planungsträgerin kommt damit eine besondere Rolle zu: sie kann und sollte das *Gesetz des Handelns* übernehmen. Vom Grundstückseigentümer und von den (Sonder-) Ordnungsbehörden verlangt diese Vorgehensweise, daß sie bei ihren Entscheidungen über notwendige Maßnahmen bereit sind, auch über das Abfall- und Ordnungsrecht hinausgehende Anforderungen des Planungsrechts frühzeitig zu berücksichtigen und sich mit dem Planungsträger über eine Kostenteilung zu verständigen. Grundsätzlich werden aber alle Seiten von einer derartigen zeit- und kostenoptimierten Vorgehensweise profitieren.

Der beschriebene Abstimmungsprozeß zwischen altlastbezogenen und planerischen Maßnahmen sowie – je nach Fallkonstellation – auch weiteren Arbeitsfeldern bei der Liegenschaftskonversion stellt aufgrund der komplexen Problematik hohe Ansprüche an alle Beteiligte. Daher kann es angezeigt sein, zur Planung, Steuerung, Kontrolle und ggf. Korrektur des Prozesses ein spezielles Projektmanagement vorzusehen (LUA NRW, 1996).

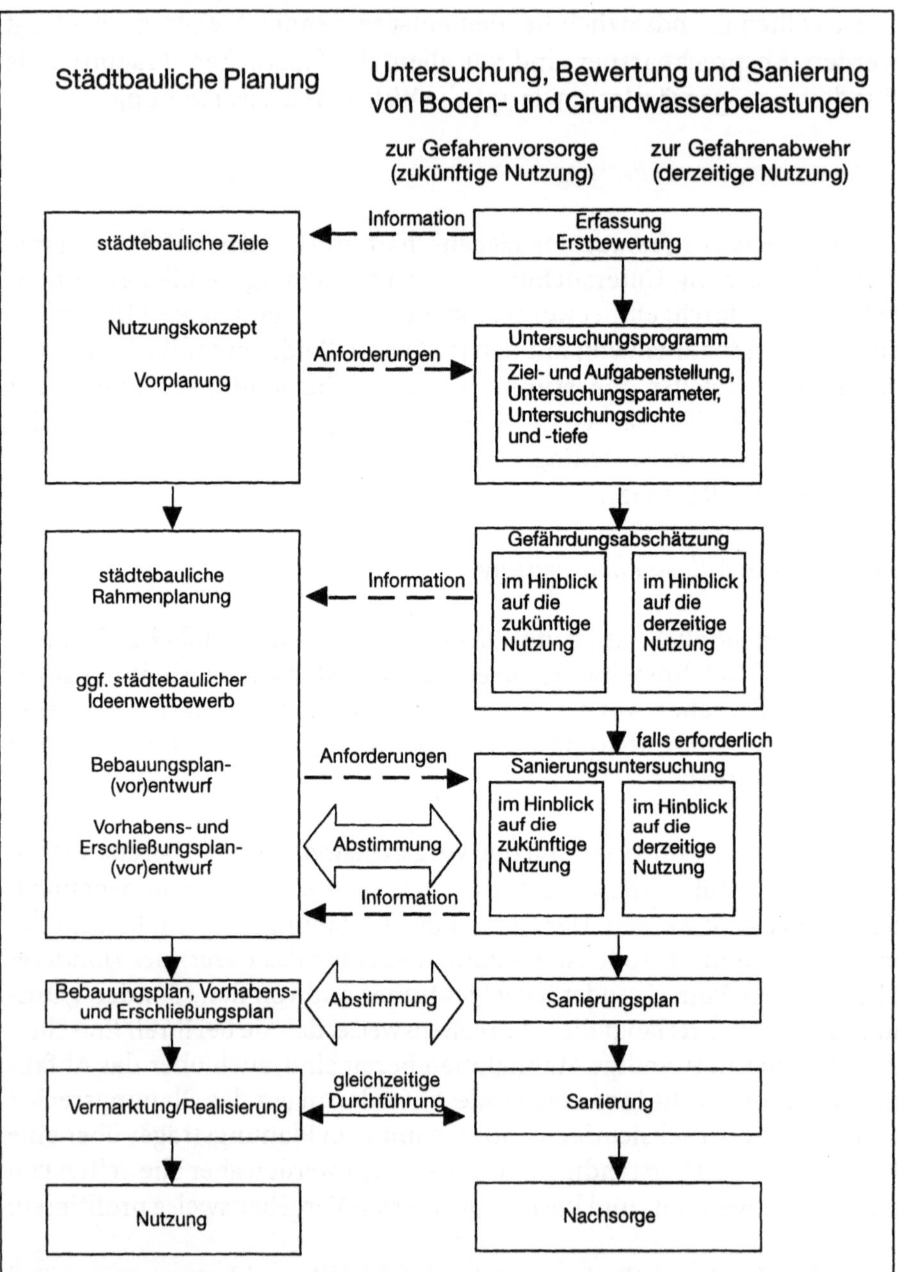

Abb. 2. Schnittstellen zwischen der Altlastenbearbeitung und der städtebaulichen Planung

3 Altlasten und Bodenbelastungen im Planungsprozeß

3.1 Begriffsbestimmungen und Sachverhalte

Bei der städtebaulichen Planung ziviler Anschlußnutzungen für ehemalige Militärliegenschaften ist zwischen *formeller* und *informeller* Planung zu unterscheiden. Als formelle Planung ist hier die *Bauleitplanung* (Flächennutzungsplan nach § 5 und Bebauungsplan nach § 9 BauGB) mit den rechtlichen Anforderungen des Baugesetzbuchs (BauGB) zu verstehen. Informelle Planungen bzw. Planungsinstrumente sind z.B. *städtebauliche Rahmenpläne* oder *Entwicklungspläne*. Diese Pläne enthalten keine rechtlichen Bindungswirkungen, wie der Bebauungsplan. Gleichwohl können sie städtebauliche Entwicklungsvorstellungen oder Sanierungsziele in Text und Karte anschaulich formulieren.

Grundwasser- und Bodenbelastungen sind jedoch sowohl bei formellen als auch bei informellen Planungen bedeutsam, da sie die Planungsinhalte in ganz entscheidender Weise beeinflussen und verändern können. Im Gegensatz zur informellen Planung ist die Berücksichtigung von Bodenbelastungen bei der Bauleitplanung im BauGB rechtlich festgeschrieben. Demgemäß sind in den Bauleitplänen Flächen, deren Böden *erheblich mit umweltgefährdenden Stoffen belastet* sind, zu kennzeichnen:

- Nach § 5 Abs. 3 Nr. 3 BauGB sollen im Flächennutzungsplan die für bauliche Nutzungen vorgesehenen Flächen, deren Böden erheblich mit umweltgefährdenden Stoffen belastet sind, gekennzeichnet werden.
- Im Bebauungsplan dagegen sollen *alle* Flächen gekennzeichnet werden, deren Böden erhebliche Belastungen mit umweltgefährdenden Stoffen aufweisen (§ 9 Abs. 5 Nr. 3) (ILS, 1994).

Die Bauleitplanung hat darüber hinaus die allgemeinen Planungsgrundsätze des § 1 BauGB wie z.B. das Wohl der Allgemeinheit und den Schutz einer menschenwürdigen Umwelt zu beachten. Dies bedeutet, daß alle für die Planung relevanten Aspekte gerecht gegeneinander und untereinander *abzuwägen* (§ 1 Abs. 6) und die vorgefundenen sowie die durch die Planung erst erzeugten *Konflikte zu bewältigen* sind. Dies können z.B. Gefahren durch vorhandene Altlasten sein bzw. Bodenbelastungskonflikte, die erst durch die Überplanung einer bislang ungenutzten Fläche entstehen.

Der planenden Stelle bzw. der Gemeinde obliegt bei konkreten Hinweisen auf Bodenbelastungen eine *Ermittlungspflicht*, die um so weiter geht, je mehr z.B. die Art der Vornutzung die Möglichkeit einer Bodenbelastung nahelegt[1]. Ziel der einzuleitenden Recherchen bzw. Untersuchungen ist es, die zuständige Stelle (hier: Planungsamt) in die Lage zu versetzen, abschließend darüber entscheiden zu können, ob und gegebenenfalls unter welchen Rahmenbedingungen oder Maßnahmen die geplanten Nutzungen verwirklicht werden können.

Im Hinblick auf den Umgang mit Bodenbelastungen in der Bauleitplanung ist es unerheblich, ob es sich dabei beispielsweise um ein aufgegebenes Industriegelände oder um eine ehemals militärisch genutzte Liegenschaft handelt. Die gutachterliche Vorgehensweise bei der Ermittlung, Gefährdungsabschätzung und Sanierung von Bodenbelastungen auf Konversionsliegenschaften ist grundsätzlich die gleiche.

Während der militärischen Nutzung sind Militärliegenschaften der kommunalen Planungshoheit entzogen[2]. Erst durch die offizielle Entwidmung von der militärischen Zweckbestimmung wird für die Gemeinde der planerische Zugriff auf die Fläche ermöglicht. Die zivile Nutzung einer ehemaligen militärischen Liegenschaft stellt jedoch grundsätzlich eine *baugenehmigungsrechtliche Nutzungsänderung* dar. Da für diese Liegenschaften in aller Regel keine Bebauungspläne bestehen, ist für die zivile Nutzungsmöglichkeit im allgemeinen die Einleitung eines Bebauungsplanverfahrens erforderlich[3].

Den Gemeinden stehen für die formelle Beplanung verschiedene planungsrechtliche Instrumentarien zur Verfügung. Für die Liegenschaftskonversion sind im wesentlichen der *Bebauungsplan*, die *städtebauliche Sanierungsmaßnahme*, die *städtebauliche Entwicklungsmaßnahme* und der *Vorhaben- und Erschließungsplan* von Bedeutung.

---

[1] Urteil des BGH v. 26.01.1989 - III ZR 194.87 -

[2] Den Gemeinden steht während der militarischen Nutzung das nach Art. 28 GG normierte Recht auf Bauleitplanung an diesen Flächen nicht bzw. nur sehr eingeschränkt zu (§ 37 BauGB).

[3] Auf die Möglichkeiten zur Zulassung ziviler Nutzungen aufgrund § 34 und § 35 BauGB soll hier nicht eingegangen werden, da die Gemeinden in den meisten Fällen die Aufstellung von Bebauungsplänen anstreben. Anzumerken wäre, daß § 34 und § 35 den Gemeinden keine befriedigende Steuerungsmöglichkeit hinsichtlich der rechtlichen Zulässigkeit bestimmter Nutzungen oder Zwischennutzungen bieten.

Bebauungsplan nach § 30 BauGB:

Zur Regelung der zukünftigen städtebaulichen Entwicklung und Ordnung auf ehemaligen Militärliegenschaften wird von den Gemeinden in erster Linie der Bebauungsplan als geeignetes Instrument gewählt. Auch vor Wiedererlangen der kommunalen Planungshoheit ist eine *Beschlußfassung zur Aufstellung* eines Bebauungsplanes möglich. Mit Ausnahme des *abschließenden Satzungsbeschlusses* können alle damit zusammenhängenden Verfahrensschritte durchgeführt werden. Der Zeitpunkt der Beschlußfassung zur Aufstellung eines Bebauungsplans, aber auch der Beschluß über die Einleitung einer informellen Planung wie z.B. eines Rahmenplans oder eines Nutzungskonzepts, kann für die Gemeinden hinsichtlich des Kaufpreises für eine Liegenschaft von Bedeutung sein. Mit einem derartigen Beschluß wird der sogenannte *Wertermittlungsstichtag* ausgelöst, was bedeutet, daß beispielsweise spekulative Wertsteigerungen bei der Ermittlung des Verkehrswertes zu berücksichtigen sind.

Im Hinblick auf Bodenbelastungen kann der Bebauungsplan erst *Rechtskraft* erlangen, wenn diesbezügliche Konflikte gelöst sind. Dies ist dann der Fall, wenn eine erforderlich werdende Sanierung oder Sicherung von Bodenbelastungen entweder durchgeführt wurde oder aber die Durchführung solcher Maßnahmen vertraglich geregelt ist. Soweit die Sanierung oder Sicherung im Bebauungsplan selbst nicht festgesetzt werden kann, bedarf es der rechtlichen Absicherung im Rahmen eines öffentlich-rechtlichen *städtebaulichen Vertrags* oder einer *Baulast* (ILS, 1994).

Die Festsetzungsmöglichkeiten des § 9 Abs. 1 Nr. 1 bis 26 BauGB enthalten eine Reihe von *planerischen Möglichkeiten* zum Umgang mit Bodenbelastungen (so z.B. die Festsetzung von Flächen, die von einer Bebauung freizuhalten sind). Im Gegensatz zu den Festsetzungsmöglichkeiten des § 9 BauGB sind sogenannte weitergehende *allgemeine Hinweise* im Bebauungsplan zwar nicht rechtsverbindlich. Sie können sich aber beispielsweise sowohl auf die Art und den Umfang der festgestellten Bodenbelastungen als auch auf Empfehlungen im Hinblick auf mögliche und zweckmäßige Sanierungsmaßnahmen beziehen sowie Hinweise für das sich anschließende Baugenehmigungsverfahren enthalten.

Städtebauliche Sanierungsmaßnahme nach §§ 136 – 164 BauGB:

Die *städtebauliche Sanierungsmaßnahme* dient vornehmlich der Behebung städtebaulicher Mißstände. Städtebauliche Mißstände bestehen u.a. dann, wenn ein Gebiet nach seiner Beschaffenheit den allgemeinen Anforderungen an gesunde Wohn- und Arbeitsverhältnisse nicht entspricht. Das Vorhandensein von Bodenbelastungen kann den Einsatz der städtebaulichen Sanierungsmaßnahme rechtfertigen, insbesondere dann, wenn es sich um Altlasten handelt. Bodenbelastungen stellen somit einen *städtebaulichen Mißstand* dar. Die städtebauliche Sanierungsmaßnahme ist damit sowohl für die Aufbereitung und Wiedernutzung von industriellen Brachflächen als auch für die Konversion ehemaliger Militärflächen geeignet[4].

Die Durchführung einer städtebaulichen Sanierungsmaßnahme ist für die Gemeinde von Vorteil, da die betroffenen Grundstücke zum sanierungsunbeeinflußten Wert erworben werden können und die Abschöpfung sanierungsbedingter Werterhöhungen durch die Erhebung von *Ausgleichsbeträgen* möglich ist. Darüber hinaus können ggf. auch Stadterneuerungsmittel nach den „Förderrichtlinien Stadterneuerung" eingesetzt werden (MSV, 1992).

Städtebauliche Entwicklungsmaßnahme nach §§ 165 – 171 BauGB:

Gegenstand einer *städtebaulichen Entwicklungsmaßnahme* ist die Entwicklung von Ortsteilen oder anderen Teilen des Gemeindegebietes, die eine besondere Bedeutung für die örtliche oder überörtliche Entwicklung haben. Die Gemeinde ist bei Anwendung dieses Instruments gehalten, den gesamten Grund und Boden zu erwerben (Zwischenerwerb) und das Gebiet zügig zu entwickeln. Grundsätzlich kommen Entwicklungsmaßnahmen auch für Konversionsliegenschaften in Betracht, so die ARGEBAU-Fachkommission (1992).

Da die städtebauliche Entwicklungsmaßnahme im Hinblick auf Enteignungsmöglichkeiten „das schärfste bodenrechtliche Schwert" darstellt, muß das Entwicklungsrecht als Ganzes tatsächlich erforderlich sein. Es ist genau zu prüfen, ob die Planung nicht auch im Rahmen eines Bebauungsplanes nach § 30 BauGB oder im Rahmen einer Sanierungsmaßnahme zu verwirklichen ist. Von Vorteil ist allerdings, daß der Grundstückserwerb zum entwicklungsunbeeinflußten Grundstückswert möglich ist.

Die Gemeinde geht aber bei der Durchführung einer städtebaulichen Entwicklungsmaßnahme ein nicht unbeträchtliches wirtschaftliches

---

4 So auch die amtliche Begründung zum BauGB. BT-Drucksache 10/4630

Risiko ein, da im Entwicklungsbereich *keine* Erschließungsbeiträge erhoben werden dürfen. Im Gegensatz zur städtebaulichen Sanierungsmaßnahme können die Kosten für die Entwicklung des Gebietes nach Abschluß der Maßnahme nicht durch eine rechnerische Kostenzuordnung den zukünftigen Eigentümern zugewiesen werden. Es kann lediglich der *Entwicklungsgewinn*[5] durch die Steigerung des Verkehrswertes abgeschöpft werden (Differenz aus entwicklungsunbeeinflußtem Anfangswert und entwicklungsbedingtem Endwert). Soweit die Gemeinde ihre Aufwendungen durch den späteren Grundstücksverkauf nicht refinanzieren kann, besteht die Möglichkeit, nach Nr. 24 der „Förderrichtlinie Stadterneuerung" Stadterneuerungsmittel für wohn- und mischgenutzte Gebiete in Anspruch zu nehmen.

Vorhaben- und Erschließungsplan nach § 7 BauGB-MaßnahmenG:

Der *Vorhaben- und Erschließungsplan* ist für die Umwandlung von ehemaligen Militärliegenschaften besonders dann geeignet, wenn ein konkretes Vorhaben durch einen privaten Investor verwirklicht werden soll. Der Investor als Vorhabensträger schließt dazu mit der Gemeinde den sogenannten *Durchführungsvertrag*. Der vom Investor beizubringende Vorhabens- und Erschließungsplan ist von der Gemeinde zu beschließen und wird Bestandteil der *Plansatzung*[6]. Im Durchführungsvertrag lassen sich Kostentragungspflichten und Durchführungszeiträume ebenso regeln wie z.B. die Sanierung von Bodenbelastungen. Hinsichtlich der Anforderungen an die Abwägung bzw. der planungsrechtlichen Anforderungen in bezug auf Bodenbelastungen gelten die gleichen materiellen Grundsätze wie bei der Aufstellung eines Bebauungsplans.

3.2 Probleme durch Altlasten und Bodenbelastungen im Planungsprozeß

- Die Begriffe „Altlasten" und „Bodenbelastungen", die unterschiedlichen Gesetzesbereichen entstammen, werden häufig gleichgesetzt. Aufgrund

[5] Die Erzielung eines Entwicklungsgewinns hängt maßgeblich auch von der Lage des Immobilienmarktes zum Zeitpunkt der Veräußerung von Grundstücken ab. Schlimmstenfalls ist sogar mit Verlusten zu rechnen, falls die gewünschten Verkaufspreise am Markt nicht zu erzielen sind.

[6] Die Plansatzung ist ein kommunaler Satzungsbeschluß mit formeller rechtlicher Bindungswirkung.

der jeweils unterschiedlichen Rechtsbestimmungen führt dies in der Praxis immer wieder zu Mißverständnissen zwischen Bund und Kommunen.

- Die Ergebnisse von Altlastenuntersuchungen, die durch den Bund in Auftrag gegeben wurden, sind den Gemeinden nicht immer frühzeitig zugänglich, wodurch dann die städtebaulichen Nutzungsmöglichkeiten von der Gemeinde nicht rechtzeitig und auf gesicherter Grundlage ausgelotet werden können.
- Aufgrund der Ausrichtung der Altlastenuntersuchungen auf die Gefahrenerforschung und -abwehr sind deren Ergebnisse für die Planung nur bedingt aussagefähig. Dies kann dazu führen, daß die Gemeinden zusätzliche Untersuchungen in Auftrag geben müssen, um alle ermittlungspflichtigen Bodenbelastungsbelange zu erfassen, die für die Bauleitplanung von Bedeutung sind. Hierbei besteht die Schwierigkeit, einen „nahtlosen" Anschluß an bereits durchgeführte Untersuchungen zu finden.
- Die Altlastenbearbeitung wird vielerorts durch die Frage der Kostentragung von Untersuchungs- und Sanierungsmaßnahmen verzögert. Als Handlungs- oder Zustandsstörer kann der Bund nur für die Beseitigung von akuten Gefahren herangezogen werden. Andererseits sind die Gemeinden teilweise nicht bereit, die planungsrechtlich erforderlichen Untersuchungskosten zu tragen. Die Problematik wird oft durch unterschiedliche Auffassungen darüber ausgelöst, welche Bodenbelastungen im Einzelfall bereits eine akute Gefahr darstellen bzw. lediglich der planerischen Gefahrenvorsorge zuzuordnen sind.
- Die eigentliche Planung für eine Liegenschaft setzt häufig erst nach Vorliegen gesicherter Kenntnisse über Art, Umfang und Lage von Bodenbelastungen ein, was teilweise zu erheblichen Verzögerungen der Umnutzung führt. Solche Verzögerungen wirken sich sowohl für den Bund als auch für die Gemeinden im Hinblick auf die Wirtschaftlichkeit der Liegenschaftskonversion aus. Solange der Bund Eigentümer der Fläche ist, entstehen ihm schon durch Bewachung und Instandhaltungsarbeiten erhebliche Kosten. Dabei ist zusätzlich zu berücksichtigen, daß es trotz dieser Maßnahmen zum Zerfall der Gebäudesubstanz (fehlende Beheizung, Feuchtigkeit, Vandalismus) und zu einer nachhaltigen Schädigung nicht benutzter Infrastruktureinrichtungen kommen kann. Dies kann eine erhebliche Minderung des Verkehrswertes einer Liegenschaft zur Folge haben. Aber auch für die Gemeinden haben solche Verzögerungen nachteilige Auswirkungen. Stehen bei akutem Nutzungsdruck alternative Flächen nicht zur Verfügung, wird der Ausweg möglicherweise in der Erschließung unverbrauchter Flächen „auf der grünen Wiese" gesucht.

3.3 Handlungsempfehlungen

- Soweit der Bund auf einer Liegenschaft Gefahrerforschungsmaßnahmen einleitet, sollte er der Kommune die Möglichkeit geben, die Untersuchungsprogramme mitzugestalten und die Untersuchungsergebnisse frühzeitig einzusehen. Voraussetzung dafür ist jedoch, daß der Bund die zuständigen Stellen frühzeitig über geplante Untersuchungsmaßnahmen informiert. Neben einer allgemeinen Beschleunigung sowohl der Altlastenbearbeitung als auch anstehender Bebauungsplanverfahren kann eine solche Kooperation auch Konsens in anderen die Liegenschaftskonversion berührenden Fragen bewirken.
- Auch hinsichtlich der Kostenteilung bzw. Kostenübernahme von altlastenbezogenen Untersuchungsmaßnahmen sollten sich Bund und Gemeinden nach Möglichkeit entgegenkommen. Aus wirtschaftlichem Verwertungsinteresse heraus fordert der Bund die kommunalen Planungsträger regelmäßig auf, eine die Verwertung der Flächen ermöglichende Bauleitplanung einzuleiten. Dafür ist es unerläßlich, daß sich die Gemeinde hinsichtlich möglicher Bodenbelastungen Klarheit verschafft. Die Ermittlung von Bodenbelastungen ist damit vom Bund indirekt mit veranlaßt. Im Rahmen erster Kontaktgespräche sollten die Gemeinden daher versuchen, eine teilweise Kostenübernahme der von ihr aus Planungsgründen veranlaßten Untersuchungen durch den Bund zu erreichen (ARGEBAU, 1995). Dies wäre zumindest im Rahmen erster, orientierender Untersuchungen begründbar, da Aussagen zur städtebaulichen Verwertbarkeit einer Liegenschaft durch deren Ergebnisse überhaupt erst ermöglicht werden. Andererseits sollten die Gemeinden die Kosten für detailliertere Untersuchungen bzw. erweiterte Untersuchungsprogramme, die ordnungsrechtlich nicht erforderlich sind, sondern der planerischen Vorsorge dienen, im Zweifelsfall selbst übernehmen.
- Zur Minimierung der Konflikte, die sich durch Bodenbelastungen im Hinblick auf die geplante Nutzung ergeben können, soll die Gemeinde bereits bei der Erarbeitung des Nutzungskonzeptes versuchen, alle planerischen und planungsrechtlichen Möglichkeiten konsequent auszunutzen: Hierzu zählt die geschickte Anordnung empfindlicher und unempfindlicher Nutzungen je nach Art und Umfang der vorliegenden Bodenbelastungen ebenso wie der Ausschluß bestimmter Nutzungen oder das Freihalten von Bebauung als Festsetzungen im Bebauungsplan nach § 9 Abs. 1 Nr. 1 bis 26 (ILS, 1994) (s. auch Abb. 2).
- Ist die Anwendung formaler Planungsinstrumente zunächst nicht geboten, kann der Einsatz von städtebaulichen Rahmenplänen zur Formulierung und Konkretisierung der Nutzungsüberlegungen hilfreich sein:

- Die Gemeinde kann ihre Nutzungsüberlegungen ohne rechtliche Bindungswirkung (jedoch mit kommunaler Eigenbindung) konkretisieren und damit nach außen dokumentieren.
- Die Erstellung eines städtebaulichen Rahmenplans kann eine Verfahrensbeschleunigung bewirken, da er im Hinblick auf sich ändernde Rahmenbedingungen und auf die Integration spezifischer Investorenwünsche als sehr flexibel zu bewerten ist.
- Mit Hilfe informeller Planungsinstrumente kann die Gemeinde bereits während der Entwicklung erster Nutzungsvorstellungen Investoren ansprechen und ggf. auch aktiv beteiligen, wodurch die Vermarktung der Fläche frühzeitig gefördert werden kann.
- Auf der Basis eines Rahmenplans lassen sich auch die notwendigen Arbeitsschritte der Bearbeitung eventueller Bodenbelastungen ausreichend abschätzen.
- Der städtebauliche Rahmenplan stellt zudem eine ausreichende Grundlage für die Verkehrswertermittlung seitens des Bundes dar. Soweit die Planungsinhalte kommunalpolitisch beschlossen werden, ist auch eine gewisse Planungssicherheit für potentielle Investoren gegeben.
- Für einen nachfolgenden Bebauungsplan kann der städtebauliche Rahmenplan bereits wichtige abwägungsrelevante Belange liefern und somit das Bebauungsplanverfahren beschleunigen.

- Soweit sich ein Investor mit konkreten Nutzungsvorstellungen für den Erwerb einer Liegenschaft interessiert, kann der Vorhaben- und Erschließungsplan nach § 7 BauGB-MaßnahmenG für die Konversion militärischer Liegenschaften empfohlen werden. Da sowohl die Planung und die Erschließung als auch die Finanzierung von Privatseite erfolgen, werden die kommunalen Haushalte entlastet und die Realisierung beschleunigt.
- Ist die Anwendung der städtebaulichen Sanierungsmaßnahme oder der städtebaulichen Entwicklungsmaßnahme erwünscht und möglich, empfiehlt es sich, zum frühestmöglichen Zeitpunkt, u.U. auch vorsorglich, einen entsprechenden Beschluß zu fassen, um Wertsteigerungen im Hinblick auf den Kaufpreis der Liegenschaft auszuschließen (ARGEBAU, 1995).

Literatur

ARGEBAU-Fachkommission (1991): Mustererlaß „Berücksichtigung von Flächen mit Altlasten bei der Bauleitplanung und im Baugenehmigungsverfahren."

ARGEBAU-Fachkommission (1992): Arbeitshilfe für städtebauliche Entwicklungsmaßnahmen nach dem BauGB-Maßnahmengesetz

ARGEBAU-Fachkommission (1995): Arbeitshilfe zu den rechtlichen, planerischen und finanziellen Aspekten der Konversion militärischer Liegenschaften

(BFLR) Bundesforschungsanstalt für Landeskunde und Raumordnung (1992): Regionale Auswirkungen der Konversion.- Informationen zur Raumentwicklung, Heft 5, 1992

(BFLR) Bundesforschungsanstalt für Landeskunde und Raumordnung Bundesforschungsanstalt für Landeskunde und Raumordnung (1992): Bebaute Altlasten.- Informationen zur Raumentwicklung, Heft 8, 1992

(BM Bau) Erlaß vom 03.11.1992 Az B II 5 – B 1011 – 12/12 für die Liegenschaften des Bundes. Mit Erlaß des BMVg – U III I – vom 29.01.1993 Az 63-25-26 für den Bereich des BMVg eingeführt. Richtlinie für die Planung und Ausführung der Sicherung und Sanierung belasteter Böden.

Degenhart, C. (1994): Möglichkeiten und Grenzen der städtebaulichen Entwicklungsmaßnahme neuen Rechts.- In: DVBl. vom 15.09.1994

Henkel, M.J.; Kempf, T.; Kodolitsch, P. v.; Preisler-Holl, L. (1991): Altlasten – ein kommunales Problem: Analysen und Handlungsempfehlungen.- Difu-Beiträge zur Stadtforschung 3; Berlin

(ILS) Institut für Landes- und Stadtentwicklungsforschung Nordrhein-Westfalen (Hrsg.) (1994): Gewerbegebiete auf Flächen mit Bodenbelastungsverdacht. Arbeitshilfe für die Bauleitplanung; Düsseldorf(LAbfG NW – Landesabfallgesetz) Abfallgesetz für das Land Nordrhein-Westfalen vom 21.06.1988. GV. NW. S. 250. Zuletzt geändert durch Gesetz vom 07.02.1995. GV. NW. S. 134

Krautzberger, M. (1990): Altlasten – Rechts- und Finanzierungsfragen.- In: WiVerw 1990/3, S. 180 ff.

Krautzberger, M. (1993): Ziele und Voraussetzungen städtebaulicher Entwicklungsmaßnahmen.- In: WiVerw 1993/2, S. 85-103.

(LUA NRW) Landesumweltamt NRW (Hrsg.) (1996): Konversion militärisch genutzter Liegenschaften: Altlasten/Bodenbelastungen.- Materialien zur Ermittlung und Sanierung von Altlasten, Bd. 12; Düsseldorf

(MSV) RdErl. d. Ministeriums für Stadtentwicklung und Verkehr NRW vom 15.12.1992 – I B I-40.01 – 313/92. (SMBl. NW. Gliederungs-Nr. 2313): Richtlinien über die Gewährung von Zuwendungen zur Förderung von Maßnahmen zur Stadterneuerung (Förderrichtlinien Stadterneuerung),

(MURL) Ministerium für Umwelt, Raumordnung und Landwirtschaft NRW; (Nds. UM) Niedersächsisches Umweltministerium (1992): Wegweiser für den Umgang mit Altlast-Verdachtsflächen auf freiwerdenden, militärisch genutzten Liegenschaften; Düsseldorf, Hannover

(Rd. Erl. d. MSV/MBW/MURL) Ministerium für Stadtentwicklung und Verkehr NRW; Ministerium für Bauen und Wohnen NRW; Ministerium für Umwelt, Raumordnung und Landwirtschaft NRW (1992): Berücksichtigung von Flächen mit Bodenbelastungen, insbesondere Altlasten, bei der Bauleitplanung und im Baugenehmigungsverfahren, Gem. RdErl. d. MSV – I A 3-17.48-04 -, d. MBW – H A 1/ 2 – 867.41 – u.d. MURL – IV A 4-584.10 – v. 15.05.1992, MBI. NW., S. 876 ff.

Schröter, F. (1991): Altlastenproblematik im Rahmen der Bauleitplanung.- In: Raumfo rschung und Raumordnung 1991, Heft 4, S. 218 ff.

Selke, W.; Hoffmann, B. (Hrsg.) (1992): Kommunales Altlastenmanagement; Bonn

Stich, R. (1993): Die Aufgaben der Gemeinden zur Durchführung förmlicher städtebaulicher Entwicklungsmaßnahmen.- In: WiVerw 1993/2, S. 104 ff.

IV Entsorgung/Verwertung

Vermeiden, Verwerten, Beseitigen – Zielsetzung der Abfallgesetzgebung

Werner Olesch und Herbert Wirtz

1 Der rechtliche Rahmen

Die Rechtslage zum Thema *Abfall* ist durch nationale und internationale Entwicklungen, hier insbesondere durch die Europäische Union, bestimmt. Mit dem Inkrafttreten des Kreislaufwirtschafts- und Abfallgesetzes am 07. Oktober 1996 regeln im wesentlichen die folgenden, unmittelbar geltenden Vorschriften den Umgang mit Abfällen:

- Das Kreislaufwirtschafts- und Abfallgesetz als wesentlicher Bestandteil des Gesetzes zur Vermeidung, Verwertung und Beseitigung von Abfällen und die auf seiner Grundlage erlassenen Rechtsverordnungen,
- Die europäische Abfallverbringungsverordnung,
- Das Abfallverbringungsgesetz als wesentlicher Bestandteil des Ausführungsgesetzes zum Baseler Übereinkommen,
- Das Bundes-Immissionsschutzgesetz mit seinen Durchführungsverordnungen, insbesondere der 4. und der 17. BImSchV.

Daneben sind die Abfallgesetze der Bundesländer zu beachten, auf die hier jedoch nicht weiter eingegangen wird.

Kernstück des gesamten Abfallrechts ist das Kreislaufwirtschafts- und Abfallgesetz, im folgenden kurz als Kreislaufwirtschaftsgesetz bezeichnet. Auf seine Inhalte und Ziele konzentrieren sich deshalb im wesentlichen die folgenden Kapitel.

Die europäische Abfallverbringungsverordnung und das Abfallverbringungsgesetz regeln den grenzüberschreitenden Verkehr von Abfällen (Import, Export und Transit) innerhalb und außerhalb der europäischen Union. Sie sind Folge von Abfallexporten aus Kostengründen in Länder, in denen die schadlose und umweltverträgliche Entsorgung nicht gesichert ist. Mit ihren Genehmigungsvorbehalten und Kontrollmechanismen sollen sie solche Vorkommnisse in Zukunft verhindern und letztlich die Ziele einer verantwortlichen Abfall- und Kreislaufwirtschaft unterstützen.

Das Bundes-Immissionsschutzgesetz ist für die Abfallwirtschaft in zweierlei Hinsicht relevant. Zum einen nimmt das Kreislaufwirtschaftsgesetz an mehreren Stellen Bezug auf das Bundes-Immissionsschutzgesetz, so insbesondere bei der Zulassung von Anlagen zur Beseitigung von Abfällen und bei der Stellung des Betriebsbeauftragten für Abfall gegenüber dem Anlagenbetreiber. Zum anderen verpflichtet § 5 die Betreiber genehmigungsbedürftiger Anlagen generell zur Vermeidung, Verwertung bzw. Beseitigung von Abfällen in der genannten Rangfolge. Zudem ist zu beachten, daß auch Anlagen zur Verwertung von Abfällen, die nach dem Kreislaufwirtschaftsgesetz grundsätzlich keiner Genehmigung bedürfen, sehr wohl nach dem Bundes-Immissionsschutzgesetz genehmigungsbedürftig sein können (s. Kap. 3.3.1).

2 Der Abfallbegriff

Nach einer Übergangszeit, in der nicht nur zwischen der europäischen und der nationalen Ebene, sondern auch innerhalb des nationalen Rechts verschiedene Abfallbegriffe zur Anwendung kamen, gelten nun innerhalb des oben beschriebenen Rahmens einheitliche Begriffe, die auf dem Abfallbegriff der europäischen Rahmenrichtlinie über Abfälle in der Fassung von 1991 beruhen. Danach sind Abfälle ... *alle beweglichen Sachen, die unter die in Anhang I aufgeführten Gruppen fallen und deren sich der Besitzer entledigt, entledigen will oder entledigen muß. Abfälle zur Verwertung sind Abfälle, die verwertet werden; Abfälle, die nicht verwertet werden, sind Abfälle zur Beseitigung.* Der Anhang I ist im Kreislaufwirtschaftsgesetz und im Abfallverbringungsgesetz wortgleich aus der europäischen Richtlinie übernommen. Er enthält durch Auffangtatbestände praktisch alle denkbaren Gegenstände, so daß letztlich der Tatbestand der Entledigung entscheidend ist, ob eine Sache Abfall wird.

Unter Entledigung sind die Aufgabe der tatsächlichen Sachherrschaft sowie die Abgabe zur Verwertung oder Beseitigung zusammengefaßt. Der Entledigungswille wird für solche beweglichen Sachen angenommen,

1. *die bei der Energieumwandlung, Herstellung, Behandlung oder Nutzung von Stoffen oder Erzeugnissen oder Dienstleistungen anfallen, ohne daß der Zweck der jeweiligen Handlung hierauf gerichtet ist, oder*
2. *deren ursprüngliche Zweckbestimmung entfällt oder aufgegeben wird, ohne daß ein neuer Zweck unmittelbar an deren Stelle tritt.*

Mit dieser umfassenden Definition wird der Geltungsbereich des Abfallrechtes beträchtlich erweitert. Die früheren Abgrenzungsprobleme zwischen Abfällen und Reststoffen, die jetzt als Abfälle zur Verwertung vom Abfallrecht miterfaßt werden, bestehen nun nicht mehr. Damit sind jedoch nicht alle Abgrenzungsprobleme ausgeräumt. Eine neue Trennlinie ergibt sich nun zwischen den Begriffen *Abfall* und *Produkt*. Als Entscheidungskriterien können die Fragen herangezogen werden, ob es sich z. B. um Neben- oder Koppelprodukte handelt, für die ein eigener Markt besteht, oder ob die erzeugten Stoffe oder Gegenstände allgemeine oder gewerbliche Produktnormen oder Spezifikationen erfüllen.

3 Eckpunkte des Kreislaufwirtschaftsgesetzes

3.1 Grundsätze der Keislaufwirtschaft

3.1.1 Zwecke des Gesetzes

Nach § 1 des Kreislaufwirtschaftsgesetzes ist sein Zweck ... *die Förderung der Kreislaufwirtschaft zur Schonung der natürlichen Ressourcen und die Sicherung der umweltverträglichen Beseitigung von Abfällen.* Obwohl der Begriff „Kreislaufwirtschaft" nicht näher bestimmt wird, kann man aus diesem ersten Satz bereits eine neue Zielrichtung gegenüber dem alten Abfallgesetz von 1986 im Sinne einer nachhaltigen Entwicklung erkennen.

Aus § 4 wird deutlich, daß zur Kreislaufwirtschaft alle mit der Vermeidung und der Verwertung von Abfällen verknüpften Tätigkeiten gehören. Daneben stehen die Maßnahmen der Beseitigung, mit denen Stoffe aus der Kreislaufwirtschaft ausgeschleust werden. Dies beinhaltet letztlich die umweltverträgliche Ablagerung von Abfällen und die hierzu erforderlichen Schritte der Vorbehandlung.

Neben der Fortschreibung des nationalen Abfallrechts dient das Kreislaufwirtschaftsgesetz auch der Umsetzung des in Richtlinien festgelegten Abfallrechts der Europäischen Union. Hier sind insbesondere die Richtlinie über Abfälle und die Richtlinie über gefährliche Abfälle sowie die europäischen Abfallartenkataloge zu nennen. Das dies nicht nur aus juristischen Gründen notwendig war, wurde bereits in Kap. 2 über den Abfallbegriff angedeutet.

3.1.2 *Vermeiden vor Verwerten vor Beseitigen*

Der Vorrang der Vermeidung vor der Verwertung wird in § 4, der Vorrang der Verwertung vor der Beseitigung in § 5 eindeutig hervorgehoben. Diese Rangfolge ist im Kreislaufwirtschaftsgesetz wesentlich klarer formuliert als im Abfallgesetz. Der Vorrang der Verwertung vor der Beseitigung entfällt nur dann, wenn die Beseitigung die umweltverträglichere Lösung darstellt.

Die viel diskutierte Frage, ob einer stofflichen Verwertung der Vorrang vor einer energetischen Verwertung einzuräumen ist, wird vom Kreislaufwirtschaftsgesetz nicht generell entschieden. Vorrang hat vielmehr die besser umweltverträgliche Verwertungsart. Die Zulässigkeit der energetischen Verwertung ist an bestimmte Anforderungen an den Heizwert des Abfalls sowie an die Effektivität des Verwertungsverfahrens gebunden.

3.1.3 *Das untergesetzliche Regelwerk*

Das Kreislaufwirtschaftsgesetz enthält an zahlreichen Stellen Ermächtigungen zum Erlaß von Rechtsverordnungen, die zum Teil für seinen Vollzug unerläßlich sind. Zu den essentiellen Verordnungen gehören vor allem die folgenden, die mit der Bestimmung von Abfällen und der Überwachung der Beseitigung bzw. Verwertung zusammenhängen:

- Die Verordnung zur Einführung des Europäischen Abfallartenkataloges,
- Die Verordnung zur Bestimmung von besonders überwachungsbedürftigen Abfällen,
- Die Verordnung zur Bestimmung von überwachungsbedürftigen Abfällen zur Verwertung,
- Die Nachweisverordnung,
- Die Verordnung zur Transportgenehmigung,
- Die Verordnung über Entsorgungsfachbetriebe und die Richtlinie für die Anerkennung und Tätigkeit von Entsorgergemeinschaften,
- Die Verordnung über Abfallwirtschaftskonzepte und Abfallbilanzen.

Das zeitgleiche Inkrafttreten dieser Verordnungen mit dem Kreislaufwirtschaftsgesetz ist die Voraussetzung für dessen Funktionsfähigkeit. Die weiteren möglichen Rechtsverordnungen zur Konkretisierung des vom Gesetz vorgegebenen Rahmens werden dann erst den tatsächlichen Schritt weg von der Abfallwirtschaft und hin zur Kreislaufwirtschaft bedeuten.

3.2 Pflichtenkreise

3.2.1 *Pflichten der Erzeuger und Besitzer von Abfällen*

Die Erzeuger oder Besitzer von Abfällen sind zunächst zur Verwertung der Abfälle verpflichtet, soweit dies technisch möglich und wirtschaftlich zumutbar ist. Die wirtschaftliche Zumutbarkeit ist gegeben, wenn die Verwertungskosten nicht außer Verhältnis zu den entsprechenden Beseitigungskosten stehen. Soweit eine Verwertung nicht möglich ist sind die Abfallerzeuger bzw. -besitzer zur Beseitigung verpflichtet.

Die Anforderungen an die Beseitigung nach dem Stand der Technik kann die Bundesregierung in einer Rechtsverordnung bestimmen.

3.2.2 *Produktverantwortung*

Der Teil *Produktverantwortung* des Kreislaufwirtschaftsgesetzes umfaßt nur die fünf Paragraphen §§ 22–26. Dennoch stellt er den eigentlichen Kern des Gesetzes dar, wenn man sich die Zielsetzung vor Augen hält.

Die Produktverantwortung tragen grundsätzlich alle, die Erzeugnisse entwickeln, herstellen oder vertreiben. Sie haben darauf zu achten, daß bei der Herstellung und beim Gebrauch der Erzeugnisse das Entstehen von Abfällen vermindert wird und die umweltverträgliche Verwertung und Beseitigung der nach dem Gebrauch entstandenen Abfälle gesichert ist. Anforderungen sind insbesondere die Langlebigkeit oder die Möglichkeit der Mehrfachnutzung, der Einsatz von Sekundärrohstoffen, die geeignete Kennzeichnung der Erzeugnisse sowie deren Rücknahme und Verwertung nach dem Gebrauch.

Diese Regelungen werden erst dann richtig wirksam, wenn die Bundesregierung von ihrer Ermächtigung Gebrauch macht, den Kreis der Verpflichteten und konkrete Art ihrer Produktverantwortung durch Rechtsverordnung zu bestimmen. Die möglichen Inhalte dieser Verordnungen sind in §§ 23 und 24 beschrieben. Es handelt sich um eine Erweiterung der Möglichkeiten, die im alten Abfallgesetz in § 14 bereits angelegt waren. Sie reichen von Kennzeichnungspflichten der Produkte bis zu Beschränkungen und Verboten für die Herstellung und das in Verkehr bringen von Erzeugnissen (§ 23), von der Rücknahmepflicht des Herstellers oder Vertreibers, einschließlich der Nachweispflicht für die Verwertung, über die Pfandpflicht bis zur Rückgabepflicht des Besitzers.

3.3 Überwachung und Genehmigung

3.3.1 Zulassung von Anlagen

Nach § 31 des Kreislaufwirtschaftsgesetzes benötigen grundsätzlich nur Anlagen zur Beseitigung nicht jedoch zur Verwertung von Abfällen eine Zulassung. Zu unterscheiden sind Deponien und sonstige Beseitigungsanlagen.

Für die Errichtung, den Betrieb und wesentliche Änderungen von Deponien wird im allgemeinen ein Planfeststellungsverfahren erforderlich, das nur in Ausnahmefällen durch eine Genehmigung ersetzt werden kann. Für alle anderen ortsfesten Anlagen, z. B. Verbrennungsanlagen oder Abfallzwischenläger, verweist das Kreislaufwirtschaftsgesetz auf das Bundes-Immissionsschutzgesetz. Im Anhang zu dessen 4. Durchführungsverordnung (4. BImSchV) sind in Abschnitt 8 die genehmigungsbedürftigen Abfallanlagen genannt. Es sei darauf hingewiesen daß sich darunter auch Anlagen zur Verwertung von Abfällen befinden.

3.3.2 Überwachung von Beseitigung und Verwertung

Abfälle werden unterschieden in *besonders überwachungsbedürftige*, *überwachungsbedürftige* und *nicht überwachungsbedürftige* Abfälle.

Die per Rechtsverordnung bestimmten besonders überwachungsbedürftigen Abfälle unterliegen sowohl bei der Beseitigung als auch im Falle ihrer Verwertung einem obligatorischen Nachweisverfahren, das die Vorabkontrolle des Entsorgungsweges und den Nachweis des Verbleibs umfaßt.

Abfälle zur Beseitigung, die nicht unter die o. g. Definition fallen, sind ausnahmslos überwachungsbedürftig. Dagegen werden überwachungsbedürftige Abfälle zur Verwertung durch Rechtsverordnung bestimmt. Abfälle, die dort nicht genannt werden, sind im Falle ihrer Verwertung nicht überwachungsbedürftig. Für die überwachungsbedürftigen Abfälle ist ein vereinfachtes Nachweisverfahren vorgesehen, das nicht obligatorisch, sondern nur auf Verlangen der Behörden durchzuführen ist.

3.3.3 Genehmigungen für Transporte und Vermittlungsgeschäfte

Für das Einsammeln und den Transport von Abfällen zur Beseitigung ist nach § 49 grundsätzlich eine Genehmigung erforderlich, von der zunächst nur die Träger der öffentlichen Entsorgung und der Transport von Erdaushub und Bauschutt sowie von Kleinmengen im Rahmen wirtschaftlicher Unternehmen befreit sind. Form und Inhalt der Genehmigung werden durch Rechtsverordnung geregelt. In ihr wird auch, entsprechend der Ermächtigung des § 50 des Kreislaufwirtschaftsgesetzes, der Transport von besonders überwachungsbedürftigen Abfällen zur Verwertung der Genehmigungspflicht unterworfen.

Eine Genehmigung benötigen nach § 50 ferner Abfallmakler, die gewerbsmässig Abfallverbringungen vermitteln. Für die Genehmigung ist vor allem der Nachweis der Zuverlässigkeit erforderlich.

3.4 Deregulierungsansätze

3.4.1 Grundsätze

Ein Ziel des Kreislaufwirtschaftsgesetzes ist die weitgehende Wandlung der Abfallentsorgung von einer öffentlichen Aufgabe zu einer Wirtschaftstätigkeit. Dies geht teilweise schon aus den Ausführungen zu den Pflichtenkreisen (Kap. 3.2) hervor. Öffentliche Aufgabe bleibt grundsätzlich nur noch die Verwertung und Beseitigung von Abfällen aus privaten Haushalten sowie eingeschränkt die Beseitigung von Abfällen aus anderen Herkunftsbereichen. Neben der bisher schon vorhandenen Möglichkeit der Beauftragung privater Dritter tritt für den Bereich der gewerblichen Wirtschaft und öffentlicher Einrichtungen die Möglichkeit der Bildung von Verbänden zur Erfüllung von Verwertungs- und Beseitigungspflichten.

Darüber hinaus werden nun Möglichkeiten eröffnet, bisher behördliche Kontrollmechanismen zu vereinfachen und teilweise in die private Wirtschaft zu verlagern, ohne daß hierdurch eine Verringerung abfallwirtschaftlicher Standards eintreten soll.

3.4.2 *Die Vorteile von Abfallwirtschaftskonzepten*

Abfallwirtschaftskonzepte *müssen* erst zum 31.12.1999 für die nächsten fünf Jahre erstellt werden, wenn bei einem Abfallerzeuger im Jahr mehr als 2.000 kg besonders überwachungsbedürftiger Abfälle insgesamt oder mehr als 2.000 t überwachungsbedürftiger Abfälle je Abfallschlüssel anfallen. Es kann jedoch aus verschiedenen Gründen vorteilhaft sein, sie bereits zu einem früheren Zeitpunkt zu nutzen. Zum einen zeigt die Erfahrung mit bereits existierenden Abfallwirtschaftskonzepten, daß sie als Instrument der innerbetrieblichen Optimierung der Abfallwirtschaft häufig erhebliche Potentiale zur Kostenersparnis bei der Abfallentsorgung eröffnen können. Zum anderen ermöglicht das Kreislaufwirtschaftsgesetz für die Nachweisführung der ordnungsgemäßen Abfallentsorgung einige Vereinfachungen:

- Das Abfallwirtschaftskonzept in Verbindung mit der Abfallbilanz ersetzt den (ggf. auch vereinfachten) Entsorgungsnachweis, wenn der Erzeuger die Abfälle in eigenen, in einem engen räumlichen und betrieblichen Zusammenhang stehenden Anlagen beseitigt (§ 44 (1)) bzw. verwertet (§ 47 (1)).
- Bei einer Beseitigung oder Verwertung in anderen Anlagen soll die Behörde von den Entsorgungsnachweisen absehen, wenn durch Abfallwirtschaftskonzepte nachgewiesen werden kann, daß die Beseitigung bzw. Verwertung ordnungsgemäß und schadlos erfolgt (§ 44 (2) und § 47 (2)).

3.4.3 *Entsorgungsfachbetriebe*

Ein weiterer Ansatz zur Deregulierung unter Wahrung der Umweltstandards ist die Schaffung von Entsorgungsfachbetrieben. Nach § 52 des Kreislaufwirtschaftsgesetzes ist Entsorgungsfachbetrieb, *wer berechtigt ist, das Gütezeichen einer anerkannten Entsorgergemeinschaft zu führen, oder einen Überwachungsvertrag mit einer technischen Überwachungsorganisation abgeschlossen hat, der eine mindestens einjährige Überprüfung einschließt.* Die Anforderungen an die Fachkenntnisse, die persönliche Zuverlässigkeit, eine ausreichende Haftpflichtversicherung sowie die technische Ausstattung werden in einer Rechtsverordnung geregelt. Entsorgergemeinschaften werden von den zuständigen Landesbehörden nach Maßgabe einer bundeseinheitlichen Richtlinie anerkannt.

Die Zulassung von Entsorgungsfachbetrieben erfolgt nicht durch Verwaltungsakte der Behörden, sondern durch die Entsorgungswirtschaft selbst. Die Einhaltung der Anforderungen wird ebenfalls nicht von den Behörden, sondern von den Entsorgergemeinschaften oder den technischen Überwachungsorganisationen überwacht. Damit kann ein wesentlich dichteres Netz an Kontrollen aufgebaut werden, als es den staatlichen Überwachungsbehörden möglich wäre.

Die Entsorgungsfachbetriebe sind gegenüber anderen Unternehmen insoweit privilegiert, als sie keine Genehmigung für den Transport von Abfällen und für die gewerbsmäßige Vermittlung von Abfallverbringungen benötigen. Daneben gelten für sie in der Nachweisverordnung Vereinfachungen bei den Nachweisverfahren zur Beseitigung bzw. Verwertung von Abfällen.

Abfallbesitzer, die ihre Abfälle einem Entsorgungsfachbetrieb überlassen, können damit leichter den Nachweis erbringen, daß sie ihre Sorgfaltspflicht erfüllt haben.

Literatur

Ausführungsgesetz zu dem Baseler Übereinkommen vom 22. März 1989 über die Kontrolle der grenzüberschreitenden Verbringung gefährlicher Abfälle vom 30. September 1994, BGBl I S. 2771

Gesetz über die Vermeidung und Entsorgung von Abfällen (Abfallgesetz - AbfG) vom 27. August 1986, BGBl. I S.1410, berichtigt S. 1501, zuletzt geändert durch das Gesetz vom 30.09.1994, BGBl. I S. 2771

Gesetz zum Schutz vor schädlichen Umwelteinwirkungen durch Luftverunreinigungen, Geräusche, Erschütterungen und ähnliche Vorgänge (Bundes-Immissionsschutzgesetz - BImSchG) i.d.F. vom 14. Mai 1990, BGBl. I S. 880, zuletzt geändert durch das Gesetz vom 19.07.1995, BGBl. I S. 930

Gesetz zur Vermeidung, Verwertung und Beseitigung von Abfällen vom 27. September 1994, BGBl. I S. 2705

Richtlinie des Rates vom 27. Juni 1994 zur Änderung der Richtlinie 91/689/EWG über gefährliche Abfälle (94/31/EWG), ABl. Nr. L 168 vom 02.07.1991 S. 28

Richtlinie des Rates vom 18. März 1991 zur Änderung der Richtlinie 75/442/EWG über Abfälle (91/156/EWG), ABl. Nr. L 78 vom 26.03.1991 S. 32

Verordnung (EWG) Nr. 259/93 des Rates vom 1. Februar 1993 zur Überwachung und Kontrolle der Verbringung von Abfällen in der, in die und aus der Europäischen Gemeinschaft, ABl. Nr. L 30 vom 6.02.1993, S. 1, berichtigt durch ABl. Nr. L 18 vom 26.01.1995, S. 38, Anpassung der Anhänge II, III und IV durch eine Entscheidung der Kommission (94/721/EG), ABl. Nr. L 288 vom 09.11.1994, S. 36

Köller, H. von, Kreislaufwirtschafts- und Abfallgesetz, Textausgabe mit Erläuterungen, Erich Schmidt Verlag, Berlin 1995

Rockholz, A., Das neue Kreislaufwirtschafts- und Abfallgesetz, DIHT, Bonn 1995

Boden- und Bauschuttverwertung in der Praxis

ANSGAR FENDEL

1 Problematik der Boden-/Bauschuttmassen

Die Umnutzung bzw. Weiternutzung von industriellen Altstandorten ist in der Regel mit baulichen Veränderungsmaßnahmen in größerem Ausmaß verbunden, die eine Baureifmachung im weiteren Sinne für die Folgenutzung notwendig machen. Erfahrungsgemäß handelt es sich um weitreichende Demontage und Teil- oder Komplettabbrüche sowie möglicherweise auch umfangreiche Erdbewegungen. Gekennzeichnet werden diese Altstandorte häufig durch weitläufige und große Bauwerke, die produktionspezifisch errichtet, ausgelegt und angeordnet wurden, so daß sie für eine weitergehende Folgenutzung wenig geeignet sind bzw. nur mit nicht akzeptablen finanziellen Aufwendungen umgebaut werden müßten. Beispiele hierfür sind Produktionsgebäude der chemischen, metallverabeitenden Industrie und des Bergbaus. Die bisherige Praxis hat gezeigt, daß Gebäude mit einer allgemein ausgelegten Bauweise wie z. B. Verwaltungsgebäude, Waschkauen oder Lagerhallen, wenn sie infrastrukturell günstig liegen, ein höheres Wiedernutzungspotential haben als reine Produktionsgebäude.

Ein Standort mit einer längeren Produktionshistorie hat auch nicht selten größere Erdbewegungsmaßnahmen erfahren, sei es z. B. durch Verbringen von Produktionsrückständen als Auffüllmaterial oder tatsächliche Baumaßnahmen aus standortspezifischen Gründen. Folge dieser Maßnahmen ist, daß viele alte Industriestandorte in Teilbereichen oder sogar komplett auf Auffüllmaterialien stehen. Auffüllungen erfolgten in der Vergangenheit mit Materialien, die bautechnisch geeignet erschienen; weitergehende Qualitätsansprüche, z. B. an Inhaltsstoffe, waren unüblich.

Bedingt durch Emissionen aus der Produktion und durch den Einsatz von Baumaterialien i. w. S., die nach heutiger Erkenntnis als schadstoffbelastet anzusehen sind, ist potentiell bei der Wiederinwertnahme alter

Produktionsstandorte mit einem nicht unerheblichen Mengenanfall von belastetem Bauschutt und Boden zu rechnen, insbesondere dann, wenn eine umfangreiche Baureifmachung für die Folgenutzung erforderlich ist.

Abbruchmaterialien und Aushubmassen aus Altstandorten können oft die größten Anteile an zu bewegenden Materialien innerhalb der Baureifmachung stellen. Unter dem Aspekt der Finanzierbarkeit der gesamten Maßnahmen ist daher in der Praxis nicht so entscheidend wie dieses Problem technisch zu lösen ist, sondern wie es in dem Spannungsfeld zwischen genehmigungsrechtlichen Anforderungen und Kostenminimierung zu bewältigen ist.

1.1 Genehmigungsrecht: Verwertung oder Beseitigung

Nach dem Abfallrecht lassen sich Boden und Bauschutt, wie in Tabelle 1 aufgeführt, verschiedenen Abfallschlüsselnummern zuordnen.

Eine Differenzierung in Reststoffe oder Abfälle ist derzeit in der Praxis noch relevant, kann aber gemäß dem Kreislaufwirtschaftsgesetz nicht mehr herangezogen werden, da hier nur zwischen Abfallbeseitigung und -verwertung unterschieden wird. Damit wird gleichzeitig eine Angleichung an das EU-Recht vollzogen. Ohne auf die stellenweise sehr abstrakt und nicht immer praxisgerecht geführten juristischen Diskussionen über den

Tabelle 1. Abfallschlüsselnummern LAGA/EWC für Boden und Bauschutt. Die Einstufung erfolgte nach dem Umsteigekatalog der LAGA , Stand 10.08.1995

LAGA NR.	EWC Code	LAGA Bezeichnung	Besonders überwachungsbedürftig (§ 2,2 AbfG)
314 09	1701 01, 1701 02, 1701 03, 1701 04	Bauschutt	Nein
314 11	1705 01, 2002 02	Bodenaushub	Nein
314 23	1705 01	ölverunreinigter Boden	ja
314 24	1705 01	sonstige Böden mit schädlichen Verunreinigungen	ja
314 41	1705 01, 1701 02, 1701 04, 1705 01, 175 01	Bauschutt und Erdaushub mit schädlichen Verunreinigungen	ja

Begriff Verwertung und Endbeseitigung einzugehen, kommt der Frage, ob der Boden/Bauschutt verwertet oder beseitigt wird, eine wesentliche Bedeutung für die weitere genehmigungsrechtliche Vorgehensweise zu. Weiterhin von Bedeutung ist hier auch die Fragestellung, ob der Bodenaushub oder Bauschutt auf dem Gelände zur weiteren Verwendung, sei es in speziell gesicherter oder ungesicherter Weise verbleiben darf.

Ein Kriterium, das herangezogen werden kann, ist die Zuordnung der Abfallschlüsselnummern. Boden und Bauschutt, der den Abfallschlüsselnummern 314 11 bzw. 314 09 zugeordnet wird, wird verwertet, ohne daß es ein weitergehendes Genehmigungsverfahren gemäß AbfVerbr bzw. Verordnung (EWG) Nr. 259/93 bedarf. Die Abfallschlüsselnummern 314 23, 314 24 und 314 41 erfordern ein Verfahren nach AbfVerbr bzw. Verordnung EWG Nr. 259/93. Alle drei Schlüsselnummern lassen sowohl eine Verwertung als auch eine Endbeseitigung zu. Dies ist in Abhängigkeit von der aufnehmenden Anlage und ihrer genehmigungsrechtlichen Einstufung zu sehen. Leider hat sich in der Vergangenheit gezeigt, – besonders im Fall grenzüberschreitender Transporte zu Behandlungsanlagen für verunreinigte Böden oder Bauschuttmassen – daß eine Rechtsunklarheit bezüglich der Einstufung der Anlagen besteht. Beispielsweise wurde von einer Bezirksregierung in NRW die Behandlung von Boden in einer niederländischen thermischen Behandlungsanlage aus einer Baumaßnahme in der ersten Genehmigung als Verwertung genehmigt. Da die zu behandelnden Mengen in dieser Maßnahme unerwarteterweise anstiegen, wurde eine zweiten Genehmigung notwendig, die aber kurioserweise für dieselbe Anlage zur Beseitigung ausgesprochen wurde.

Der EU Richtlinie 16/1922 folgend sind alle Verfahren die im Anhang II a aufgeführt sind, als Beseitigungsverfahren anzusehen, so z. B. die Kategorie D1 (Deponien) oder D10 (Verbrennung auf Land, z. B. Müllverbrennungsanlagen). Die in Anhang in Anhang II b aufgeführten Verfahren sind als Verwertungsverfahren anzusehen, wie z. B. R4 (Verwertung und Rückgewinnung anderer anorganischer Stoffe). Boden-/Bausschuttbehandlungsanlagen die besonders überwachungsbedürftige Boden-/Bauschuttmassen aufnehmen, sollten sinnvoller Weise den R4-Verfahren zugeordnet werden, da das Reinigungsendprodukt in Form des gereinigten Bodens oder eines mineralischen Schüttgutes vorliegt.

Die Verwertung von belasteten Böden oder Bauschuttmaterialien unter bestimmten Bedingungen als Deponiebaustoff ist derzeit gängige Praxis. Die Verwendung von diesen Materialien zu deponietechnischen Zwecken unter dem Aspekt der Verwertung befindet sich, wie sollte es auch anders sein, in der juristischen Diskussion (LUA-INfO, 1995).

An dieser Stelle soll der Vollständigkeit halber noch darauf hingewiesen werden, daß die Einklassifizierung oder die Definition, ab welcher Schadstoffkonzentration im Boden wie mit ihm zu verfahren ist, in den den einzelnen Bundesländern durch Verwaltungsvorschriften verschieden geregelt sein kann. Exemplarisch hierfür sei das Land Hessen genannt (Hessische Verwaltungsvorschrift, 1991), in dem zwischen unbelasteten, belasteten und verunreinigten Boden / Bauschutt unterschieden wird. Je nach nach Einstufung des Bodens führt dies z. B. zu einer Verwertung oder Andienungspflicht an die Landesabfallgesellschaft (HIM).

Weiterhin ist ebenfalls zu beachten, daß in Bundesländern mit Landesabfallgesellschaften (z. B. Hessen/HIM, Thüringen/TSA, Niedersachsen/NGS, Rheinland-Pfalz/SAM) diese im Landesabfallgesetz verankert sind und in der Regel die o. a. Abfallschlüsselnummern für besonders überwachungsbedürftige Abfälle in einen sogenannten Positivkatalog aufgenommen haben und unabhängig davon, ob die Boden/Bauschuttmassen einer Behandlung oder Beseitigung zugeführt werden, diese den Landesabfallgesellschaften anzudienen sind. Die Zuweisung der aufnehmenden Anlagen erfolgt dann durch die Landesabfallgesellschaften, die auch gleichzeitig Vertragspartner der Anlagen sind.

1.2 Verwertung on site oder off site

Eines der größten Probleme bei der Wiederinwertnahme von alten Industrieflächen ist die mögliche Menge der anfallenden Bauschutt und Bodenmassen, die, wenn sie zudem noch belastet sind, im Falle einer externen Verbringung, sei es zur Beseitigung oder Verwertung, die Finanzierbarkeit einer solchen Maßname vor Beginn schon in Frage stellen. Als Alternative hierzu bietet sich, was auch gängige Vorgehensweise ist, die Wiederverwendung der Boden /Bauschuttmassen auf dem Gelände an.

Unproblematisch stellt sich diese Vorgehensweise dar, wenn es sich um unbelasteten Bodenaushub oder Bauschutt handelt. Bauschutt kann bei Abbruchmaßnahmen direkt mit mobilen Brechanlagen aufbereitet und in entsprechenden Kornabstufungen für bautechnische Zwecke vor Ort eingesetzt werden. Genehmigungsrechtlich ist der Brecherbetrieb, wenn er nicht länger als 12 Monate dauert, einfach zu bewerkstelligen. Grundsätzlich anders sieht es aus, wenn Belastungen festgestellt werden.

In den verschiedenen Bundesländern existieren Listen, die Einbauwerte für Boden oder Bauschutt unter dem Aspekt der Nutzungseinschränkung und der Art des Einbaues formulieren (z. B. „Leipziger Liste“ (1992), „Düsseldorfer Liste“ (1991), „Alex“ (1995), MURL Erlaß (1991). Die LAGA hat Technische Regeln herausgegeben mit Anforderungen an die stoffliche Verwertung von mineralischen Reststoffen und Abfällen (LAGA 1994). Hierbei wird der Geltungsbereich auch auf die o. a. Abfallschlüsselnummern bezogen. Allen Listen und Regelwerken ist gemeinsam, daß sie Grenzwerte für den Wiedereinbau formulieren, die in der Regel nutzungsabhängig sind. Die LAGA Richtlinie geht sogar soweit, daß sie Einbauklassen definiert, die Verwendungszweck, Einschränkung und mögliche begleitende Sicherungsmaßnahmen beschreiben.

Spektakuläre Fallbeispiele, wie Bitterfeld (Schmitz, 1993) und Essen Zinkstraße (Heinrichsbauer & Lange, 1990) zeigen exemplarisch auf, daß die o. a. Richtlinien nicht kritiklos übertragen werden können. Bei Zugrundelegung z. B. der LAGA-Richtlinie, muß konstatiert werden, daß viele Industriestandorte nicht aufgearbeitet worden wären, da auf Basis der vorgelegten Grenzwerte, große Boden-/ Bauschuttmengen einer nicht finanzierbaren externen Verwertung, ggf. auch Beseitigung, hätten zugeführt werden müssen. Bei konsequenter und restriktiver Anwendung der LAGA-Richtlinie wäre das auch für zukünftige Maßnahmen zu befürchten.

An vielen Standorten ist es gängige Praxis zusammen mit den örtlich zuständigen Behörden Schwellenwerte unter Berücksichtigung der allgemeinen Schutzgüter und der Folgenutzung festzulegen. Darin wird fallspezifisch festgelegt, wann Boden ausgehoben werden muß, wann ein abgestufter gesicherter Einbau erfolgen kann und ab welchem Wert die anlagentechnische Verwertung oder Beseitigung zu erfolgen hat. Analoges gilt für Bauschutt. Die Verwertung von belasteten Bauschutt/Boden vor Ort erfolgt integriert in die Folgenutzungskonzeption in gesicherter Bauweise, sei es in speziellen bautechnisch ausgelegten Landschaftsbauwerken oder unter versiegelten Flächen. Dabei kann der Boden in unverfestigtem oder verfestigtem Aggregatzustand wiedereingebaut werden. Selbstverständlich müssen bei diesen Entscheidungsprozessen auch die zur Verfügung stehenden Finanzressourcen berücksichtigt werden. Überzogene und realitätsfremde Schwellenwertfestlegungen haben häufig zur Folge, daß die Aufarbeitung einer Fläche nicht mehr finanzierbar ist und dann überhaupt nicht erfolgt – was das Gefährdungspotential des Altstandorts in der Regel weiterbestehen läßt.

Im Gegensatz zur externen Verwertung von belastetem Bauschutt/ Boden ist bei der Vorortverwertung eine Einzelfallentscheidung der lokalen zuständigen Behörden notwendig, die bisher auch unter standort- und folgenutzungsspezifischen Gegebenheiten erfolgt ist. Dies gilt in der Regel auch für off-site oder on-site behandeltes Material, für das hinsichtlich Wiedereinbau auch Reinigungswerte festgelegt werden.

1.3 On site Verwertung: Die wirtschaftlichste Lösung?

Der Wiedereinsatz von Bauschutt/Bodenmassen vor Ort stellt auf dem ersten Blick eine interessante wirtschaftliche Perspektive dar, besonders dann, wenn die anfallenden Mengen bautechnisch kostensparend integriert werden können. Im Falle der unbelasteten Boden/Bauschuttmassen ist dies leicht über einen Kostenvergleich mit dem externen Verbringen und dem Zukauf von Baumaterialien aufzurechnen. Folgekosten oder Wertminderungen des Grundstückes sind normalerweise durch die Verwendung von unbelastetem Boden/Bauschutt nicht zu erwarten. Im Falle von belasteten Böden/Bauschutt stellt sich die wirtschaftliche Beurteilung wesentlich komplexer und schwieriger dar. Die erhöhten Zusatzaufwendungen für den gesicherten Einbau können in Abhängigkeit von dem genehmigungsrechtlichen Vorgaben als Ausdruck der schadstoff- und standortspezifischen Situation ein sehr weites Spektrum von Möglichkeiten umfassen. Dies kann beispielsweise von dem Einbau unter einer wasserdichten Abdeckung, wie einer Schwarzdecke, über die Verwendung in einem gesicherten Landschaftsbauwerk bis hin zur Verfestigung mit anschließendem speziell gesicherten Einbau reichen.

Die rein bautechnischen Kosten können relativ sicher ermittelt und mit der Alternative einer off-site Abfallverwertung/-beseitigung verglichen werden. Ebenso sind aber bei dem Entscheidungsprozeß die finanziellen Auswirkungen wie z. B. durch die Einschränkung der Nutzung, bilanzielle und versicherungstechnische Auswirkungen, Wertminderungen des Grundstückes, Haftungsrisiken und Folgekosten für die Nachkontrollen und -pflege zu berücksichtigen. Die Bewertung dieser Faktoren wird nicht nur dadurch erschwert, daß sie kalkulatorisch stellenweise nur ungenügend zu fassen sind, sondern auch durch die Tatsache, daß die Beurteilung auch den Faktor Zeit bzw. Dauer der möglichen Folgeaufwendungen mit einbeziehen muß.

Die Einbeziehung von Folgekosten und rein bautechnischen Kosten kann, auch wenn die off-site Behandlung/Beseitigung im Vergleich zu den bautechnischen Kosten sich teurer darstellt, die Entscheidung unterstützen, die Behandlung/Beseitigung durchzuführen.

In der Praxis zeigt sich, daß Sachzwänge, bestehend aus einem begrenztem Budget, großen Mengen an belastetem Material etc., dazu führen, daß eine Verwertung in gesicherter Bauweise erfolgt. Häufig wird eine gemische Strategie beschritten, die z. B aus einer Kombination von gesicherter Verwertung vor Ort und der off site Behandlung/Beseitigung von höchstbelasteten Materialien besteht. Ob diese Vorgehensweise in allen Fällen die günstigste Alternative in Hinblick auf die aufgezeigten finanziellen Langzeitbelastungen darstellt, sollte in der Zukunft kritisch verfolgt werden.

2 Verwertungs-/Beseitigungsverfahren

Bei der Entscheidung welches Verwertungs-/Beseitigungsverfahren zum Einsatz kommen soll, ist neben der technischen Verfügbarkeit genauso entscheidend, in vielen Fällen sogar maßgeblicher, wie die genehmigungsrechtliche Umsetzung erfolgt. Beispielweise ist das Klassieren von Bodenmassen über einen einfachen Siebprozeß verfahrenstechnisch leicht umzusetzen. Bezüglich der erforderlichen Genehmigungen ist für die Durchführung maßgeblich, ob es sich um unbelasteten Bodenaushub handelt (Schlüsselnummer 31 409) oder ob er belastetet ist (Schlüsselnummer 31 423, 31 424, 31 441). Obwohl grundsätzlich denkbar ist, das technisch der gleiche Prozeß durchgeführt wird, kann der zweite Fall eine Abfallbehandlung darstellen und dann eine genehmigungsrechtlich wesentlich aufwendigere Behandlungsweise, ggf. nach AbfG bzw. BImSchG, erfordern. Diese Beschränkungen sind auch in den Fällen zu beachten, bei denen durch eine anlagentechnische Aufbereitung on site, z. B. durch einfaches Brechen oder Sieben, eine mechanische Vorbehandlung oder Separierung von belasteten Boden-/Bauschuttmassen für eine weitergehende off site Behandlung aus verfahrenstechnischer Sicht wünschenwert ist.

2.1 Verwertung von unbelasteten Boden oder Bauschutt

Die Verwertung von unbelastetem Bauschutt/Boden wird durch die bautechnischen Eigenschaften vor oder nach einer Aufbereitung und die kostengünstige Verfügbarkeit von Verwertungsmöglichkeiten als maßgebliche Faktoren bestimmt.

Bauschutt kann in der Regel immer durch Zerkleinerungs, Sieb- und Sortierprozesse so aufbereitet werden, daß die Aufbereitungsprodukte als relativ definierter Baustoff mit einer vergleichbaren Qualtität weiterverwendet werden können. Der Grad und der Ort der Aufbereitung wird durch die Kostenbetrachtung bestimmt, in der u. a. die Platzverhältnisse, die Mengen an anfallendem Bauschutt, die Wiederverwertungsmöglichkeit vor Ort und der Bauablaufplan mitberücksichtigt werden müssen. Große Industriestandorte, bei denen durch Abbrüche große Mengen an Bauschutt anfallen und wo die Platzverhältnisse und der Bauablauf das Betreiben einer mobilen Brechanlage zulassen, sind typische Beispiele für die Vorortaufbereitung und -verwertung als kostengünstigste Alternative. Weiterhin ist zu berücksichtigen, daß aufbereiteter Bauschutt als RCL-Material einen wirtschaftlichen Wert hat, der je nach Qualität unterschiedlichste Erlöse erzielen kann, wenn er nicht ohnehin am selben Standort wieder eingesetzt wird.

Die Verwertung unbelasteter Böden wird dadurch gekennzeichnet, daß ihre bautechnische Einsatzmöglichkeiten als Baustoff deutlich limitiert sind. Eine Aufbereitung von Boden für bautechnische oder landwirtschaftliche/gärtnerische Zwecke läßt sich in der Regel kaum wirtschaftlich darstellen. Ausnahme hiervon ist der Spezialfall der Vererdung mit organischen Schlämmen, wie z. B. Klär- und Papierschlämme, der mengenmäßig noch nicht ins Gewicht fällt. Gängige Praxis ist es, Bodenaushub als Verfüll- oder Abdeckmaterial an unterschiedlichsten Verwendungsstellen gegen Zuzahlung abzugeben oder vor Ort einzubauen. Vereinzelt kann es vorkommen, daß bestimmte Bodenqualitäten, z. B. bindige und steinfreie Böden, für Oberflächenabdichtungsmaßnahmen eingebaut werden.

2.2 Verwertung von belasteten Bauschutt und Boden

Belasteter Boden und Bauschutt (Abfallschlüsselnummern 31 423, 31 324, 31 441) läßt sich entweder durch eine entsprechende anlagentechnische Aufbereitung oder als Materialien für bautechnische Zwecke in einer gesicherten Bauweise verwerten. Beispiele für den letzteren Fall ist der Einsatz von Boden und Bauschutt für deponietechnische Zwecke oder der Versatz in Bergwerken. Der Verwendung von belastetem Boden und Bauschutt als deponietechnischer Baustoff oder auch Versatzmaterial in Bergwerken hat in letzter Zeit immer mehr an Bedeutung gewonnen. Als Alternative hierzu existieren Aufbereitungsanlagen zur Verwertung, die Böden und Bauschutt dekontaminieren und je nach Technik einen gereinigten Boden/Bauschutt oder Mineralgemenge wiedergewinnen.

2.2.1 *Bergversatz und deponietechnische Verwertung*

Die Verwertung von belasteten Böden für deponietechnische Zwecke und im Bergversatz hat in den letzten sechs Jahren mengenmäßig enorm an Bedeutung gewonnen. Im Deponiebau werden belastete Böden und Bauschutt eingesetzt, um beispielsweise Dämme, Deponiestraßen, Abdeckschichten anzulegen. Die belasteten Materialien werden als Substitut für unbelastete Baumaterialien genutzt. Die Verwendung als Versatzmaterialien in Bergwerken, insbesondere Salzbergwerken, erfolgt häufig im Rahmen von Betriebsstillegungsplänen.

Beiden Fällen ist gemein, daß Anforderungen an die bauphysikalischen Eigenschaften der zu verwertenden Materialien gestellt werden. Beispielsweise können Bergwerke eine bestimmte Maximalkorngröße verlangen oder Deponien Anforderungen an das Kornband stellen. Im allgemeinen kann davon ausgegangen werden, daß jede Deponie oder jedes Bergwerk seine spezifischen genehmigungsrechtlich vorgebenen Annahmekriterien hat. Erfahrungsgemäß kann festgestellt werden, daß hohe organische und zur Ausgasung neigende Belastungen als Ausschlußkriterien für die Verwertung als Deponiebaustoff oder Versatzmaterial zu werten ist.

2.2.2 *Reinigungstechnologien*

Für die Abreinigung von schadstoffbelasten Boden und Bauschutt stehen verschiedene Reinigungsverfahren zur Verfügung, die alle zum Ziel haben, den Boden/Bauschutt oder seine mineralischen Bestandteile möglichst weitgehend unbelastet wieder zugewinnen. Die drei wichtigsten Verfahren sind: Die biologische Reinigung, das Bodenwaschen und die thermische Behandlung. Bei allen drei Verfahren ist entscheidend, daß der nach der Behandlung wiedergewonne Boden/Bauschutt wiedergenutzt werden kann. Alle drei Verfahren zeigen Beschränkungen, sowohl was die Schadstoffe, als auch das Konspektrum angeht. Ebenso erfordern alle Verfahren eine mechanische Voraufbereitung vor der eigentlichen Behandlung. Bauschutt bzw. Überkorn muß in allen Verfahren auf eine anlagenspezifische Korngröße heruntergebrochen werden.

Biologische Verfahren finden Anwendung bei bioverfügbaren Schadstoffen und nicht zu bindigen Böden. Bauschutt kann nur nach einem entsprechenden Brechvorgang behandelt werden. In der Praxis werden bevorzugt mineralöl-verunreinigte Böden behandelt. Untergeordnet werden noch andere organische Schadstoffe, wie z. B. PAK, mit wechselhaften Erfolg biologisch aufgearbeitet. Bei der biologischen Reinigung werden die Schadstoffe zersetzt. Einen Überblick über Methoden der mikobiologische Bodendekontamination und ihre Beschränkungen findet sich bei Klein et al. (1994). Der wiedergewonnene Boden/Bauschutt ist nach der Behandlung als Baustoff nur bedingt einzusetzen, da durch strukturverbessernde Materialien eine ausreichende Verdichtung kaum noch möglich ist.

Bodenwaschverfahren, in denen wäßrige Medien eingesetzt werden, haben ein weiteres Anwendungspektrum als biologische Verfahren. Mit ihnen lassen sich neben Mineralölen auch unter bestimmten Umständen Schwermetalle entfernen. Auch niedrig konzentrierte PAK und Cyanid-Schäden können behandelt werden. Die Bodenwäsche beruht auf dem Prinzip, daß die Schadstoffe über eine Abtrennung des Feinstkorns ausgeschleust werden. Zurück bleibt ein gereinigtes Material, daß ein relativ definiertes Kornspektrum aufweist und als Sand bezeichnet werden kann. Das abgetrennte Feinstkorn muß einer Beseitigung/Behandlung zugeführt werden. Die Anwendung von Bodenwaschverfahren wird limitiert durch den Feinkornanteil und die Art der Schadstoffe. Hohe PAK-Belastungen stellen beispielsweise den Wascherfolg in Frage. Bei Heimhard et al. (1993) findet sich eine Übersicht über Grundlagen und Anwendbarkeit des Bodenwaschens. Der rückgewonnene gereinigte Sand eignet sich gut für bautechnische Anwendungen.

Thermische Verfahren, sei es durch eine Direktbefeuerung oder eine Pyrolyse, eignen sich für alle organischen Belastungen, wie z. B. Teeröle, Mineralöle, PCB, und Cyanide. An Schwemetallen wird inzwischen routinemäßig auch Quecksilber behandelt. Charakteristisch ist für die Thermik, daß bei ihr konstant Reinigungswerte eingestellt werden, die im Bereich von Holland A liegen. Thermische Verwertungsverfahren weisen im Vergleich zu den anderen Verfahren die geringsten Einschränkungen in Hinblick auf die Bodenstruktur und den Schadstoffgehalt auf. Für weitergehende Informationen zu den thermischen Reinigungsverfahren und den Einsatzmöglichkeiten der Thermik wird auf Fendel et al. (1995) verwiesen. Durch Umrüstung von Anlagen besteht die Möglichkeit auch chlorierte Verbindungen (Dioxine, PCB, etc.) und TNT abreinigen zu lassen (Fendel & Van Den Toorn, 1995). Der wiedergewonnene Boden läßt sich in der Regel sehr gut verdichten und wird meistens einer bautechnischen Verwendung zugeführt. Aufgrund der exzellenten Reinigunsleistungen der thermischen Anlagen hat die Praxis gezeigt, daß die Wiederverwertung von gereinigten Materialien fast nie Beschränkungen unterliegt.

Bezogen auf die Menge erfolgt die Behandlung von Boden/Bauschutt für die biologischen und Waschverfahren in Gesamt-Deutschland, während die thermische Behandlung schwerpunktmäßig in Ostdeutschland und in den Niederlanden stattfindet. Angesichts des hohen Konkurrenzdruckes (Kielburger & Schmitz, 1993, Schmitz & Laun, 1995) ist in den letzten zwei Jahren ein drastischer Rückgang im Behandlungspreis bei allen Verfahren zu verzeichnen. In der Praxis setzt sich immer mehr die Tendenz durch, daß nicht die zur Anwendung kommende Technik entscheidend ist, sondern die Faktoren: Genehmigungsfähigkeit der Übernahme durch die Verwertungsanlage, genehmigungskonformer Betrieb der Verwertungsanlage, günstigste Behandlungspreise sowie Übernahme des Materials in kürzestmöglicher Zeit, problemlose Wiederverwertung des wiedergewonnen und gereinigten Bodens/Bauschutts. Dem Einsatz von gereinigten Materialien für Begrünungszwecke kommt in der Praxis keine Bedeutung zu, obwohl sich z. B. thermisch gereinigter Boden innerhalb einer Vegetationsperiode problemlos revitalisieren läßt (Fendel et al. 1995).

2.2.3 *On-Site Verwertung*

Bedeutend für die on-site Verwertung, abgesehen von einigen Einzelfällen, ist die baustoffliche Verwendung von belasteten Materialien ohne vorherige Reinigung. Vorbehandlungen der belasteten Materialien finden durch Sieb- und Brechprozesse oder durch Immoblisierungsverfahren statt. Der Einbau erfolgt in gesicherter Bauweise. In einigen Fällen ist es sinnvoll, durch Sieben oder Brechen eine Fraktionierung der belasteten Materialien durchzuführen, die im Idealfall dazu führen kann, daß eine Abtrennung von unbelastetem Material erfolgt. Der Sicherungsgrad ist in Abhängigkeit von der Belastungssituation und der angestrebten Folgenutzung zu sehen. Die zuständige lokale Behörde legt in einem Genehmigungsbescheid die Art des Einbaues fest. Der Verwendung der belasteten Materialien ist in Abstimmung mit dem Folgenutzungskonzept zu sehen. Beispielsweise kann es durchaus sinnvoll sein, gebrochenen Bauschutt als Schottermaterial für eine asphaltierte Fläche einzusetzen. Zielsetzung ist es, bei der Verwertung von belasteten Baustoffen den Einbau so zu gestalten, daß die Unterbrechung der Emissionspfade sichergestellt wird. Danach richtet sich auch der Grad der Sicherungsmaßnahmen. Bezüglich der möglichen Verfahren des gesicherten Einbaus sei auf die gängige Literatur verwiesen.

3 Fazit

Die Verwertung von Boden und Bauschutt, besonders wenn es sich um belasteten handelt, unterliegt nicht so sehr technischen, sondern genehmigungsrechtlichen Beschränkungen. Es kommt erschwerend hinzu, daß die Genehmigungspraxis nicht nur regional sehr uneinheitlich ist, sondern sich auch innerhalb kurzer Zeiträume verändern kann. Die Festlegung von Grenzwerten, besonders wenn sie von Stadt zu Stadt noch unterschiedlich sind, ist wenig hilfreich. Die heterogene Genehmigungspraxis stellt ein deutliches Hemmnis dar, die nicht unerhebliche finanzielle Belastungen nach sich ziehen kann. In Konsequenz kann das dazu führen, daß die Altlastenfläche nicht aufgearbeitet wird.

Literatur

Alex (1995): Landsamt für Umweltschutz und Gewerbeaufsicht, Rheinland-Pfalz, Altablagerungen und altstandorte, Merkblatt Alex 01 u. Alex 02, Referat 62, Oppenheim

Düsseldorfer Liste (1991): Verwertungskonzept Landeshauptstadt Düsseldorf, Untere Wasserbehörde der Stadt Düsseldorf, Stand 1991.

Fendel, A. & van den Toorn (1995): Dekontamination von Pestizid- und PCDD/PCDF-belasteten Böden durch Pyrolyse. Terratech 3/1995, S. 62

Fendel, A.; Beckmann, J.;.Dreschmann, P.; Grimski, D.; Haekel, W.; Heimhard, H.-J.; Jahns, P.; Kimmel, H.; Klein, J.;, H.-J., Kmoch, G.; Neumann, V.; Rebhan, A.; Tremmel, G:; Uhlig, D:; Zarbok, P. (1995): Entwurf der Arbeitshilfe „Dekontamination durch Thermische Bodenreinigungsverfahren" des ITVA-Fachausschusses H1 „Technologien und Verfahren". altlasten-spektrum 2/95, S. 114

Heimhard, H.-J.; Beckmann, J.;.Dreschmann, P.; Grimski, D.; Jahns, P.; Klein, J.; Kmoch, G.; Neumann, V.; Rebhan, A.; Scholz, M.; Tremmel, G:; Uhlig, D:; Zarbok, P. (1993): Entwurf der Arbeitshilfe „Dekontamination durch Bodenwaschverfahren" des ITVA-Fachauschusses H1 „Technologien und Verfahren". altlasten-spektrum 4/93, S. 229

Heinrichsbauer, J. & Lange, W. (1990): Oberflächenabdeckung mit Hilfe der Wülfrather Mineraldecke „Wülfralit" – Fallbeispiel Wohngebiet Zinkstraße in Essen-Borbeck. In Franzius, V.; Stegmann, R.; Wolf, K.; Brandt, E. (eds.) (1990): Handburch der Altlastensanierung , Ordner 2, Kap. 5.3.2.1.5

Hessische Verwaltungsvorschrift (1991): Entsorgung von belasteten Böden, Erlaß vom 14.2.1991 Az.: IV B1-79n06.03.4.2-122/91

Kielburger & Schmitz (1993): Bodenbehandlungszentren: Die Jagd nach dem Boden hat begonnen. Terratech 1/1993, S. 46

Klein, H. J.; Beckmann, J.;.Dreschmann, P.; Grimski, D.; Jahns, P.; Heimhard, H.-J; H.-J., Kmoch, G.; Neumann, V.; Rebhan, A.; Temmel, G:; Uhlig, D:; Zarbok, P (1994): Entwurf der Arbeitshilfe „Mikrobiologische Verfahren zur Bodenkontamination" des ITVA-Fachauschusses H1 „Technologien und Verfahren". altlasten-spektrum 2/94, S. 106

LAGA (1994): Anforderungen an die stoffliche Verwertung von mineralischen Reststoffen/Abfällen. Technische Regeln, Länderarbeitsgeminschaft Abfall, Hamburg.

Leipziger Liste (1992): Fachliche Anforderungen zum Abriß von baulichen Anlagen und zur Separierung, Behandlung, Verwertung und Entsorgung von Reststoffen und Abfällen, Staatliches Umweltfachamt, Abt. 2 Abfall/Altlasten.

LUA-Info (1995): LUA-Info Nr. 13, Verwendung von Abfällen für Deponiebaumaßnahmen, Boden- und Bauschuttbörse in NRW. Landesumweltamt Nordrhein-Westfalen, Essen.

MURL (1991): Anforderungen an die Verwendung von aufbereiteten Altbaustoffen (Recycling-Baustoffen) und industriellen Nebenprodukten im Erd- und Straßenbau aus wasserwirtschaftlicher Sicht, MBL. NW – Nr. 45, 18.07.1991, S. 906

Schmitz, H. J. & Laun, M. (1995): Die Jagd nach dem Boden geht weiter. Terratech 3/1995, S. 34

Schmitz, H.J. (1993): Sanierung eines mit Dioxinen, Furanen und Schwermetallen hoch belasteten Werksgeländes. Terratech 4/1993.

Verwertung von Bauabfällen in Düsseldorf –

Erfahrungen mit einem kommunalen „Verwertungskonzept" und einem „Konzept zum geordneten Rückbau und Abbruch von baulichen Anlagen"

Karin Ferner, Thomas Loosen und Inge Bantz

1 Einleitung

Fehlende Flächenreserven in dicht besiedelten Gebieten, wie beispielsweise Düsseldorf, zwingen die Kommunen, den Schwerpunkt der städtebaulichen Planung auf die Innenentwicklung zu legen. Bei Grundstücken, die im Innenbereich für städtebauliche Planungs- und Bauvorhaben zur Verfügung stehen, handelt es sich häufig um Flächen, die früher gewerblich-industriell genutzt wurden (Altstandorte) oder auf denen in der Vergangenheit Abfälle abgelagert wurden (Altablagerungen) (Görtz & Bantz, 1995).

Für solche Flächen sind häufig umfangreiche Untersuchungen und Sanierungsmaßnahmen erforderlich, bevor sie einer Neunutzung zugeführt werden können. Hierbei fallen sowohl Abbruchmaterialien als auch bautechnisch oder sanierungsbedingte Aushubmassen an, für die gemäß Abfallrecht unter Einhaltung der wasserwirtschaftlichen Anforderungen der Vorrang der Verwertung gilt.

Unter Berücksichtigung dieser Problematik hat das Umweltamt der Stadt Düsseldorf zur Systematisierung der verwaltungstechnischen Bearbeitung jeweils für die Phase der Freimachung und die Phase der anschließenden Neubebauung ein *Konzept zum geordneten Rückbau und Abbruch von baulichen Anlagen* und ein *Verwertungskonzept* mit Anforderungen an die Verwertung von Aushubmaterialien im Stadtgebiet erarbeitet, in denen dargelegt wird, welche wasser- und abfallrechtlichen Anforderungen bei der Verwirklichung von Bau- und Abbruchvorhaben zu erfüllen sind (Umweltamt Düsseldorf, 1991/93).

2 Rechtliche Grundlagen

Aushubmassen und Abbruchmaterialien unterfallen regelmäßig dem Abfallbegriff des § 1 Abs. 1 Abfallgesetz (AbfG), wobei auch unbelastete Materialien nicht selten dem subjektiven Abfallbegriff zuzurechnen sind, wogegen verunreinigte oder mit Schadstoffen belastete Materialien neben dem subjektiven in der Regel auch dem objektiven Abfallbegriff entsprechen [1].

Die Abfalleigenschaft der Stoffe schließt eine Verwertung nicht aus – schließlich umfaßt der Begriff der Abfallentsorgung gem. § 1 Abs. 2 AbfG die Verwertung von Abfällen sowie deren endgültige Beseitigung. Weitergehend wird der Abfallverwertung gem. § 1a Abs. 2 und § 3 Abs. 2 AbfG Vorrang vor der sonstigen Entsorgung eingeräumt, soweit sie technisch möglich ist und die hierbei entstehenden Mehrkosten im Vergleich zu anderen Verfahren der Entsorgung nicht unzumutbar sind (AbfG, 1994).

§ 3 Abs. 2 Satz 4 AbfG enthält darüberhinaus die Anforderung, daß Abfälle so einzusammeln, zu behandeln und zu lagern sind, daß die Möglichkeiten zur Verwertung genutzt werden können. § 5 Abs. 4 Landesabfallgesetz NW (LAbfG NW, 1994) greift diesen Gedanken auf und legt für Abfälle aus Baumaßnahmen (Bodenaushub, Bauschutt, Baustellenabfälle) ausdrücklich fest, daß diese vom Zeitpunkt ihrer Entstehung an voneinander getrennt zu halten sind, soweit dies für ihre ordnungsgemäße Verwertung erforderlich ist.

In der Praxis sind die Grenzen, wann Stoffe zu verwerten und wann zu entsorgen sind, fließend. Abfallerzeuger wählen in der Regel die für sie preiswertere Variante. Hier obliegt es dann der Überwachungsbehörde, einerseits eine endgültige Beseitigung zu verlangen, wenn z.B. ein Wiedereinbau von Bodenaushub oder eine Geländeauffüllung mit Bauschutt ein künftiges Gefahrenpotential entstehen lassen würde, andererseits eine wirtschaftlich vertretbare Verwertung zu fordern, um die gesetzlichen Zielvorstellungen umzusetzen.

Aufgrund fehlender oder nicht ausreichender untergesetzlicher Regelwerke sind hierfür Einzelfallentscheidungen notwendig, bei denen wasser-

---

[1] Urteil des Bundesverwaltungsgerichtes vom vom 24. Juni 1993, Az: 7 C 11/92 („Bauschutturteil")

und abfallrechtliche Bestimmungen sowie bezüglich der künftigen Oberflächennutzung außerdem ein Gefahrenvorsorgemaßstab analog zur Bauleitplanung zum Schutz von Mensch, Fauna und Flora zu berücksichtigen sind.

Um diese Einzelfallentscheidungen zu vereinheitlichen und insbesondere für die Betroffenen transparent zu machen, wurden das *Verwertungskonzept* und das *Konzept zum geordneten Rückbau und Abbruch von baulichen Anlagen* unter Berücksichtigung der vielfältigen Vorschriften des Wasser-, Abfall- und Baurechtes einerseits und der besonderen baulichen und geologischen Verhältnisse in der Stadt Düsseldorf andererseits entwikkelt.

Die Konzepte haben keinen Verordnungs- oder Satzungscharakter; sie sollen die Voraussetzungen für einen praktikablen Umgang mit Aushubmassen und Abbruchmaterialien schaffen. Rechtliche Konsequenzen bei Nichtbeachtung der Anforderungen ergeben sich nicht unmittelbar – hier bleiben die Mittel der abfallrechtlichen Anordnung nach § 35 Abs. 2 LAbfG NW und der Ordnungsverfügung nach § 14 Abs. 1 Ordnungsbehördengesetz (OBG).

3 Das Verwertungskonzept

Die Landeshauptstadt Düsseldorf hat bereits 1990 ein erstes Verwertungskonzept für bautechnisch bedingte Aushubmaterialien publiziert, das sich vornehmlich an Bauherren, Gutachter und Unternehmen richtet. Dieses beinhaltet Vorgaben zur Untersuchung von Aushubmaterial, darauf aufbauend eine Einteilung der Materialien in fünf Wiedereinbauklassen (WEK) sowie die zu erfüllenden technischen Anforderungen an den Wiedereinbau in Abhängigkeit von den wasserwirtschaftlichen Gegebenheiten am Ort des Wiedereinbaus (vgl. Tab. 1 und 2). Die Festlegung der Grenzwerte und Abgrenzung der unterschiedlichen Wiedereinbauklassen erfolgte unter Einbeziehung verschiedenster allgemein anerkannter und in der Praxis angewendeter Grenzwertvorgaben und -empfehlungen (Görtz, 1993; Görtz & Bantz 1993).

Eine Maxime des Verwertungskonzeptes ist es, einer weiteren Verteilung von belasteten Bodenmaterialien im Stadtgebiet entgegenzuwirken. Deshalb sind die Anforderungen an Material, das zum Einbau an anderer Stelle vorgesehen ist, generell schärfer, als bei einem Wiedereinbau am Anfallort (vgl. Tab. 2). So ist z.B. der Einbau von Material der Wiedereinbauklasse V grundsätzlich nur außerhalb von Wasserschutzzonen an Ort und Stelle unter versiegelter Fläche möglich.

Liegen Bodenbelastungen vor, die nicht durch den bautechnisch bedingten Aushub erfaßt werden, wird im Rahmen einer Einzelfallprüfung von der Behörde entschieden, wie mit den belasteten Bereichen im Rahmen der Neunutzung umzugehen ist. Bei der Aufstellung von Bebauungsplänen sind vorliegende Bodenbelastungen unter Vorsorgegesichtspunkten – Schaffung gesunder Wohn- und Arbeitsverhältnisse, Berücksichtigung der Belange der Wasserwirtschaft – zu beurteilen. Im Rahmen der ordnungsbehördlichen Altlastensanierung wären sie unter dem Gesichtspunkt der Gefahrenabwehr zu beurteilen. Die Kriterien des Verwertungskonzeptes sind somit nicht zur Beurteilung der Möglichkeiten des Verbleibes vorlie-

Tabelle 1. Definition der Wiedereinbauklassen Anforderungen an die Zusammensetzung der Materialien

Wiedereinbauklasse I
natürlich gewachsene Böden ohne anthropogene Beimengungen und nicht veränderte Locker- und Festgesteine

Wiedereinbauklasse II
- Erdaushub mit weniger als 15 % Bauschutt oder
- weniger als 30 % Dachziegelbruch

Wiedereinbauklasse III
- Erdaushub mit weniger als 45 % Bauschutt oder
- weniger als 30 % silikatischer Schlacken bzw.
- Erdaushub mit weniger als 30 % eines Gemisches der o. g. Beimengungen

Wiedereinbauklasse IV
- Aushub mit mehr als 45 % Bauschutt (nicht aus aktueller Abbruchmaßnahme),
- Erdaushub mit weniger als 45 % Schlacken,
- weniger als 15 % Aschen oder
- weniger als 15 % sonstiger mineralischer Beimischungen bzw.
- Erdaushub mit weniger als 45 % eines Gemisches der o. g. Beimengungen

Wiedereinbauklasse V
- Aushub mit mehr als 45 % Schlacken,
- Erdaushub mit weniger als 45 % Aschen bzw.
- Erdaushub mit einem Gemisch der o. g. Beimengungen,
- Erdaushub mit weniger als 45 % Schwarzdecken oder
- organoleptisch auffälliges Aushubmaterial

gender Bodenbelastungen geeignet; sie sind ausschließlich zur Beurteilung der Verwertbarkeit aus bautechnischen oder sonstigen Gründen ausgehobener Materialien anwendbar (Görtz, 1992).

Seit dem ersten Erscheinen des Verwertungskonzeptes sind weitere Anforderungen von verschiedenen Stellen zur Wiederverwertung (z.B. Länderarbeitsgemeinschaft Abfall – LAGA, 1994) oder zum Umgang mit belasteten Materialien (Altlastenkommission des Landes Nordrhein-Westfalen) veröffentlicht worden, die eine Überarbeitung des Verwertungskonzeptes erforderlich machten.

Darüber hinaus wurde die dritte Allgemeine Verwaltungsvorschrift zum Abfallgesetz (TA Siedlungsabfall) erlassen. Auch liegen zwischenzeitlich neuere höchstrichterliche Urteile im Zusammenhang mit der Beurteilung von Bauabfällen im Rahmen der Wiederverwertung vor. Diese neueren Rechtsvorschriften, Empfehlungen und Gerichtsentscheidungen wurden im Rahmen der Überarbeitung des Verwertungskonzeptes ebenso berücksichtigt, wie die zwischenzeitlich aus der mehrjährigen Anwendung des Verwertungskonzeptes vorliegenden praktischen Erfahrungen der Behörde sowie von Bauunternehmern, Gutachtern und Entsorgern.

Konkret bedeutet dies, daß die maximal zulässigen Schadstoffgehalte für Material der Wiedereinbauklasse III, welches weitgehend anforderungsfrei bzw. mit nur geringen Sicherungsmaßnahmen wiedereingebaut werden darf, in dem Maße verringert werden, daß der Einbau dieses Materials mit einer sensiblen Oberflächennutzung als Haus- oder Kleingarten vereinbar ist. Dies trägt dazu bei, daß eine Wiederverwertung von Materialien auf der Grundlage des Verwertungskonzeptes langfristig sowohl den wasser- und abfallrechtlichen Maßstäben genügt, als auch den Vorsorgeanforderungen nach Bauplanungsrecht.

Durch die Verschärfung der Anforderungen in diesem Bereich werden somit zum einen die Rechtssicherheit für die betroffenen Bauherren verbessert und zum anderen nachträglichen Anforderungen im Rahmen der Umnutzung von Grundstücken vorgebeugt.

Gleichzeitig mit der Verschärfung des Anforderungsniveaus im Bereich der nicht oder nur gering reglementierten Wiederverwertung von Aushubmaterialien ist vorgesehen, das Anforderungsniveau für die stärker reglementierte Verwertung höher belasteten Aushubmaterials der Wiedereinbauklasse V an Ort und Stelle zu verringern.

Nach Überarbeitung des Konzeptes sind zukünftig für Materialien, die nur am Anfallort unter versiegelten Flächen mit entsprechender Entfernung zum Grundwasser (mindestens 1 m zum höchsten Grundwasserstand) wiederverwendet werden dürfen, höhere Belastungen zulässig. Dies basiert auf der nunmehr langjährigen Erfahrung der Behörde im Umgang mit diesen auch als „stadttypische Auffüllung" bezeichneten Materialien (gemeint ist damit der hauptsächlich aus Boden mit Bauschutt- und Asche-/Schlackebeimengungen bestehende Trümmerschutt, der heute in weiten Teilen Düsseldorfs als oberste Bodenschicht anzutreffen ist), die gezeigt hat, daß die Grundwasserqualität trotz der weiten Verbreitung dieser Materialien nicht beeinträchtigt wurde, sofern ein ausreichender Abstand zum Grundwasser gegeben ist. Nichtsdestotrotz muß der zum Wiedereinbau zugelassene Belastungsgrad deutlich unter dem Niveau liegen, das im Falle der Beseitigung der Materialien als Abfall die Zuordnung zu einer Regeldeponie bedingen würde. Hierbei ist weniger die tatsächliche Gefährdung des Grundwassers unter den zu Beginn gegebenen Randbedingungen, z.B. Versiegelung, ausschlaggebend, als vielmehr die Frage nach dem dauerhaften Bestand dieser Randbedingungen, der außerhalb einer gesicherten Deponie fraglich ist.

Die Änderungen des Verwertungskonzeptes zielen insgesamt darauf ab, durch die Verwertung bautechnisch bedingter Aushubmaterialien die Entstehung neuer, zukünftig möglicherweise aufwendig nachträglich zu sichernder Störungen zu vermeiden und gleichzeitig in den Bereichen, in denen bereits Störungen vorliegen, den Entsorgungsaufwand auf das gesundheitlich und wasserwirtschaftlich notwendige Maß zu begrenzen.

Die Verwertung „moderat" belasteter Aushubmaterialien im Rahmen von Baumaßnahmen ist langfristig nur vertretbar, wenn eine ausreichende Dokumentation über die wiederverwerteten Materialien erfolgt. Das Verwertungskonzept sieht daher eine „Anzeige der Wiederverwertung" vor. Ein entsprechendes Formblatt, welches die erforderlichen Daten abfragt, ist dem Konzept beigefügt. Der Einbau von Materialien der Wiedereinbauklassen III bis V wird über EDV nach Beschaffenheit, Menge und Einbauort erfaßt. Die Dokumentation hilft, bei zukünftigen Baumaßnahmen in diesen Bereichen sowohl für die Antragsteller als auch für die Behörde die notwendigen Informationen zur Materialbeschaffenheit ohne großen Untersuchungsaufwand und mit geringem Zeitbedarf verfügbar zu machen.

Tabelle 2. Regelung des Wiedereinbaues von Böden in Düsseldorf

	Wiedereinbau	WEK I	WEK II	WEK III	WEK IV	WEK V
	WSZII					
vor Ort:		erlaubnispflichtig	unzulässig	unzulässig	unzulässig	unzulässig
an anderer Stelle:		erlaubnispflichtig	unzulässig	unzulässig	unzulässig	unzulässig
	WSZ III A					
vor Ort	ohne Abdeckung	anzeigepflichtig	unzulässig	unzulässig	unzulässig	unzulässig
	Reduzierung d. Niederschlagswasserversickerung	anzeigepflichtig	anzeigepflichtig	anzeigepflichtig	unzulässig	unzulässig
	versiegelt	anzeigepflichtig	anzeigepflichtig	anzeigepflichtig	unzulässig	unzulässig
an anderer Stelle:	ohne Abdeckung	anzeigepflichtig	unzulässig	unzulässig	unzulässig	unzulässig
	Reduzierung d. Niederschlagswasserversickerung	anzeigepflichtig	unzulässig	unzulässig	unzulässig	unzulässig
	versiegelt	anzeigepflichtig	anzeigepflichtig	unzulässig	unzulässig	unzulässig
	WSZ III B					
vor Ort	ohne Abdeckung	anzeigepflichtig	unzulässig	unzulässig	unzulässig	unzulässig
	Reduzierung d. Niederschlagswasserversickerung	anzeigepflichtig	anzeigepflichtig	anzeigepflichtig	erlaubnispflichtig	unzulässig
versiegelt	anzeigepflichtig	anzeigepflichtig	anzeigepflichtig	erlaubnispflichtig	unzulässig	
an anderer Stelle:	ohne Abdeckung	anzeigepflichtig	unzulässig	unzulässig	unzulässig	unzulässig
	Reduzierung d. Niederschlagswasserversickerung	anzeigepflichtig	anzeigepflichtig	anzeigepflichtig	unzulässig	unzulässig
	versiegelt	anzeigepflichtig	anzeigepflichtig	anzeigepflichtig	unzulässig	unzulässig
	außerhalb von WSZ					
vor Ort	ohne Abdeckung	zulässig	zulässig	zulässig	unzulässig	unzulässig
	Reduzierung d. Niederschlagswasserversickerung	zulässig	zulässig	zulässig	anzeigepflichtig	unzulässig
	versiegelt	zulässig	zulässig	zulässig	anzeigepflichtig	anzeigepflichtig
an anderer Stelle:	ohne Abdeckung	zulässig	zulässig	unzulässig	unzulässig	unzulässig
	Reduzierung d. Niederschlagswasserversickerung	zulässig	zulässig	zulässig	anzeigepflichtig	unzulässig
	versiegelt	zulässig	zulässig	zulässig	anzeigepflichtig	unzulässig

4 Geordneter Rückbau von baulichen Anlagen

1993 wurde ein Konzept zum geordneten Rückbau und Abbruch von baulichen Anlagen erstellt und damit auf die Novellierung des LAbfG vom 14.01.1992 reagiert, mit der das Gebot der Getrennthaltung von Abfällen und deren Verwertung im Zusammenhang mit genehmigungsbedürftigen Baumaßnahmen, insbesondere beim Abbruch von baulichen Anlagen, festgeschrieben wurde. Das Rückbaukonzept richtet sich an den gleichen Benutzerkreis wie das Verwertungskonzept und formuliert konkrete abfallrechtliche Anforderungen der Behörde an die Durchführung eines Rückbaus oder Abbruchs. So beinhaltet das Rückbaukonzept eine Auflistung der Abfälle, die grundsätzlich separat auszubauen sind sowie Verwertungs- und Beseitigungswege für verschiedene Abfallarten.

Grundsätzlich ist im Vorfeld eines Abbruches von Gebäuden ab einer bestimmten Größe die Erstellung eines individuellen Rückbaukonzeptes erforderlich, welches für die jeweilige Abbruchmaßnahme neben einer Massenabschätzung den Umfang der Separationsarbeiten und die geplanten Entsorgungswege beschreibt.

Die erste Auflage des Rückbaukonzeptes behandelte ausschließlich den Abbruch von Wohn- oder Verwaltungsgebäuden mit mindestens 3 Vollgeschossen und 200 m² überbauter Grundfläche. Bei der praktischen Arbeit zeigte sich jedoch, daß eine Vielzahl der größeren Abbruchmaßnahmen gewerblich-industriell genutzte Bauwerke betrifft und/oder sich auf einem Altstandort oder einer Altablagerung befindet, so daß das Konzept in der ursprünglichen Fassung nicht ausreichend war. In der überarbeiteten Version des Rückbaukonzeptes wird daher speziell auch auf den Rückbau gewerblich-industriell genutzter Gebäude eingegangen.

In Abbildung 1 ist die Vorgehensweise beim geordneten Rückbau als Ablaufdiagramm dargestellt.

Zusätzlich ist – unabhängig von der Nutzung des aktuell abzubrechenden Gebäudes – zu überprüfen, ob durch die Abbruchmaßnahme Bereiche entsiegelt werden, für die ein Bodenbelastungsverdacht besteht. Dies geschieht in der Regel durch eine Auskunft aus dem städtischen Altstandort- und Altablagerungskataster. Ergibt sich aus der Katasterauskunft ein Bodenbelastungsverdacht, muß der Untergrund in den Bereichen, in denen eine Entsiegelung vorgesehen ist, untersucht werden. Bei der Bewertung der Untersuchungsergebnisse ist den Belangen des Grundwasserschutzes Rechnung zu tragen.

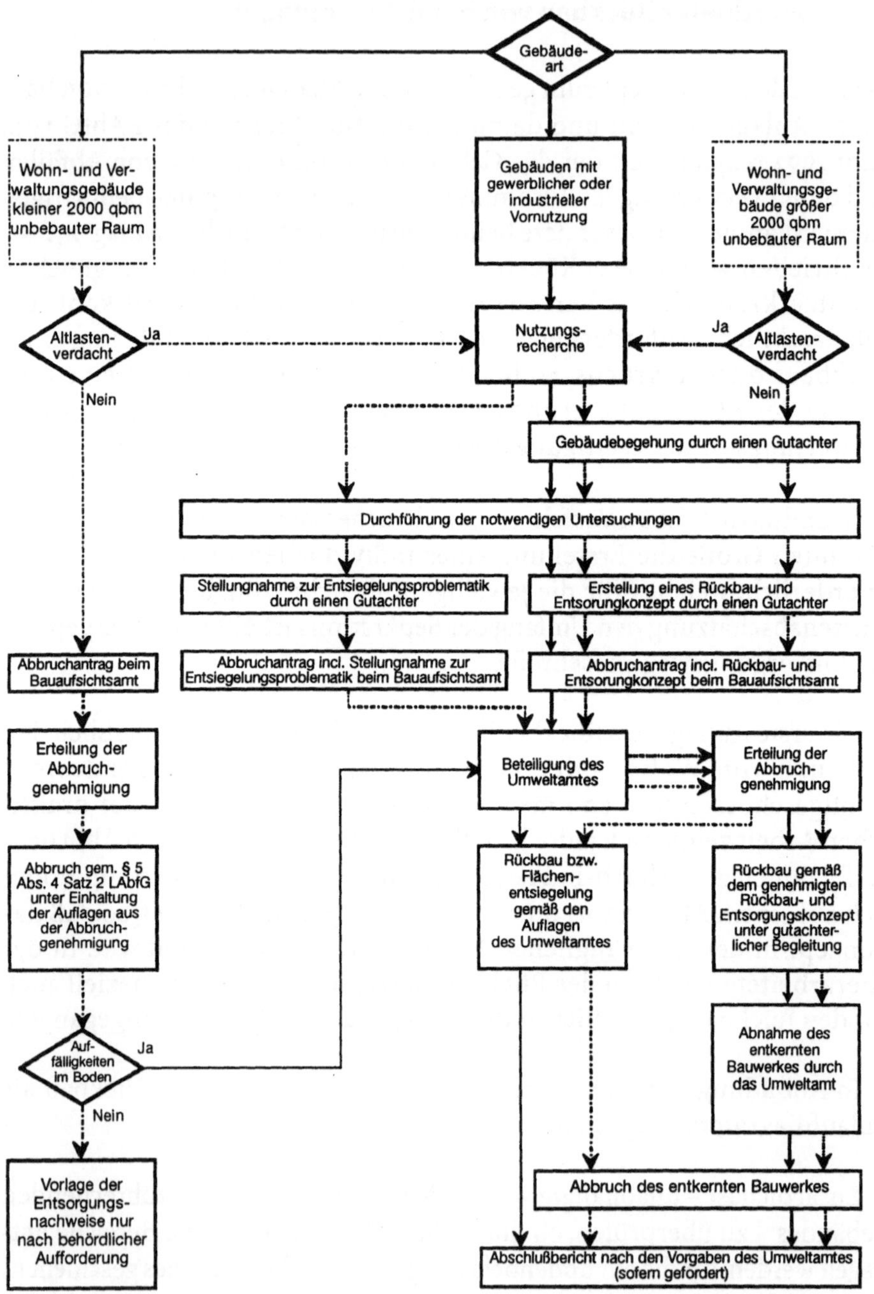

Abb. 1. Vorgehensweise beim geordneten Rückbau

5 Ausblick

Im Oktober dieses Jahres werden weite Teile der Abfallwirtschaft durch das Inkrafttreten des Kreislaufwirtschafts- und Abfallgesetzes (KrW-/AbfG, 1994) neu geordnet obwohl noch vieles im Unklaren liegt, da die zum Vollzug erforderlichen Rechtsverordnungen noch nicht vorliegen und auch die Landesgesetze angepaßt werden müssen, zeichnet sich ab, daß sich die Bereiche, in denen sich das Verwertungs- und das Rückbaukonzept bewegen, nicht grundsätzlich verändern werden.

So tritt der Verwertungsgedanke im Rahmen der festgelegten Zielhierarchie Vermeiden - Verwerten - Entsorgen noch mehr in den Vordergrund. In § 4 Abs. 3 Satz 2 KrW-/AbfG wird ausdrücklich festgelegt, daß eine stoffliche Verwertung weiterhin nur in Betracht kommt, wenn der Hauptzweck der Maßnahme in der Nutzung des Abfalls und nicht in der Beseitigung des Schadstoffpotentials liegt - gerade dieser Gedanke liegt den v.g. Konzepten zu Grunde.

Derzeitige Unstimmigkeiten über die Abfalleigenschaft von Aushubmassen und Abbruchmaterialen im Falle der Wiederverwertung dürften durch den umfassenderen Abfallbegriff des § 3 KrW-/AbfG weitgehend gegenstandslos werden. Die im Verwertungs- und im Rückbaukonzept konkretisierten Anforderungen an Getrennthaltung und Separation von Stoffen werden ebenfalls nicht berührt - durch § 5 Abs. 2 KrW-/AbfG eher noch untermauert.

Im übrigen bleibt abzuwarten, welche Detailregelungen insbesondere für Abfälle, die im Zusammenhang mit Bau- und Abbruchmaßnahmen entstehen, getroffen werden und so eine Anpassung der Konzepte an die dann geltende Rechtslage erforderlich machen.

Ebenso bleibt abzuwarten, ob und wie sich die Technischen Regeln der LAGA zu den Anforderungen an die stoffliche Verwertung von mineralischen Reststoffen/ Abfällen im Hinblick auf Bauschutt u.ä. entwickeln. Gemeinde- und länderübergreifende Regelungen liegen hier sicher in aller Interesse.

Daneben ist vorgesehen, das Bewußtsein der Beteiligten für die abfallwirtschaftlichen und -rechtlichen Probleme im Zusammenhang mit Bauvorhaben weiter zu schärfen. Besondere Aufmerksamtkeit ist dabei neben dem fachtechnischen Bereich auf eine ausreichende Information von Bauherren, Architekten und planenden Ingenieurbüros über die abfallrechtlichen Pflichten zu legen. Hierbei sind die Pflichten des Abfallbesitzers, konkret des Bauherrn, der trotz Beauftragung Dritter letztlich für die ordnungsgemäße Verwertung oder Beseitigung der anfallenden Abfälle verantwortlich bleibt, diesem oftmals nicht im notwendigen Umfang bekannt.

Gesamtstädtisch wird erwartet, daß auf der Grundlage beider Konzepte die ökologisch sinnvolle Verwertung von Abfällen, die im Zusammenhang mit Bauvorhaben anfallen, weiter optimiert werden kann.

Die bereits in den zurückliegenden Jahren im Einzelfall erreichten hohen Verwertungsquoten lassen sich bei sorgfältiger Voruntersuchung, Separation und Vorplanung der Verwertung sicherlich noch steigern, insbesondere auch in Bezug auf die Masse der Bauvorhaben.

Literatur

(AbfG) Abfallgesetz vom 27. August 1986, zuletzt geändert durch Gesetz vom 30. September 1994 (BGBl. I S. 2771)

Görtz, W.; Bantz, I.: Altlasten in der Bauleitplanung und im Baugenehmigungsverfahren In: Symposium Altlasten-Perspektiven der Altlastensanierung, Hrsg: IWU, Gerhardt-Hauptmann-Str. 30, 39108 Magdeburg und ITVA, Pestalozzistr. 5 – 8, 13187 Berlin, 1995, S. 67 – 82

Görtz, W.: Flächenrecycling und Entsorgung belasteter Böden – Erfahrungen mit einem kommunalen Verwertungskonzept In: Altlasten und kontaminierte Böden '93, Hrsg: R. Kompa, K.-P. Fehlau, B. Schreiber, Forum Umweltschutz, Verlag TÜV Rheinland, S. 185 – 199

Görtz, W.; Bantz, I.: Anforderungen an die Wiederverwertung aufbereiteter Böden und bautechnisch bedingter Aushubmaterialien – Erfahrung bei der Umsetzung eines kommunalen Verwertungskonzeptes In: Altlastensanierung '93, Hrsg:: F. Arendt, G. J. Annokkée, R. Bosman und W. J. van den Brink, Kluwer Academie Publishers, S. 897 – 908

Görtz, W.: Umsetzung eines kommunalen Grundwassersanierungskonzeptes, Utech '92, IWS-Schriftenreihe, Band 15, S. 127 – 140, Erich-Schmidt-Verlag, Berlin (1992)

(KrW-/AbfG – Kreislaufwirtschafts- und Abfallgesetz) Gesetz zur Förderung der Kreislaufwirtschaft und Sicherung der umweltverträglichen Beseitigung von Abfällen vom 27. September 1994 (BGBl. I S. 2705)

(LAbfG – Landesabfallgesetz) Abfallgesetz für das Land Nordrhein-Westfalen vom 21. Juni 1988, zuletzt geändert durch Gesetz vom 07. Februar 1995 (GV NW S. 134)

(LAGA) Länderarbeitsgemeinschaft Abfall: Anforderungen an die stoffliche Verwertung von mineralischen Reststoffen/Abfällen – Technische Regeln – Stand: 07. September 1994

Umweltamt Düsseldorf (1991): Verwertungskonzept; Anforderungen an die Verwertung von Aushubmaterialien, industriellen Nebenprodukten und aufbereiteten Reststoffen im Stadtgebiet Düsseldorf, Brinckmannstr. 7, 40225 Düsseldorf

Umweltamt Düsseldorf (1993): Konzept für die geordneten Rückbau von baulichen Anlagen, Brinckmannstr. 7, 40225 Düsseldorf

Konzeption einer länderweiten Boden- und Bauschuttbörse

Beate Gorzawski und Klaus-Dieter Koss

1 Veranlassung

In der Bundesrepublik Deutschland fallen im Baubereich 215 Mio. t/a Straßenaufbruch, 30 Mio. t/a Bauschutt und 14 Mio. t/a Baustellenabfall an.

- Von ca. 80 % wiederverwertbarer Stoffe aus den Baubereich fließt derzeit nur ein kleiner Teil in den Kreislauf der Bauwirtschaft zurück.
- Außerdem gilt es Deponieraum zu schonen und
- es gibt immer weniger Möglichkeiten, Erdaushub außerhalb von Deponien auf aus Sicht des Landschaftsschutzes unproblematischen Flächen unterzubringen.

2 Rechtsgrundlage

Der mit der 86er Novelle zum AbfG eingeführte Vorrang der Vermeidung und Verwertung wird mit Inkrafttreten des KrW-/AbfG noch verstärkt. Die Vermeidung und Verwertung sind als Grundsätze der Kreislaufwirtschaft in § 4 KrW-/AbfG aufgenommen und gehören nach § 5 KrW-/AbfG zu den Grundpflichten.

„Bodenaushub, Straßenaufbruch und unbelasteter Bauschutt sollten grundsätzlich nicht mehr deponiert werden. Diese Stoffe sind direkt oder nach Aufbereitung wieder zu verwenden. Nur wenn auch nach Zwischenlagerung keine Verwendung für diese gefunden wird, dürfen diese auf Mineralstoffdeponie abgelagert werden“, so aus dem Sondergutachten „Abfallwirtschaft“ des Rates von Sachverständigen für Umweltfragen.

3 Konzeption

3.1 Vorbemerkungen

Ausgehend von der Tatsache, daß der Verwertungsgedanke in verschiedenen Kommunen schon durch regional beschränkte Bodenbörsen praktiziert wurde, ergab sich der Schritt zu einer landesweiten und später länderweiten Boden- und Bauschuttbörse zwangsläufig.

Ein nach gleichen Grundsätzen aufgebautes System soll es – ohne Bindung an Verwaltungsgrenzen – ermöglichen, Angebote und Nachfragen zu bestimmten Stoffen zu veröffentlichen. Hierzu wurde die Boden- und Bauschuttbörse im Online-System (heute T-Online, früher Datex-J bzw. Btx) entwickelt. Mit dieser Börse kann jedermann per Telefon, PC und Modem Bodenaushub und Bauschutt anbieten bzw. nachfragen. Aufgrund der Tatsache, daß die Börse über Telefon zu benutzen ist, liegt bundesweit die Infrastruktur für ein solches System bereits vor.

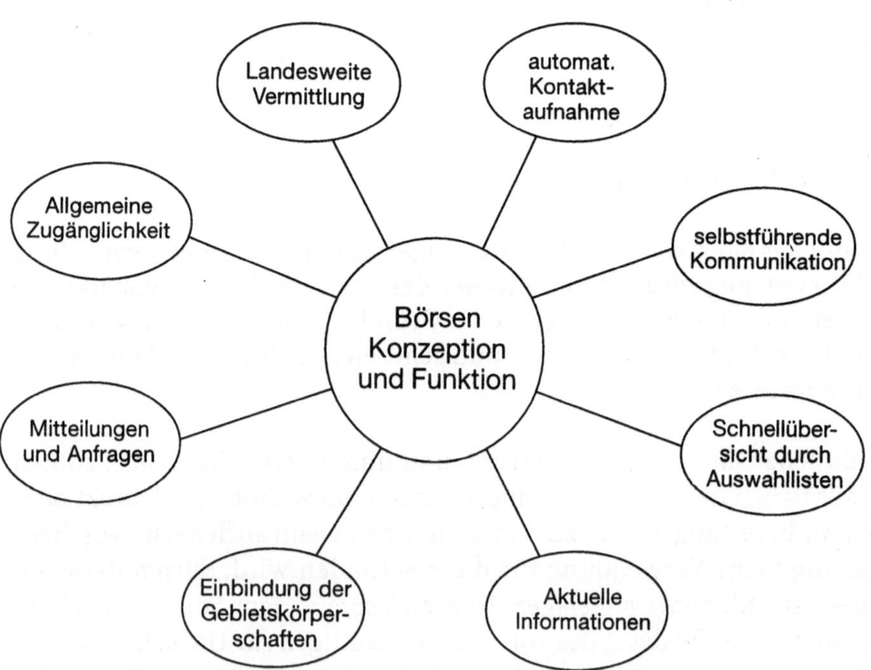

Abb. 1. Konzeption und Funktion der Boden- und Bauschuttörse

Das Konzept wurde von Vertretern der Bauindustrie, der Verbände, des Hochschulbereiches, der Entsorgungswirtschaft, der Kommunen und der Aufsichtsbehörden unter Federführung des Landesumweltamtes Nordrhein-Westfalen entwickelt.

Tabelle 1. Stichworte, die in den vorgefertigten Masken abgefragt werden.

Unbelasteter Bodenaushub	**Ausgewählte Baureststoffe**
Name: Tel.: /Fax: Menge: /Zeit vom: bis Ort: Material: _ Oberboden _Bindiger Boden Überwiegend: _ Lehm _ Ton _ Schluff _ nicht bindiger Boden überwiegend: _ Sand _ Kies _ Fels Bodengemisch: _ Lehm/ _ Ton/ _ Schluff/ _ Sand/ _ Kies/ _ Fels Boden: _ gewachsen/ _ aufgeschüttet Vornutzung: _ Industrie/ _ Gewerbe _ Wohnbau / _ Verkehrsfläche _ Land-,Forstwirtschaft Chem. Analytik: _ ja / _ nein Fremdbestandteile, organische ca. __Gew.%, mineralische ca. __Gew.% Bemerkungen:	Name: Tel.: /Fax: Menge /Zeit vom: bis Ort: Materialbezeichnung: Holz: _ Altholz, naturbelassen, _ zur stofflichen Verwertung _ Altholz, zur thermischen Verw. _ Frischholz Ausgewählte Baureststoffe Metall: 1. Schrott: _ Blechschrott/ _ Guß _ Mischschrott/ _ Trägerschrott 2. Nutzeisen: _ Träger 3. NE-Metalle: _ Kupferkabel _ Kupfer/_ Altblei/_ Altaluminium _ Altzink Dämmaterial: _ Glasfaser,ohne Fremdanteil _ Mineralfaser,o.Fremdanteil _ Styropor,weiß,unbeschmutzt, unbeklebt Bemerkungen:
Nicht aufber.Bauschutt, Straßenaufbruch	**Mineralischer Recycling-Baustoff**
Name: Tel.: /Fax: Menge: /Zeitraum: bis Ort: Nicht aufber.Bauschutt,Straßenaufbruch Material: _ nicht aufber. Bauschutt _ nicht aufber. Straßenaufbruch Vornutzung: _ Industrie _ Gewerbe _ Bürobau _ Wohnbau _ Verkehrsfläche Chem. Analyse _ ja _ nein Bemerkungen:	Name: Tel.: /Fax: Menge: /Zeit vom: bis Ort: Mineralischer Recycling-Baustoff Material: _ nicht aufber. Bauschutt _ nicht aufber. Straßenaufbruch güteüberw. _ RAL 501/1 _ RCLI _ RCLII nicht güteüberw. Körnung: __ / __ mm Bemerkungen:

3.2 Funktion

Die Börse enthält für Nachfragen oder Angebote vorgefertigte Masken für den jeweiligen Stoff. Die Nutzer, die die Börse mit Hilfe eines Telefons und eines angeschlossenen PC´s selbständig abrufen, tragen im Dialogbetrieb die Daten in die entsprechenden Masken ein. Im Regelfall erfolgen die Eintragungen durch Ankreuzen vorgegebener Begriffe. Damit ist eine Vergleichbarkeit der Angebote und Nachfragen gewährleistet.

3.3 Organisation

Betreut wird die Boden- und Bauschuttbörse durch drei verschiedene Träger mit unterschiedlichen Aufgaben und Verantwortungsbereichen.

3.3.1 *Konzeptionelle und DV-mäßige Betreuung*

Dem Landesumweltamt NRW obliegt die grundsätzliche konzeptionelle Betreuung. Hierzu gehören die im Hintergrund ablaufenden Arbeiten zur Programm- und Systemtechnik – gemeinsam mit der Kommunalen Datenverarbeitungszentrale Hellwig Sauerland in Iserlohn (KDVZ), welche die DV-Arbeiten leistet – sowie die inhaltliche Pflege und Fortschreibung der Börse.

3.3.2 *Örtliche Betreuung*

Hierzu gehören Aufgaben wie Kontaktaufnahme mit Bauherren, Architekten, Bauunternehmen, Baubehörden, Verbänden, Innungen u.a. zur Einführung und Bekanntgabe der Börse, aber auch Beratungen und Unterstützung der Vermittlung, formale Überprüfungen der Eingaben und Auswertungen.

Die örtliche Betreuung wird vom jeweiligen Bundesland, das an der Börse teilnimmt, geregelt. Bei den derzeit teilnehmenden Bundesländern (Berlin und NRW) stellt sich das wie folgt dar:

- In Berlin erfolgt die Betreuung durch die Senatsverwaltung für Bau- und Wohnungswesen.
- In NRW obliegt die Betreuung den jeweils an der Börse teilnehmenden Kreisen/kreisfreien Städten bzw. deren Entsorgungsgesellschaften.

Regelmäßige Termine über Erfahrungsaustausche mit allen Beteiligten der behördlich betreuenden Stellen ermöglichen ein effizientes Vorgehen.

Die Börse ist programmtechnisch so gesteuert, daß die betreuenden Stellen jeweils in ihrem Zuständigkeitsbereich ein Fax über eingestellte Meldungen erhalten. Sie erhalten damit die Möglichkeit, im Hintergrund des Geschehens die Börse zu beobachten und die Vermittlungsbemühungen zu unterstützten oder bei Mißbrauch einzuschreiten.

3.3.3 *Nutzer*

Den Nutzern fällt es zu, die Börse vom eigenen PC aus mit Meldungen über Angebote und Nachfragen zu füllen. Sie können dies selbständig erledigen, ohne im Vorfeld mit den Behörden Kontakt aufnehmen zu müssen. Desgleichen besteht die Möglichkeit, Eingaben selber zu löschen oder Anfragen an die betreuenden Stellen zu richten.

3.4 Vermittlungstechnik

Die Börse ist ein DV-gestütztes Vermittlungssystem, das auf telefonischem Weg über das Netz der Deutschen Telekom AG im T-Online Dienst (früher Datex-J bzw. Btx) betrieben wird. Dies setzt neben einem Telefonanschluß eine zusätzliche Kennung als Datex-J bzw. Btx-Teilnehmer voraus. Mittels Modem sowie der dazugehörenden Software und einem PC (keine besondere Anforderungen) ermöglicht die Datentechnik des T-Online Systems dem Börsenanwender rund um die Uhr ein unabhängiges und selbständiges Benutzen des Vermittlungssytems.

3.5 Möglichkeiten der Börse

3.5.1 *Allgemeines*

Die Boden- und Bauschuttbörse ist eine Einrichtung zur Förderung der Wiederverwertung nachfolgender Stoffe:

- unbelasteter Bodenaushub,
- nicht aufbereiteter Bauschutt / nicht aufbereiteter Straßenaufbruch (nicht pechhaltig),
- mineralischer Recycling-Baustoff,
- ausgewählte Baureststoffe wie Holz, Metall und Dämmaterial.

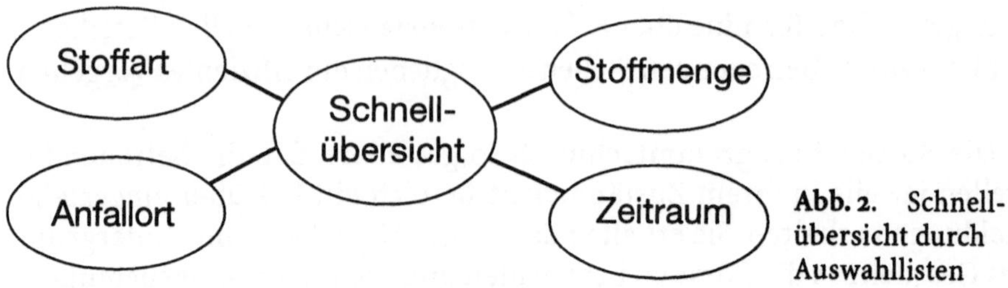

Abb. 2. Schnellübersicht durch Auswahllisten

Das DV-Konzept wurde programmtechnisch so erarbeitet, daß der Stoffkatalog bei Bedarf erweitert oder gekürzt werden kann, ohne Aufbau und Funktionsablauf ändern zu müssen.

Die Börse handelt nicht mit diesen Stoffen, sondern vermittelt Informationen darüber, an welchen Ort wieviel von welchem Material in welcher Zeit von wem gebraucht oder angeboten wird. Die vertraglichen Vereinbarungen sind nicht Gegenstand dieser Börse, sondern liegen ausschließlich im Verantwortungsbereich zwischen dem Anbieter und Nachfrager.

3.5.2 *Weitere Möglichkeiten*

Die Börse ist allgemein zugänglich. Die Benutzung ist von jedem Ort nach gleichen Grundsätzen möglich. Sie ist von Verwaltungsgrenzen unabhängig. Nachfrage- und Angebotsradien können selbständig gebildet werden.

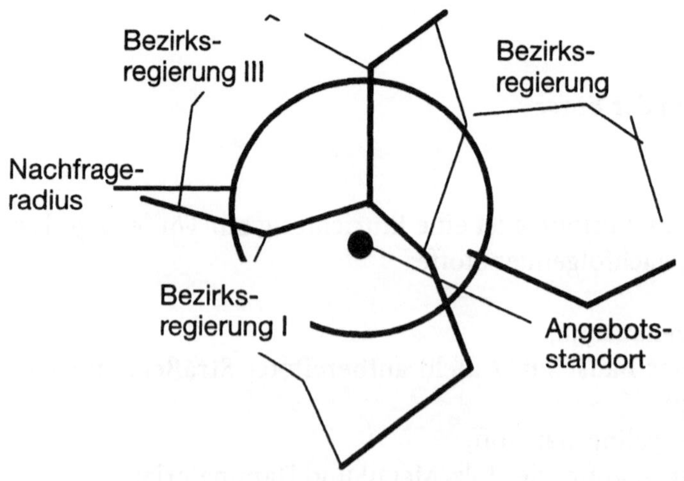

Abb. 3. Beispielhafte Darstellung der Benutzung der Börse über Verwaltungsgrenzen hinweg.

Die Aufnahme und der Austausch von Vermittlungsinformationen erfolgt automatisch ohne jeglichen Schriftverkehr. Das sind wichtige Voraussetzungen für ständig aktuelle Informationen.

Hinzu kommen drei Löschfunktionen:

- Löschen durch den Nutzer,
- Löschen infolge Fristablauf (erfolgt automatisch durch das System),
- Löschen durch betreuende Stelle im Falle des Mißbrauchs.

Die freie Textseite ermöglicht den Nutzern Anfragen oder Mitteilungen direkt an die jeweils zuständige Stelle zu richten.

3.6 Kosten

Der Start erfolgte am 01.01.1995. Bis ca. Oktober 1996 soll die Börse in einer sog. Einführungsphase zunächst kostenlos zur Verfügung gestellt werden.

Das Umweltministerium NRW hat für die Einrichtung, d.h. Programmerstellung der Börse und die laufenden Kosten während der Einführungsphase die Finanzierung in einer Größenordnung von 180.000,– DM übernommen. Auch das Land Berlin wird die Börse für die Einführungsphase kostenlos zur Verfügung stellen. Zu den laufenden Kosten gehören z.B.:

- Datex-P Gebühren (Rechnerverbindung, Telekom-KDVZ),
- Leitseitengebühren,
- Telefaxkosten,
- Seitenspeicherung,
- Statistikerstellung,
- Rechnerkosten,
- Personalkosten der KDVZ für Wartungs- und Pflegeaufwand.

Nach der Einführungsphase ist vorgesehen, die Kosten den Nutzern in Rechnung zu stellen.

Die Selbstkosten für den Börsenanwender betragen nach den derzeit gültigen Tarifen der Deutschen Telekom AG:

- Anschlußkosten für die Datex-J-Kennung einmalig 50,– DM,
- monatliche Gebühren für den Datex-J-Anschluß 8,– DM.

Für die Vermittlungskosten gelten derzeit die Preise des City-Tarifs zuzüglich des Online-Tarifes:

08.00-18.00 Uhr		0,06 DM pro Minute
18.00-08.00 Uhr	sowie Samstag, Sonntag bundeseinheitl. gesetzl. Feiertage	0,02 DM pro Minute.

Bei einem vorhandenen PC kommen noch Kosten für eine Modemkarte einschließlich Software in einer Größenordnung ab 200,- DM je nach analoger oder digitaler Übertragungstechnik hinzu.

3.7 Pilotphase und derzeitige Entwicklung

Um von den Verwaltungsgrenzen unabhängigen Einsatz zu testen, wurde mit dem 01.01.1995 bis 31.03.1995 ein Pilotbetrieb mit fünf Kreisen und kreisfreien Städten begonnen. Hierzu gehörten die Stadt Bonn, der Erftkreis, der Kreis Euskirchen der Rhein-Sieg-Kreis sowie der Märkische Kreis. Diese Pilotphase konnte erfolgreich abgeschlossen und mit den ersten Einstellungen von Angeboten und Nachfragen die volle Funktionsfähigkeit der Börse belegt werden.

Derzeit nehmen zwei Bundesländer an der Börse teil, Berlin und Nordrhein-Westfalen. In NRW sind schon 22 der 54 Kreise und kreisfreien Städte an die Börse angeschlossen. Je mehr Kreise und Städte bereit sind die örtliche Betreuung zu übernehmen, desto eher verliert die Börse die Inselhaftigkeit und kann effektiver eingesetzt werden.

Momentan geben teilweise Interessierte Eingaben in die Börse in schon angeschlossene Kreisen/kreisfreien Städten ein, wenn die eigene Kommune noch nicht an die Boden- und Bauschuttbörse angeschlossen ist. Hier muß die Erkenntnis wachsen, daß die online betriebene Boden- und Bauschuttbörse die Vermittlungsbemühungen mit Hilfe moderner Kommunikationstechniken optimal unterstützen kann.

4 Auswertung

Die wissenschaftliche Betreuung der Boden- und Bauschuttbörse innerhalb der Einführungsphase obliegt der TÜV Rheinland Sicherheit und Umweltschutz GmbH. Der TÜV Rheinland übernimmt die Auswertung der Ergebnisse aller teilnehmenden Kreise und kreisfreien Städte bzw. deren Entsorgungsgesellschaften in NRW.

Die Auswertung durch den TÜV Rheinland erfolgt aus drei verschiedenen Blickwinkeln:

- Regelmäßige Sichtung der Angebote und Nachfragen in den Kreisen und kreisfreien Städten,
- Nutzung der Boden- und Bauschuttbörse an Hand der Seitenabrufzahlen pro Anwahl der Börse,
- Telefonische Befragung der Interessenten in ausgewählten Kreisen.

Ziel der regelmäßigen Sichtung der Inserate ist einerseits eine Auswertung hinsichtlich

- des Verhältnisses zwischen privaten und gewerblichen Nutzern,
- des Verhältnisses bzgl. der Art des Inserates (Angebot/Nachfrage),
- der Zuordnung der Inserate nach Materialgruppen,

und anderseits nach Häufigkeiten

- Anwahlhäufigkeit,
- Seitenabrufzahl,
- Nutzungsdauer,
- Nutzung der Börse nach Tageszeit.

Gezielt wurde im Rahmen einer telefonischen Befragung der Inserenten recheriert, inwieweit mit dem Informationsangebot der Börse Wege für eine erfolgreiche Vermittlung verbessert werden konnten.

4.1 Sichtung der Inserate

Die 1995 ingesamt eingestellten Inserate, es handelt sich um 239 Angebote und Nachfragen, wurden nach verschiedenen Kriterien ausgewertet.

Als erstes wurden die Angebote dahingehend gesichtet, die Klientel der Boden- und Bauschuttbörse zu bestimmen. Es stellte sich heraus, daß die Börse vom privaten und gewerblichen Nutzer annähernd gleichermaßen angenommen wird.

Ein weiterer Aspekt bei der Auswertung ist das Verhältnis zwischen Angeboten und Nachfragen. Hierbei liegt das Gewicht derzeit deutlich auf der Seite der Angebote (Verhältnis Angebot/Nachfrage ca. 1.6 : 1).

Tabelle 2. Anzahl der Inserate und deren prozentualer Anteil, bezogen auf die Gesamtzahl der Inserate, aufgespalten nach den verschiedenen Materialgruppen.

Material	Anzahl der Inserate	prozentualer Anteil
unbelasteter Bodenaushub	183	76.6 %
nicht aufber. Bauschutt, nicht aufber. Straßenaufbruch (nicht pechhaltig)	31	13.0 %
mineralischer Recycling-Baustoff	13	5.4 %
ausgewählte Baureststoff	12	5.0 %

Die Boden- und Bauschuttbörse bietet – wie schon erwähnt – die Möglichkeit vier verschiedene Materialgruppen zu inserieren. Die Tabelle 2 zeigt, daß sich insgesamt ca. 77 % aller Einstellungen auf unbelasteten Bodenaushub beziehen.

4.2 Sichtung nach Häufigkeit

Es wurde auch eine Auswertung bzgl. der Nutzung der Börse anhand der registrierten Anrufe der Boden- und Bauschuttbörse durchgeführt. Aus den für die Monate Januar bis September vorliegenden Daten läßt sich ableiten, zu welchen Zeiten und wie lange die Börse frequentiert wurde und wieviele Seiten pro Anruf abgerufen wurden. Bei der Auswertung der Ergebnisse wurden sowohl die Gesamtzahlen bestimmt als auch drei Zeitbereiche unterschieden: die üblichen Arbeitszeiten von 7–17 Uhr, den Feierabend 17–7 Uhr und das Wochenende/gesetzliche Feiertage.

Aus den vorliegenden Daten läßt sich ersehen, daß die Anzahl der Anrufe, die Anzahl der Seitenabrufe und die Verweilzeit in der Börse im Laufe des Bestehens der Börse kontinuierlich zunimmt. Die meisten Anrufe (ca. 75 %) erfolgen während der Arbeitszeit.

4.3 Befragung der Inserenten

Systembedingt findet die Vermittlung nach Einstellung und Bereitstellung von Angeboten und Nachfragen außerhalb der Börse statt. Das eigentliche Vermittlungsgeschäft erfolgt auf der Basis privatrechlicher Vertragsgestaltung. Solche Vertragsgegenstände können nicht Gegenstand einer öffentlich zugänglichen Börse sein. Der Vermittlungsvorgang selbst kann daher von der Börseneinrichtung nicht weiter unterstützt und verfolgt werden. Hier setzt vor allen Dingen die direkte Beratungstätigkeit durch die örtliche Betreuung an.

Die durch die TÜV Rheinland Sicherheit und Umweltschutz GmbH vorgenommene telefonische Befragung der Inserenten hatte insbesondere zum Ziel

- die Wege der Vermittlungsbemühungen durch die Inserenten selbst nachzugehen und,
- die daraus resultierenden Erkenntnisse für eine aufzubauende örtliche Unterstützung abzuleiten.

Infolgedessen, daß während des Erfassungszeitraumes der telefonischen Befragung von Januar bis September 1995 nur fünf aktive Kreise und kreisfreie Städte teilgenommen haben, kam der Verwaltungsgrenzen übergreifende Ansatz der Börse nur beschränkt zum Zuge. Der auf dieser Basis nur in Einzelfällen zustande gekommene Vermittlungserfolg muß noch auf die momentan zu geringe Bekanntheit der Börse zurückgeführt werden. Desweiteren wurden als Gründe für die ergebnislose Vermittlung zu weite Wege zwischen Herkunftsort und Zielort des zu vermittelnden Materials benannt.

Der Bekanntheitsgrad der Boden- und Bauschuttbörse erhöht sich schon allein dadurch, daß immer mehr Kreise und kreisfreie Städte sich der Börse anschließen. Je größer der Teilnehmerkreis, desto mehr verliert die Börse ihre anfängliche Inselhaftigkeit und weite Entfernungen als Vermittlungshandicap entfallen.

5 Ausblick

Das Netz der mitwirkenden Kommunen oder deren Entsorgungsgesellschaften in NRW wird immer dichter. Das Bundesland Berlin, das seit dem 01.12.1995 an der Börse teilnimmt, hat einen zentralen Ansatz mit Federführung durch die Senatsverwaltung für Bau- und Wohnungswesen und Betreuung durch eine beauftragte Gesellschaft gewählt. Kenntnisse über die verschiedenen Umsetzungen des einheitlichen Systems der Börse werden in einem regelmäßigen Erfahrungsaustausch zwischen den Ländern gebündelt.

Für die Vermittlungsmöglichkeiten entsteht durch den weiteren Bekanntheitsgrad der Börse ein größeres Spektrum von Angeboten und Nachfragen. Die einheitlich betriebene Börse kann unter solchen Bedingungen ihre Vorteile einer komfortablen und aktuellen Informationsweitergabe für einen verbesserten Ausgleich von Angeboten und Nachfragen verstärkt nutzen. Außerdem führt eine größere Verbreitung in der Regel zu gewünschten Mitnahmeeffekten. Da Angebote und Nachfragen unter Wirtschaftlichkeitsgesichtspunkten und Transportentfernungen nicht nur Wechselwirkungen zwischen den Kreisen und kreisfreien Städten in einem Bundesland, sondern auch im Grenzbereich der Bundesländer hervorrufen können, ist die Übernahme der Börse durch andere Bundesländer wie Brandenburg, Mecklenburg-Vorpommern, Niedersachsen, Sachsen und Thüringen im Gespräch.

Verwertung von Bauschutt, technische Regeln und Güteüberwachung

Olaf Aßbrock

1 Vorschriften

Um die Akzeptanz und die Wettbewerbsfähigkeit von Recycling-Baustoffen weiter zu steigern, sind technische Regeln (Normen und Richtlinien) erforderlich. Nur so lassen sich einheitliche Bewertungsgrundlagen für die Herstellung und Verwendung von Recycling-Baustoffen erreichen.

Für aus aufbereitetem Bauschutt hergestellte Recycling-Baustoffe ist allerdings ein geschlossenes Regelwerk, das alle Anwendungsbereiche abdeckt, nicht verfügbar. Das Hauptanwendungsgebiet für Recycling-Baustoffe liegt zur Zeit zweifellos im Straßenbau, so daß hier die Vorschriften der Forschungsgesellschaft für Straßen- und Verkehrswesen (FGSV) zu beachten sind.

Für den Bereich der Zuschläge – im Straßenbau als Mineralstoffe bezeichnet – sind die wichtigsten Vorschriften:

- Technische Lieferbedingungen für Mineralstoffe im Straßenbau (TL Min-Stb, 1994),
- Technische Prüfvorschriften für Mineralstoffe im Straßenbaus (TP Min-Stb,1995),
- Richtlinien für die Güteüberwachung von Mineralstoffen im Straßenbau (RG Min-Stb, 1993),
- Technische Lieferbedingungen für Recycling-Baustoffe in Tragschichten ohne Bindemittel (TL RC-ToB, 1995).

Die Technischen Lieferbedingungen für Recycling-Baustoffe in Tragschichten ohne Bindemittel ergänzen die sonstigen Vorschriften der Forschungsgesellschaft für Straßen- und Verkehrswesen speziell für Recycling-Baustoffe. Sie verweisen ihrerseits auf das Technische Regelwerk für die Verwertung von Bauschutt der Länderarbeitsgemeinschaft Abfall

(LAGA, 1995). Die Technischen Regeln der LAGA behandeln Einbaumöglichkeiten für Recycling-Baustoffe und formulieren Grenzwerte aus wasserwirtschaftlicher Sicht.

Ziel der Technischen Regeln der LAGA ist es, den gesamten Bereich der mineralischen Reststoffe bundesweit nach einem einheitlichen Untersuchungs- und Verwertungskonzept zu behandeln. Dies stellt eine entscheidende Voraussetzung für die Rückführung von Recycling-Baustoffen und industriellen Nebenprodukten in geordneten Stoffkreisläufen dar und damit auch für die Umsetzung des 1996 in Kraft tretenden Kreislaufwirtschaftsgesetzes.

Die Richtlinie Recycling-Baustoffe des Bundesverbandes der Deutschen Recycling-Baustoff-Industrie e.V. (BRB, 1996) deckt ein breites Spektrum der Anwendungsgebiete für Recycling-Baustoffe ab. Sie enthält eine Reihe von Empfehlungen für die verschiedenen Einsatzmöglichkeiten von Recycling-Baustoffen. Ebenso stellt sie die Verbindung zwischen den bautechnischen Anforderungen und den wasserwirtschaftlichen Anforderungen an Recycling-Baustoffe her (s. dazu Abschn. 3). Sie orientiert sich dabei an den Technischen Regeln der LAGA. Neben den Anforderungen für den Einsatz im Straßenbau berücksichtigt die Richtlinie Recycling-Baustoffe auch derzeit durch Normen und Richtlinien noch nicht geregelte Anwendungsbereiche wie zum Beispiel den Betonbau. Die Richtlinie stellt somit eine für Hersteller und Abnehmer von Recycling-Baustoffen wichtige Grundlage für die Eigen- und Fremdüberwachung von Recycling-Baustoffen dar.

2 Baurechtliche Einführung

Für den Bereich des Straßenbaus gelten für Recycling-Baustoffe die gleichen Regelungen hinsichtlich der baurechtlichen Einführung wie für natürliche Mineralstoffe. Beim Einsatz im Straßenbau sind verschiedene Zuständigkeitsbereiche zu beachten.

Die Bundesfernstraßen unterstehen dem Bundesminister für Verkehr, der dafür sowohl die RG Min-Stb als auch die TL Min-Stb (s. Abschn. 1). Diese sind beim Bau von Bundesfernstraßen zu berücksichtigen. Die Obersten Straßenbaubehörden der Länder haben für die Straßen in ihrem Zuständigkeitsbereich diese Regelungen zum Teil mit Ergänzungen ebenfalls eingeführt. Die einzelnen Kommunen beziehen sich beim Bau und der

Unterhaltung ihrer Straßen und Wege in der Regel auch auf die Regelungen des Bundesverkehrsministers und machen diese zur Grundlage ihrer Ausschreibungen.

Die Verwendung von Recycling-Baustoffen als Betonzuschlag für die Herstellung von Beton nach DIN 1045 ist derzeit nur über eine Zustimmung im Einzelfall beziehungsweise über eine allgemeine bauaufsichtliche Zulassung durch das Deutsche Institut für Bautechnik in Berlin möglich. Eine allgemein verbindliche Richtlinie zur Herstellung und Verarbeitung von Beton nach DIN 1045 unter Verwendung von Recycling-Baustoffen ist nicht verfügbar.

Die Länderarbeitsgemeinschaft Abfall (LAGA) hat den einzelnen Bundesländern empfohlen, die Technischen Regeln für die Verwertung von Bauschutt zunächst befristet für drei Jahre zur weiteren Erfahrungssammlung einzuführen. Aufgrund des empfehlenden Charakters stellen die Technischen Regeln der LAGA noch kein bundeseinheitliches Regelwerk für die Herstellung und Verwendung von Recycling-Baustoffen aus wasserwirtschaftlicher Sicht dar.

3 Anforderungen

Allen Technischen Regeln für Recycling-Baustoffe gemeinsam ist die Unterteilung in die reinen bautechnischen Anforderungen sowie die Anforderungen an Recycling-Baustoffe aus wasserwirtschaftlicher Sicht. Zum Teil sind hier konkurrierende Zielbeziehungen aufeinander abzustimmen.

3.1 Bautechnische Anforderungen

Hinsichtlich der bautechnischen Aspekte gelten für Recycling-Baustoffe grundsätzlich die gleichen Anforderungen wie für natürliche Mineralstoffe. Unter Umständen enthalten die einzelnen Regelwerke spezielle Ergänzungen für Recycling-Baustoffe, die für natürliches Zuschlagmaterial nicht relevant sind (z.B. Angaben zur stofflichen Zusammensetzung und zu Fremdbestandteilen). Natürliches Zuschlagmaterial und Recycling-Baustoffe stehen somit gleichwertig nebeneinander. Bei Erfüllung der Anforderungen sind diese grundsätzlich für die einzelnen Anwendungsbereiche geeignet.

3.2 Wasserwirtschaftliche Anforderungen

Da die Ausgangsmaterialen (z.B. Mauerwerksbruch, Betonabbruch) für Recycling-Baustoffe bereits eine Nutzung erfahren haben, ist für die weitere Verwendung der Recycling-Baustoffe auch eine Beurteilung der wasserwirtschaftlichen Parameter erforderlich. Die Technischen Regeln der LAGA enthalten dazu ein einheitliches Untersuchungs- und Verwertungskonzept. Sie haben empfehlenden Charakter und sind von den Ländern gesondert einzuführen.

Das gesamte Regelwerk der LAGA „Anforderungen an die stoffliche Verwertung von mineralischen Reststoffen/Abfällen – Technische Regeln" gliedert sich insgesamt in drei Teile.

- Teil I: Allgemeiner Teil
- Teil II: Technische Regeln – Gegliedert nach einzelnen Reststoffen
- Teil III: Probenahme und Analytik

Im allgemeinen Teil sind übergreifende Grundsätze und Rahmenbedingungen festgelegt. Diese sind unabhängig von den jeweiligen Reststoffen zu betrachten. Beispielsweise erfolgt im Teil I die Definition verschiedener Einbauklassen, die den speziellen Regelungen des Teiles II des Regelwerkes zugrunde liegen. Der Teil II enthält die eigentlichen Technischen Regeln für die jeweiligen Reststoffe. Die einzelnen, nach Reststoffen gegliederten Unterabschnitte des Teiles II orientieren sich wiederum an einer einheitlichen Gliederung. Im Teil III erfolgt die Festlegung der Verfahren für die Probenahme, Probenaufbereitung und Analytik, um so die Untersuchung und Bewertung von Reststoffen zu vereinheitlichen. Durch den Aufbau in stoffspezifische und allgemeine Teile erleichtert sich die Fortschreibung und Aktualisierung des Regelwerkes.

Der stoffspezifische Teil II der speziellen Technischen Regeln für die einzelnen Reststoffe enthält neben dem zuletzt verabschiedeten Teil „Bauschutt" auch Regelungen für Boden, Hausmüllverbrennungsachen, Straßenaufbruch, Schlacken und Gießereisande.

Die Technischen Regeln der LAGA sehen für Recycling-Baustoffe vier verschiedene Einbauklassen vor. Die Graphik in der folgenden Abb. 1 verdeutlicht dieses Konzept. Die sogenannten Zuordnungswerte (Grenzwerte) Z 0 bis Z 2 stellen die Obergrenze für den Einbau in der jeweiligen Klasse dar.

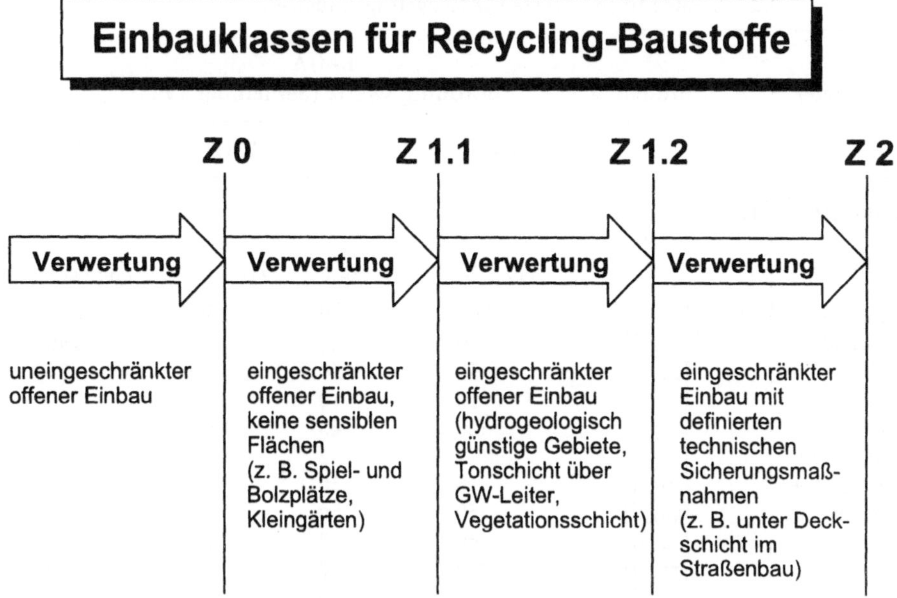

Abb. 1. Einbauklassen für Recycling-Baustoffe (in Anlehnung an LAGA)

Bis zum Zuordnungswert Z 2 können – mit wachsenden Einschränkungen – Recycling-Baustoffe als Rohstoffe wiederverwendet werden. In der Einbauklasse 0 unterliegen Recycling-Baustoffe keiner Nutzungsbeschränkung. In der Klasse 1.1 ist für Recycling-Baustoffe ein eingeschränkter offener Einbau mit gewissen Nutzungsbechränkungen (nicht auf sensiblen Flächen wie zum Beispiel Spiel- und Bolzplätze) möglich. Für den Einbau in der Klasse 1.2 müssen darüber hinaus hydrogeologisch günstige Verhältnisse, z. B. eine mindestens 2 m mächtige Tonschicht oberhalb des Grundwasserleiters, vorliegen. Gleichzeitig ist eine geschlossene Vegetationsschicht vorzusehen. Grundsätzlich erfolgt der Einbau hier jedoch noch offen. Unter den geforderten technischen Sicherungsmaßnahmen im Rahmen eines geschlossenen Einbaus für die Klasse 2 kann zum Beispiel eine wasserundurchlässige Deckschicht (Beton, Asphalt) oberhalb einer Tragschicht aus Recycling-Baustoffen im Straßenbau verstanden werden.

Die wasserwirtschaftlichen Grenzwerte (Zuordnungswerte) zur Beurteilung der Umweltverträglichkeit von Recycling-Baustoffen sind in der Tabelle 1 zusammengestellt. Es sind sowohl Eluat- als auch Feststoffanalysen durchzuführen. Dabei ist der volle Umfang der Feststoffanalysen nur für die Einbauklasse 0 erforderlich.

Tabelle 1. LAGA-Zuordnungswerte für Recycling-Baustoffe

Parameter	Einheit	LAGA Zuordnungswerte (September 1995)			
		Z 0	Z 1.1	Z 1.2	Z 2
Eluat (DEV-S4)					
pH-Wert		7,0-12,5	7,0-12,5	7,0-12,5	7,0-12,5
El. Leitfähigkeit	[mS/cm]	500	1500	2500	3000
Chlorid	[mg/l]	10	20	40	150
Sulfat	[mg/l]	50	150	300	600
Arsen	[mg/l]	10	10	40	50
Blei	[mg/l]	20	40	100	100
Cadmium	[mg/l]	2	2	5	5
Chrom (ges.)	[mg/l]	15	30	75	100
Kupfer	[mg/l]	50	50	150	200
Nickel	[mg/l]	40	50	100	100
Quecksilber	[mg/l]	0,2	0,2	1	2
Zink	[mg/l]	100	100	300	400
Phenolindex	[mg/l]	< 10	10	50	100
Feststoff					
Arsen [2)]	[mg/kg]	20			
Blei [2)]	[mg/kg]	100			
Cadmium [2)]	[mg/kg]	0,6			
Chrom (ges.) [2)]	[mg/kg]	50			
Kupfer [2)]	[mg/kg]	40			
Nickel [2)]	[mg/kg]	40			
Quecksilber	[mg/kg]	0,3			
Zink [2)]	[mg/kg]	120			
Kohlenwasserstoffe (H18)	[mg/kg]	100	300 [1)]	500 [1)]	1000 [1)]
PAK (EPA)	[mg/kg]	1	5 (20) [3)]	15 (50) [3)]	75 (100) [3)]
EOX	[mg/kg]	1	3	5	10
PCB	[mg/kg]	0,02	0,1	0,5	1

[1)] Überschreitungen, die auf Asphaltanteile zurückzuführen sind, stellen kein Ausschlußkriterium dar.

[2)] Sollen Recyclingbaustoffe, z.B. Vorabsiebmaterial, und nicht aufbereiteter Bauschutt als Bodenmaterial für Rekultivierungszwecke und Geländeauffüllungen in der Einbauklasse 1 verwendet werden, ist die Untersuchung von Arsen und Schwermetallen erforderlich. Es gelten dann die Kriterien und Zuordnungswerte Z1 (Z 1.1 und Z 1.2) der Technischen Regeln Boden.

[3)] Im Einzelfall kann bis zu dem in Klammern genannten Wert abgewichen werden.

Für die Einbauklassen 1.2 und 2 ist eine Dokumentation vorgesehen, die sich sowohl auf die Herkunft der aufzubereitenden Baustoffe als auch den Ort des Einbaus der Recycling-Baustoffe bezieht. Die Forderungen zur

Dokumentation sind durch alle Beteiligten (Anlieferer, Aufbereiter, Einbaufirma, Träger der Baumaßnahme) zu erfüllen. Grundsätzlich ist jedoch unabhängig von der Einbauklasse jede Anlieferung von Bauschutt zu dokumentieren. Dazu sind Mindestangaben zur stofflichen Zusammensetzung, Schlüsselnummer, Herkunft sowie die Ergebnisse eventuell durchgeführter Voruntersuchungen erforderlich.

3.3 Schlußfolgerungen

Bisher sind die wasserwirtschaftlichen Anforderungen mit den dazugehörigen Einbaumöglichkeiten sowie die bautechnischen Anforderungen getrennt betrachtet worden. Es existieren jedoch grundsätzliche Wechselwirkungen zwischen diesen, die in sehr vielen Fällen zutreffend sind. Die Prinzipskizze in Abbildung 2 stellt den Zusammenhang zwischen Wasserwirtschaft und Bautechnik dar.

Bei Anwendungsgebieten mit hohen bautechnischen Anforderungen, wie zum Beispiel der Betonbau oder der Einbau von Recycling-Baustoffen in Tragschichten, erfolgt die Verwendung in aller Regel in geschlossener Bauweise. Ein „LAGA-Baustoff Z 2“ wäre dafür ausreichend. Liegen dem gegenüber nur geringe bautechnische Anforderungen vor, bei Anwendungen zum Beispiel im Garten- und Landschaftsbau, fehlt häufig ein

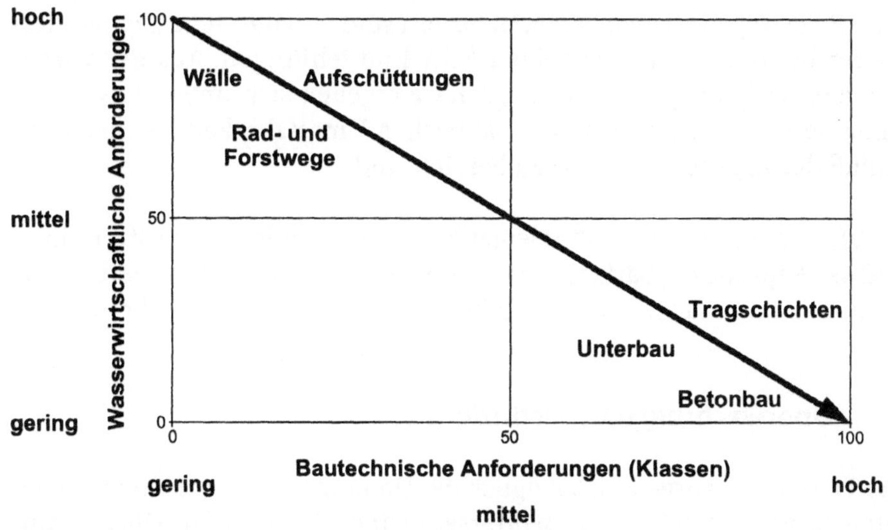

Abb. 2. Bautechnische und wasserwirtschaftliche Anforderungen

Oberflächenabschluß. Das bedeutet, daß dann die Regelungen für den offenen Einbau zugrunde zu legen sind. Für aus rein bautechnischer Sicht eher untergeordnete Anwendungen sind somit in der Regel hohe Anforderungen aus wasserwirtschaftlicher Sicht notwendig. Die zukünftigen Erfahrungen müssen zeigen, inwieweit dies mit der Produktpalette eines Recycling-Baustoff-Herstellers in Einklang zu bringen ist. Unter Umständen werden sich einzelne Problemmaterialien herauskristallisieren, für die dann spezielle Verwertungsmöglichkeiten zu entwickeln wären.

In einer Reihe von bereits existierenden Technischen Regeln oder Merkblättern (zum Beispiel Merkblätter der Forschungsgesellschaft für Straßen- und Verkehrswesen (FGSV)), die vornehmlich bautechnische Anforderungen behandeln, sind auch Anforderungen bezüglich der wasserwirtschaftlichen Parameter enthalten. Zum Teil sind diese nicht in allen Punkten übereinstimmend. Konsequenterweise müßten diese Regeln nun im Hinblick auf die vorliegenden Technischen Regeln der LAGA überarbeitet werden. In den Technischen Lieferbedingungen für Recycling-Baustoffe in Tragschichten ohne Bindemittel (TL RC-ToB, 1995) der FGSV ist bereits ein Hinweis auf die Technischen Regeln der LAGA enthalten. Die in den TL RC-ToB (1995) enthaltenen Anforderungen bezüglich der wasserwirtschaftlichen Merkmale gelten vorbehaltlich einer Regelung auf der Basis der Technischen Regeln der LAGA.

Die Technischen Regeln der LAGA für Recycling-Baustoffe formulieren sicherlich keine grundsätzlichen neuen Anforderungen an Recycling-Baustoffe. Sie stellen jedoch einen wichtigen Schritt dar, um bundeseinheitliche Regelungen zu realisieren. Gefordert sind nun die einzelnen Bundesländer bei der Einführung der LAGA-Empfehlungen. Aus der vorgesehenen dreijährigen Erprobungsphase ergeben sich unter Umständen Anpassungen hinsichtlich der praktischen Umsetzbarkeit, die nach Abschluß der Erprobungsphase zu beraten sind.

Offen ist weiterhin die Problematik der anzuwendenden Prüfverfahren und der Reproduzierbarkeit der Prüfergebnisse. Ohne reproduzierbare Ergebnisse ist der Nachweis der Erfüllung von Anforderungen nicht möglich.

4 Überwachung und Zertifizierung

Die TL Min-Stb verweisen bezüglich des Umfanges und der Häufigkeit der durchzuführenden Prüfungen ihrerseits auf die RG Min-Stb. Die RG Min-Stb regelt das Verfahren der Überwachung und Zertifizierung für Mineralstoffe im Straßenbau. Dem vorgesehenen Überwachungsverfahren liegen dabei die nachfolgenden Prinzipien zugrunde.

Vor Aufnahme der laufenden Güteüberwachung ist ein sogenannter Eignungsnachweis zu erbringen. Dieser Eignungsnachweis besteht aus einer Erstprüfung (Materialprüfung) sowie einer Betriebsbeurteilung (Erstinspektion). Die Güteüberwachung selbst umfaßt dann die kontinuierliche Eigenüberwachung durch den Hersteller und die sogenannte Fremdüberwachung durch eine unabhängige Stelle.

Der Eignungsnachweis und die Fremdüberwachung dürfen nur von herstellerunabhängigen Stellen durchgeführt werden, die von den obersten Straßenbaubehörden der Länder anerkannt sind. Grundlage für diese Anerkennung ist die Richtlinie für die Anerkennung und Überwachung von Prüfstellen für bituminöse und mineralische Baustoffe und Baustoffgemische im Straßenbau (RAP-Stra).

Auch die Technischen Regeln der LAGA fordern eine Güteüberwachung nach dem Modell der RG Min-Stb. Diesem Prinzip folgend ist das System der Eigen- und Fremdüberwachung auch in der Richtlinie Recycling-Baustoffe des Bundesverbandes der Deutschen Recycling-Baustoff-Industrie e.V. (BRB) verankert.

Sollen Mineralstoffe als Betonzuschlag für die Herstellung von Beton nach DIN 1045 verwendet werden, so ist auch hier eine Eigen- und Fremdüberwachung sowohl für den Zuschlaghersteller als auch den Betonhersteller erforderlich (vgl. dazu auch Abschn. 2). Die Durchführung der Fremdüberwachung kann nur von Stellen erfolgen, die von der Obersten Bauaufsichtsbehörde eines Bundeslandes oder vom Deutschen Institut für Bautechnik in Berlin dafür anerkannt sind. Die Richtlinie Recycling-Baustoffe des Bundesverbandes der Deutschen Recycling-Baustoff-Industrie e.V. (BRB) gibt auch Hinweise zur Verwendung von Recycling-Baustoffen als Betonzuschlag. Für dieses Anwendungsgebiet fordert die Richtlinie dann die genannte staatliche Anerkennung.

Dem Bundesüberwachungsverband Recycling-Baustoffe e.V. (BÜV RB) gehören derzeit acht staatlich anerkannte Überwachungs- und Zertifizierungsvereine an, die für die Recycling-Baustoff-Industrie tätig sind (s. Abschn. 5). Zum Teil verfügen diese Organisationen auch über eine Anerkennung gemäß RAP-Stra. Die bundesweite Einheitlichkeit der Überwachung wird durch das Überwachungsverfahren des BÜV RB gewährleistet.

5 Überwachungsorganisationen der Recycling-Baustoff-Industrie

Bundesüberwachungsverband Recycling-Baustoffe e.V. (BÜV RB)
Düsseldorfer Str. 50, 47051 Duisburg
Tel: 0203/99239-0; Fax: 0203/99239-98

Mitglieder des BÜV RB als regionale Überwachungs- und Zertifizierungsvereine:

Überwachungs- und Zertifizierungsverein Sand, Kies, Splitt und Recycling-Baustoffe Bayern e.V.
Abteilung Recycling-Baustoffe
Beethovenstraße 8,
80336 München
Tel.: 089/514030
Fax: 089/5328359

Baustoffüberwachungs- und Zertifizierungsverband Nord-Ost e.V. (BÜV NO)
Abteilung Recycling-Baustoffe
Prinzessinnenstraße 8,
10969 Berlin
Tel.: 030/6169570
Fax: 030/61695740

Güteüberwachung Kies und Sand Niedersachsen-Bremen e.V.
Abteilung Recycling-Baustoffe
Raiffeisenstraße 8,
30938 Burgwedel
Tel.: 05139/5058
Fax: 05139/5597

Baustoffüberwachung Kies und Sand Hessen/Rheinland-Pfalz e.V.
Abteilung Recycling-Baustoffe
Friedrich-Ebert-Straße 11–13,
67433 Neustadt/Weinstraße
Tel: 06321/852-0
Fax: 06321/852-216

Baustoffüberwachungs- und zertifizierungsverein Nordrhein-Westfalen e.V. (BÜV NW)
Abteilung Recycling-Baustoffe
Düsseldorfer Str. 50,
47051 Duisburg
Tel: 0203/992390
Fax: 0203/99239-98

Güteschutzvereinigung Baustoffe Saar e.V.
Abteilung Recycling-Baustoffe
Franz-Josef-Röder-Straße 9/V,
66119 Saarbrücken
Tel.: 0681/53521
Fax: 0681/584247

Baustoffüberwachungs- und Zertifizierungsverein Sachsen e.V. (BÜV S)
Abteilung Recycling-Baustoffe
Uhlandstraße 39,
01069 Dresden
Tel.: 0351/470580,
Fax: 0351/4705820

Baustoffüberwachungs- und Zertifizierungsverein Thüringen und Sachsen-Anhalt e.V.
Abteilung Recycling-Baustoffe
August-Bebel-Platz 29,
99734 Nordhausen
Tel.: 03631/40324
Fax: 03631/40332

Weitere Organisationen:

Überwachungsgemeinschaft Bauabfall Nord e.V. (ÜGB)
Eiffestraße 462,
20537 Hamburg
Tel.: 040/2517290
Fax: 040/25172920

Baustoffüberwachungs- und Zertifizierungsverband Baden-Württemberg e.V.
Robert-Bosch-Straße 30,
73760 Ostfildern
Tel.: 0711/348370
Fax: 0711/3483727

Gütegemeinschaft Recycling-Baustoffe e.V.
Godesberger Allee 99,
53175 Bonn
Tel.: 0228/373118,
Fax: 0228/372373

Literatur

(BRB) Bundesverband der Deutschen Recycling-Baustoff-Industrie e.V.. Richtlinie Recycling-Baustoffe; Eigenschaften, Anforderungen, Prüfungen und Überwachung. Duisburg 1996

DIN 1045 Beton und Stahlbetonbau; Bemessung und Ausführung; Ausgabe Juli 1988, Beuth Verlag, Berlin

(LAGA) Technische Regeln für die Verwertung von Bauschutt. Anforderung an die stoffliche Verwertung von mineralischen Reststoffen/Abfällen; Länderarbeits-gemeinschaft Abfall September 1995, Erich Schmidt Verlag, Berlin

(RAP-Stra), Richtlinien für die Anerkennung und Überwachung von Prüfstellen für bituminöse und mineralische Baustoffe und Baustoffgemische im Straßenbau Ausgabe 1972, Bundesminister für Verkehr

(RG Min-StB 93) Richtlinien für die Güteüberwachung von Mineralstoffen im Straßenbau Forschungsgesellschaft für Straßen- und Verkehrswesen, Köln 1993

(TL Min-Stb 94) Technische Lieferbedingungen für Mineralstoffe im Straßenbau. Forschungsgesellschaft für Straßen- und Verkehrswesen, Köln 1994

(TP Min-Stb 95) Technische Prüfvorschriften für Mineralstoffe im Straßenbau Forschungsgesellschaft für Straßen- und Verkehrswesen, Köln 1995

(TL RC-ToB 95) Technische Lieferbedingungen für Recycling-Baustoffe in Tragschichten ohne Bindemittel. Forschungsgesellschaft für Straßen- und Verkehrswesen, Köln 1995

V Investoreninteressen

Kreditwürdigkeitsuntersuchungen im Verkehr mit ehemaligen Industrie- und Gewerbeflächen

Detlef Zylka

1 Einführung

Viele ehemalige Industrie- und Gewerbeflächen sind durch unser Industriezeitalter gekennzeichnet:

Über Jahrzehnte hinweg wurde sorglos produziert, ohne daß dabei die mit der Produktion und dem Konsum verbundenen Eingriffe in die natürliche Umwelt berücksichtigt wurden. Über die Toxizität vieler Stoffe, die als Rohmaterialien in unterschiedliche Produkte eingingen oder die als Hilfs- und Betriebsstoffe bei der Produktion eingesetzt wurden, war oftmals nichts oder wenig bekannt.

Gleichzeitig wurden Industrie- und Siedlungsabfälle bedenkenlos im Boden deponiert. Es wurde vermutet, daß Abfälle im Boden problemlos gebunden werden oder in dessen Umgebung sich gefahrlos selbst abbauen konnten. Sogenannte Kleckerschäden, wie sie bei vielen Produktionsprozessen auftraten, wurden als unproblematisch angesehen und allgemein akzeptiert. Die karzinogene Wirkung von einigen Stoffen, wie beispielsweise Asbestfasern, war schlicht unbekannt.

Erst sehr spät erwies sich diese Mentalität als trügerisch, als nämlich die Schadstoffe ihre Wirkung zeigten, sei es als gefährliche Gase, entstanden aus der mikrobiellen Umsetzung organischen Materials im Boden, sei es bei der Trinkwassergewinnung als verunreinigtes Rohwasser, verursacht durch das Auswaschen von Schadstoffen aus dem Boden in das Grundwasser, oder sei es durch das Auftreten der Asbestose bei älteren Arbeitern der asbestgewinnenden und -verarbeitenden Industrie. Erst durch diese Ereignisse wurde die Verbindung zwischen solchen Stoffen und einer Beeinträchtigung der menschlichen Gesundheit einerseits und später der gesamten Umwelt durch diese Stoffe andererseits, offensichtlich.

Mittlerweile hat uns die ökologische Erblast des Industriezeitalters eingeholt. Über 140.000 Flächen sind in Deutschland mit Verdacht auf Altlastenrelevanz registriert. Hierzu gehören verlassene und stillgelegte Ablagerungsplätze sowie Grundstücke stillgelegter Anlagen und Nebeneinrichtungen, Leitungs- und Kanalsysteme und sonstige Betriebsflächen, von denen Gefahren für Mensch und Natur ausgehen können. Als nicht oder nur zum Teil erfaßt gelten landwirtschaftlich genutzte Flächen, gewerblich genutzte Grundstücke sowie zivile und militärische Altlasten. Insgesamt prognostizieren Experten die Anzahl der Altlastverdachtsflächen in Deutschland auf über 240.000 Stück. Bisherige Erfahrungen zeigen, daß etwa jeder fünfte bis zehnte Verdachtsfall als zu sanierende Altlast eingestuft werden muß.

Vor dem Hintergrund dieser Schadensbilanz und der Tatsache, daß die Sanierung einer Altlastfläche Kosten in der Größenordnung von über einigen Hunderttausend DM bis zu mehreren Mio. DM verursachen kann, wird die finanzielle Bedeutung dieses Problems deutlich. Der Gesamtaufwand für die Sanierung kontaminierter Industrie- und Gewerbeflächen in Deutschland geht schätzungsweise in den dreistelligen Milliardenbereich.

Besonders Banken und Sparkassen müssen das Altlastenproblem sehr ernst nehmen. Denn Umweltrisiken können in vielfacher Weise Kreditrisiken, sprich Bonitäts- bzw. Besicherungsrisiken, bergen. Folglich sind ökologische Kreditwürdigkeitsuntersuchungen bei ehemaligen und noch genutzten Industrie- und Gewerbeflächen dringend geboten.

2 Altlastenrisiken im Kreditgeschäft

2.1 Kreditrisiken aus Altlastenrisiken

In einer erst kürzlich erstellten Studie konnten Scholz und Weber dokumentieren, daß reale Kreditausfälle in Höhe von durchschnittlich 1,4 Mio. DM pro Kreditinstitut ursächlich auf ökologische Risiken zurückzuführen sind. In diesem Zusammenhang bilden gerade Altlasten erfahrungsgemäß eines der größten ökologischen Risiken für Sparkassen und Banken.

Wird ein Kunde auf der Grundlage des Polizei- und Ordnungsrechts zur Sanierung einer bei ihm festgestellten Altlast verpflichtet, können die mit der Beseitigung der Altlast verbundenen finanziellen Verpflichtungen für diesen existenzbedrohend sein. In der Praxis kann dies dazu führen, daß der Schuldner den zwischen ihm und dem Kreditinstitut vereinbarten Zins- und Tilgungsdienst nicht mehr leisten kann.

Im Extremfall ist der Kunde zahlungsunfähig. Dann stellt sich für den betroffenen Gläubiger unmittelbar die Frage nach der Werthaltigkeit von Grundschulden. Eine Altlast kann nicht nur eine starke Einschränkung dieses Sicherheitsgutes bedeuten, sondern im Einzelfall sogar zum totalen Wertverlust und somit zu einem völligen Verlust dieser Sicherheit führen.

Nachfolgend sind die Möglichkeiten der Altlastenhaftung gesicherter Kreditgeber exemplarisch dargestellt:

Möglichkeiten der Altlastenhaftung gesicherter Kreditgeber vor Verwertung der Kreditsicherheit

	Haftung für die Altlastensanierung als Betreiber oder Verursacher	Haftung für die Altlastensanierung als Eigentümer	Haftung auf Ersatz des Mehrwerts durch die durchgeführte Altlastensanierung
Tatsächliche Einmischung in den Betrieb	Möglich bei Kontrolle über den Betrieb der Anlage		
Grundpfandrechte Grundschuld Hypothek		Nein	Nach bayerischem Wasserrecht Ja
Sicherungsrechte, die Volleigentum voraussetzen Sicherungsübereignung Eigentumsvorbehalt Eigentum d. Leasinggebers		Ja nach einigen Landesgesetzen nicht bei Gutgläubigkeit	

Möglichkeiten der Altlastenhaftung gesicherter Kreditgeber nach Verwertung der Kreditsicherheit

	Haftung für die Altlastensanierung als Betreiber oder Verursacher	Haftung für die Altlastensanierung als Eigentümer	Haftung auf Ersatz des Mehrwerts durch die durchgeführte Altlastensanierung
Volleigentum z.B. nach Rettungserwerb in der Zwangsversteigerung	Ja bei Fortführung des Betriebs	Ja nach einigen Landesgesetzen nicht bei Gutgläubigkeit	Ja nach einigen Landesgesetzen, dann auch bei Gutgläubigkeit

(Bruckhaus Westrick Stegemann)

Darüber hinaus sehen sich Kreditinstitute der Gefahr ausgesetzt, aufgrund der öffentlichen-rechtlichen Zustandsstörerhaftung zur Altlastensanierung verpflichtet zu werden, wenn sie – wie beim Sicherungserwerb – in die Eigentümerstellung einrücken.

Von kommunalpolitischer Seite wird sehr oft die Forderung an Kreditinstitute herangetragen, kontaminierte Grundstücke nicht als Industriebrache liegen zu lassen, sondern diese einer Sanierung zu unterziehen. Hiervon betroffen sind besonders öffentlich-rechtliche Institute. Die Sanierungskosten überschreiten in der Regel ehemalige Kreditengagements jedoch um ein Vielfaches.

2.2 Die Bedeutung des Grundpfandrechtes als Kreditabsicherungsinstrument in der Kreditpraxis

In der Wirtschaftstheorie wurden Grund und Boden lange als unvermehrbarer, aber auch unverzehrbarer Produktionsfaktor aufgefaßt. Dementsprechend zählen Grundpfandrechte an Immobilien nach wie vor zu den wichtigsten Absicherungsinstrumenten im Kreditgeschäft.

Gegenstand des Grundpfandrechtes ist das mit Hypotheken, Grund- und Rentenschulden belastete (bebaute oder unbebaute) Grundstück in seinem jeweiligen Zustand. Ausgehend vom Beleihungswert setzen sich Kreditinstitute bei der Einschätzung des Grundpfandrechtes in der Regel mit verschiedenen Vorlasten-Bereichen auseinander.

Zu den in Abteilung II des Grundbuches eingetragenen Lasten und Beschränkungen (insbesondere Grunddienstbarkeiten) und den in Abteilung III vor- oder gleichrangig eingetragenen Hypotheken und Grundschulden kommen die „unsichtbaren Belastungen", die entweder eine dingliche Wirkung haben oder das Sicherungsrecht der Institute sonstwie beeinträchtigen können, ohne im Grundbuch eingetragen zu sein.

Seit Mitte der achtziger Jahre gehören Altlasten ebenfalls zu den sogenannten „unsichtbaren Belastungen". Von Altlasten ist immer dann die Rede, wenn von Altablagerungen, Altstandorten und von noch genutzten Flächen oder Gebäuden eine Gefahr für die öffentliche Sicherheit und Ordnung ausgeht oder zu erwarten ist. Somit ist die Altlast eine weitere Grundstückseigenschaft, durch die eine Immobilie im schlimmsten Fall vollkommen wertlos werden kann. Dies ist immer dann der Fall, wenn die mit einer Altlast verbundenen Kosten den Wert einer Immobilie übersteigen. Als wertbeeinflussende Parameter gelten bei der Ermittlung des Beleihungswertes von Altlastflächen der Bodenwert, der Wert der Aufbauten, die Altlastensanierungskosten, die Sanierungslast und die Nutzungsminderung.

2.3 Beispiele aus der Praxis

Im folgenden werden zwei Fallbeispiele aus der Kreditpraxis dargestellt, die an real erhobene Fälle angelehnt sind, aber aus Datenschutzgründen so abgeändert wurden, daß keine Rückschlüsse auf die realen Fälle möglich sind:

Erstes Fallbeispiel: Im Rahmen einer anstehenden Kreditvergabe wurde das 1500 m^2 große Betriebsgrundstück eines Holzimprägnierwerkes als altlastenverdächtig eingestuft. Es wurde vermutet, daß bis in die sechziger Jahre hinein giftige Flüssigkeiten ungehindert in den Bodenuntergrund des Grundstücks sickern konnten und Abfälle nicht ordnungsgemäß entsorgt wurden. Nach einer umfangreichen Altlastenbewertung durch Gutachter bestätigte sich, daß Teilflächen des Betriebsgrundstückes um bis zu 2 m tief erheblich mit Chemikalien verunreinigt waren. Die notwendigen Sanierungskosten wurden mit rd. 100.000 DM kalkuliert. Bei dem 1500 m^2 großen Betriebsgelände war mithin jeder Quadratmeter mit ca. 70 DM Sanierungskosten belastet.

Im unbelasteten Zustand hätte der Beleihungswert des Grundstückes 216.000 DM betragen. Da durch die gefundenen Altlasten die Nutzbarkeit des Grundstückes erheblich eingeschränkt und der Wert des Grundstücks durch potentielle Sanierungskosten gemindert war, konnte die Bank den Beleihungswert für die Immobilie gerade noch mit 62.000 DM ansetzen. Somit minderte sich der Beleihungswert des Grundstücks quasi über Nacht auf 30% des Beleihungswertes des Grundstückes im unbelasteten Zustand.

In diesem konkreten Fall büßte die Immobilie infolge der gefundenen Altlast derart an Wert, daß sie als Kreditsicherheit nur noch bedingt tauglich erschien. Mangels weiterer werthaltiger Sicherheiten konnte die Sparkasse den in Aussicht gestellten Kredit nicht gewähren.

Zweites Fallbeispiel: Ein Galvanikbetrieb geht in Konkurs. Der Kredit in Höhe von 500.000 DM ist durch Grundschulden, lastend auf dem Betriebsgrundstück, abgesichert. Die zuständige Umweltbehörde stellt fest, daß jahrelang Chemikalien durch undichte unterirdische Leitungen in den Boden versickerten und infolgedessen das Grundwasser verunreinigten. Für die „belastete" Immobilie kann kein Kaufinteressent gefunden werden. Da die Kosten der Bodensanierung den Grundstückswert deutlich übersteigen, ist die Kreditsicherheit wertlos.

In diesem konkreten Fall muß die betroffene Bank eine Einzelwertberichtigung des Kredits vornehmen.

3 Ökologische Bonitätsanalyse

3.1 Einführung

Am Beispiel der Altlastenproblematik ist deutlich geworden, daß sich Umweltrisiken von Unternehmen sehr leicht auf schleichendem Weg zu Bonitäts-, Besicherungs- und Haftungsrisiken der betroffenen Gläubigerbanken entwickeln können. Die finanziellen Folgen, die aus diesen Risiken erwachsen können, dürfen dabei keinesfalls unterschätzt werden. Alleine die Kosten für die Begutachtung einer Altlast und die Planung von Sanierungsmaßnahmen können bei mehreren hunderttausend Mark liegen. Die Kosten für die Altlastensanierung selbst können Beträge von mehreren Millionen verschlingen.

Unter Besicherungsgesichtspunkten erscheint der Wert eines mit Altlasten belasteten Grundstücks in einem neuen Licht: Werden Altlasten festgestellt und ist eine Sanierung möglich, so ergeben sich als Folge der Sanierungsarbeiten u.U. Nutzungswertminderungen. Nach der Bodensanierung ist zeitweilig mit einer marktbezogenen Wertminderung, auch wegen negativer Publizität des Objektes im Sanierungsgebiet, zu rechnen. Dieser kaufmännische Minderwert beruht auf der Erfahrung, daß eine einmal mit Mängeln behaftete Sache trotz sorgfältiger und vollständiger Reparatur im Geschäftsverkehr vielfach niedriger (im Einzelfall 10 bis 30 Prozent des Verkehrswertes im unbelasteten Zustand) bewertet wird.

Um ökologische Kreditrisiken besser abschätzen und ausschließen zu können, gehen daher Banken und Sparkassen seit einigen Jahren immer stärker dazu über, im Vorfeld von Kredit- und zum Zeitpunkt von Prolongationsentscheidungen, die Methoden der ökologischen Bonitätsanalyse einzusetzen.

3.2 Wie begegnen Banken ökologischen Kreditrisiken

In den USA werden Kreditgeber unter dem Begriff „Lender Liability" erheblich in die umweltrechtliche Verantwortung genommen. Daher sind US- und europäische Großbanken inzwischen dazu übergegangen, sich insbesondere im amerikanischen Kreditgeschäft gegen ökologische Risiken abzusichern. Als ökologische Problembranchen werden u.a. Chemie, Energie, Transportwesen, Bergbau, Abfallwirtschaft und Erdölförderung angesehen. In den USA werden bei Kreditengagements in diesen Branchen in der Regel Umweltspezialisten mit in die Kreditwürdigkeitsprüfung einbezogen. Ohne Sachverständigen-Gutachten bzw. Gefährdungsabschätzung wird die Kreditvergabe teilweise sogar versagt. Einige Kreditinstitute unterscheiden bereits zwischen „ökologisch nicht sensiblen" und „umweltgefährdenden" Branchen. Die Auflagen für die Kreditvergabe werden entsprechend angepaßt.

Auch in der Europäischen Konvention über Umweltschäden (Convention on Civil Liability for Damage Resulting from Activities Dangerous to the Environment) werden u.a. Tätigkeiten und Sachstände aufgelistet, die als gefährlich zu betrachten sind. Es wird festgestellt, daß der „Operator", der zum Zeitpunkt des Schadenseintritts die tatsächliche Kontrolle ausübt, für den Schaden verantwortlich ist. Die Entwicklung im EU-Recht geht dabei in Richtung der verschuldensunabhängigen Haftung, wobei die Frage, ob Kreditinstitute zum Kreis der Haftpflichtpflichtigen gehören, noch nicht eindeutig beantwortet, aber unter gewissen Umständen möglich ist.

Diese Entwicklung hat zur Folge, daß auch europäische Banken immer stärker umweltbedingte Kreditrisiken in ihrem Credit Risk Management angemessen berücksichtigen. Sehr weit fortgeschritten sind in diesem Bereich die Schweizer Universalbanken. Die Schweizerische Bankgesellschaft und der Schweizerische Bankverein haben dementsprechend im inländischen Kreditgeschäft mit kleinen und mittleren Firmenkunden Konzepte für die Beurteilung von ökologischen Chancen und Risiken bei der Kreditvergabe in Kraft gesetzt. Beide Banken verfügen über eigene Fachstellen, welche ausschließlich für die Beratung der Firmenkundenbetreuer in Umweltfragen zuständig sind.

Ein ähnliches Bild zeichnet sich in Deutschland ab:

Die Deutsche Bank differenziert zwischen der Beratungsleistung durch ein – ihr über eine Versicherung nahestehendes – Consultingunternehmen und der eigenen Kreditwürdigkeitsprüfung, die ebenfalls die Prüfung von erhöhten Umweltrisikofaktoren beinhaltet. Die Beratungsleistung des Consultingunternehmens trägt sie als Vermittler an die Kunden heran, um eine entsprechende Risikovorsorge zu bewirken. Das Ergebnis dieser Beratungsleistung fragt sie dann im Rahmen eines evt. Kreditantrags ab.

Ein eigenes EDV-System hat die Nord/LB entwickelt, mit dem sie anhand nachvollziehbarer Kriterien das Umwelt-Kreditrisikopotential ihrer Firmenkundschaft ermittelt und beschreibt. Mit diesem System erkennt die Nord/LB ökologische Risiken ihrer Firmenkunden frühzeitig und kann sich davor schützen. Die Nord/LB hat ebenfalls einen Spezialisten für umweltbedingte Kreditrisiken eingestellt, der ausschließlich für die Beratung ihrer Firmenkundenbetreuer zuständig ist.

Die Stadtsparkasse Köln berücksichtigt ebenfalls ökologische Risiken ihrer Kunden bei der Kreditvergabe. Hierzu beschäftigt die Stadtsparkasse Köln eigene ingenieur- und naturwissenschaftlich ausgebildete Mitarbeiter. Ökologisches Know-how ist so in der Aus- und Verwertung von Gutachten, in der ökologischen Bonitätsanalyse des täglichen Geschäfts oder in der kundenorientierten Umweltberatung über eine eigene Unternehmensberatungsgesellschaft schnell und qualifiziert verfügbar.

Auch die Nassauische Sparkasse hat im Rahmen ihrer Kreditwürdigkeitsprüfung Fragen entwickelt, die in die Kreditwürdigkeitsprüfung einfließen. Einen festen Platz hat die Nassauische Sparkasse einer umweltbezogenen Analyse in der Kreditbeurteilung jedoch noch nicht eingeräumt.

Speziell für die Volks- und Raiffeisenbanken ist erst kürzlich ein Umweltmanagement-System aufgebaut wurden, das bei der Kreditvergabe an Unternehmen genutzt werden kann.

3.3 Die ökologische Bonitätsanalyse als Bestandteil der Kreditwürdigkeitsuntersuchung

Um die potentiellen Ausfall- und Besicherungsrisiken von Kreditengagements realistisch einschätzen zu können, unterhalten Banken und Sparkassen sehr leistungsfähige Risk-Management-Systeme.

Als Beurteilungskriterium gilt dabei die Kreditfähigkeit und -würdigkeit eines Kunden. Während die Kreditfähigkeit im wesentlichen auf rechtlichen Voraussetzungen beruht, ist die Kreditwürdigkeit abhängig von dem Vertrauen einer Bank in die Leistungsbereitschaft und Leistungsfähigkeit ihres Kunden, seinen Verpflichtungen aus einem Kreditvertrag nachzukommen.

Bei der Prüfung der Kreditwürdigkeit verfolgen Sparkassen und Banken heutzutage eine dynamische Betrachtungsweise. Diese enthält vergangenheits- und gegenwartsbezogene Aussagen zum Kreditnehmer sowie Prognosen über die Fähigkeit des Schuldners, den Kredit vereinbarungsgemäß zu bedienen. Fortschrittliche Kreditinstitute berücksichtigen in ihrem Risk-Management auch die technologische und ökologische Bonität ihrer Kunden.

In Bezug auf die Altlastenproblematik möchten Kreditinstitute im Rahmen der ökologischen Bonitätsanalyse folgende Kernfragen klären:

a) Sind Grundstücke eines Kreditnehmers mit Altlasten belastet?
b) Falls ja, wie wirkt sich dies auf die Vermögens-, Finanz- und Ertragslage des Unternehmens aus (Bonitätsrisiko)?
c) Welchen Wert mißt die Bank dem mit einer Altlast behafteten Grundstück für die Dauer der Beleihung zu (Besicherungsrisiko)?
d) Muß das Kreditinstitut im Rahmen der dinglichen Sicherung – denn hierdurch hat es ein Recht am Grundstück erhalten – mit einer Beteiligung an Untersuchungs- und Sanierungskosten rechnen (Zustandsstörerhaftung)?

Bevor ein Standort als Altlast bezeichnet werden kann, ist es notwendig, einen aufwendigen Untersuchungsablauf, bestehend aus historischer Recherche, Entnahme von Bodenproben, Analytik, Risikobewertung usw. durchzuführen. Die Beauftragung eines Gutachters mit Bodenuntersuchungen ist allerdings sehr kosten- und zeitintensiv und sprengt daher in der Praxis den Rahmen für eine routinemäßig durchgeführte Kreditwürdigkeitsuntersuchung.

Daher nutzen Kreditinstitute zunächst einmal kostengünstige Informationsbeschaffungsmöglichkeiten, um in eigener Regie eine Altlastenerstbewertung vornehmen bzw. vorbereiten zu können.

Der Jahresabschluß und betriebswirtschaftliche Auswertungen können einem Kreditinstitut unter Umständen erste Hinweise auf Altlastenrisiken geben: Rückstellungsauflösungen nach durchgeführten Sanierungsmaßnahmen, Abschreibungen wegen Altlasten, Rückstellungsbildung für Umweltschäden, aber auch Verbindlichkeiten für Umweltlasten können positive und negative ökologische Aspekte in der Bilanz sein. Weitere ökologische Aspekte lassen sich der Gewinn- und Verlustrechnung bzw. der BWA entnehmen, wie z.B. Aufwendungen für den Umweltschutz, Abschreibungen für Umweltschäden als Aufwand, Umweltstrafen und Bußgelder.

Darüber hinaus bieten Grundstückskaufverträge weitere Hinweise auf mögliche Risiken aus Altlasten. Generell achten Banken darauf, daß die Grundstücksverträge die Interessenlage ihrer Kunden in der Art widerspiegeln, daß die Altlastenfreiheit von Grundstücken durch den Verkäufer zugesichert wird. Im Falle der Nichteinhaltung der Altlastenfreiheit sollten die damit einhergehenden Vermögensschäden zu Lasten des Verkäufers gehen. Stellen Kreditinstitute fest, daß Grundstückskaufverträge primär die Interessenlage des Verkäufers in der Art berücksichtigen, daß Gewährleistungsausschlüsse oder Haftungsbegrenzungen vorgesehen sind, wird dies bereits als Altlastverdacht bewertet.

Manche Kreditinstitute fragen bei einer Vor-Ort-Begehung die umwelt- und altlastenrelevanten Bereiche des Unternehmens ab. Es gilt zu klären, welche gewerblichen Tätigkeiten in der Vergangenheit auf dem Gelände ausgeführt wurden, welche Stoffe gelagert oder verwendet wurden, welche möglichen Abfälle bei den Produktionsprozessen entstanden sind und welche Emissionen vorliegen. Bei einer solchen Grundstücksbegehung werden bereits mögliche Störpotentiale lokalisiert.

Die Auswertung weiterer Informationen ist jedoch erforderlich. Dies sind Firmenarchive, Karten, Altlastenkataster, Behördenunterlagen etc..

Auf der Grundlage dieser Informationen erstellt die Bank eine Risikostudie, in der die bestehenden Gefahren- oder Störpotentiale aufgezeigt und beschrieben werden. Leitet das Kreditinstitut aus seiner Risikostudie einen konkreten Verdacht ab – dies ist sicherlich immer dann der Fall, wenn die Liegenschaft als altlastenverdächtige Fläche im Altlastenkataster aufgeführt ist – wird in der Regel ein Altlastensachverständiger mit der Erstellung eines Gutachtens beauftragt.

In einem solchen Gutachten sollten folgende Teilgebiete abgehandelt werden:

a) Durchführung und Beurteilung von standortbezogenen Erhebungen (historische Recherche).
b) Untersuchung und Beurteilung von Gewässergefährdungen und -schäden (Grundwasser, Oberflächengewässer).
c) Untersuchung und Beurteilung von Kulturböden und Pflanzen.
d) Beurteilung von Probenahme, Analytik und chemischem Stoffverhalten.
e) Beurteilung der Eignung und Kostenwirksamkeit von Sanierungs- und/ oder Dekontaminationsmaßnahmen. Hierbei sind sowohl Maßnahmen einzubeziehen für die Sanierungspflicht besteht, als auch solche, für die keine Sanierungspflicht besteht.

Auf der Grundlage eines qualifizierten Altlastengutachtens schätzten Kreditinstitute ab, wie sich Altlasten auf die Vermögens-, Finanz- und Ertragskraft ihrer Kunden auswirken und mit welchen Konsequenzen dies für die Kreditwürdigkeit der Kunden verbunden ist.

Literatur

Brüssel, S. (1993). Die Altlastenproblematik im Kreditgeschäft: die Problematik von Grundstückskontaminationen (Altlasten) im Kreditgeschäft. Köln. Bundesanzeiger Verlagsges. mbH.

Peemöller, V. (1995). Umweltrisiken im Kreditgeschäft. Wiesbaden. Management Circle.

Overlack-Kosel, D., Scholz, R.W., Erichsen, S., Schmitz, C.W. (1995). Kreditrisiken aus Umweltrisiken. Suttgart. Deutscher Sparkassenverlag.

Weyers, G. (1987). Altlasten und ihre Auswirkungen auf den Grundstückswert. Sparkasse 11/87.

Wichert, H.W. (1991). Beseitigung der Gefahr. ENERGIE, Jahrg. 43, Nr. 1/2.

Absicherungsmöglichkeiten zur Vermeidung von Investitionsrisiken[1]

Doris Overlack-Kosel

1 Altlasten

Ein wichtiges Thema im Rahmen des Flächenrecyclings sind aus Investorensicht die „*Altlasten*", da entsprechende Fehleinschätzungen für ihn sehr kostenintensiv werden können. Altlasten begründen in der Regel nicht nur einen *Wertverlust des Grundstücks*, sondern auch *darüberhinausgehende Folgekosten* wie z.B. Nutzungsausfälle und Nachsorge-, Gefahrbeseitigungs- und Sanierungskosten.

Insbesondere der tiefgreifende wirtschaftliche Strukturwandel der letzten Jahre hat dazu geführt, daß „Altlasten" freigesetzt werden, und die Wiederverwendung dieser Industriebrachen einer besonderen Sorgfalt bedarf, um nicht durch Überplanung neue Gefährdungen bzw. Fehlinvestitionen durch Nichtberücksichtigung möglicher Altlasten zu verursachen.

In der Öffentlichkeit werden häufig alle Erscheinungsformen stofflicher Bodenbelastungen mit dem Begriff „Altlasten" verknüpft.

In Gesetzen und der Verwaltungspraxis wird aber die in § 28 LAbfallG NW enthaltene Definition differenziert:

- Danach sind Altlasten *Altablagerungen* (z.B. stillgelegte Anlagen zum Ablagern von Abfällen oder stillgelegte Aufhaldungen und Verfüllungen) und *Altstandorte* (z.B. Grundstücke stillgelegter Anlagen, in denen mit umweltgefährdenden Stoffen umgegangen worden ist, soweit es sich um Anlagen der gewerblichen Wirtschaft oder im Bereich öffent-

[1] Dieser Artikel wurde aktuell überarbeitet und basiert auf dem Buch: „Kreditrisiken aus Umweltrisiken", das die Autorin mitherausgegeben und mitverfaßt hat.

licher Einrichtungen gehandelt hat), sofern von diesen nach den Erkenntnissen einer im Einzelfall vorangegangenen Untersuchung und einer darauf beruhenden Beurteilung durch die zuständige Behörde eine Gefahr für die öffentliche Sicherheit oder Ordnung ausgeht (Sietz/ Sondermann).

Um eine effektive Gefahrenbeseitigung zu ermöglichen, werden - anknüpfend an die Eigentumsrechte und Eigentumspflichten gemäß Art 14 GG - insbesondere die Grundstückseigentümer hierzu herangezogen.

1.1 Gesetzesgrundlage

Da die Bundesgesetze bisher keine Ordnungsverfügung zwecks Gefahrenbeseitigung zulassen, sondern

- das BundesabfallG nur eine Rekultivierung, aber keine Gefahrenbeseitigung ermöglicht,
- das Wasserhaushaltsgesetz (WHG) nur Verhaltensdirektionen enthält, aber keine mittelbare Eingriffsgrundlage,
- das *Bundesimmissionsschutzgesetz* lediglich die *Anpassung* noch im Betrieb befindlicher Anlagen an den *Stand der Technik* ermöglicht oder eine Anordnung zur Stillegung einräumt,

werden die *Ordnungsbehörden- und Polizeigesetze* der Länder herangezogen, sofern keine entsprechende Regelung im LandesabfallG besteht[2].

So können gemäß *§ 14 I OWiG NW* die Ordnungsbehörden „notwendige" Maßnahmen treffen, um eine im einzelnen Fall bestehende *Gefahr für die öffentliche Sicherheit oder Ordnung* abzuwenden. Dies ist gemäß vorstehender Definition bei Altlasten im Sinne des § 28 L AbfallG gegeben.

In der Regel wird der Eigentümer oder Besitzer des Grundstücks (Mieter, Pächter, Erbbauberechtigter), das eine entsprechende Kontamination aufweist, als *Zustandsstörer* zur meist kostenintensiven Gefahrenbeseitigung herangezogen, d.h. unabhängig vom eigenen Beitrag zur Verunreinigung.

---

[2] so im LandesabfallG in Baden-Württemberg, in Hessen und in Sachsen

Der *Handlungsstörer* (Person, die eine Gefährdung der öffentlichen Sicherheit oder Ordnung hervorgerufen hat, ggf. auch ohne Verschulden) kann ebenfalls zur Gefahrenbeseitigung herangezogen werden; da es oft jedoch schwierig ist, ihm die Verunreinigung nachzuweisen, greift die Behörde in der Regel auf den Zustandsstörer zurück. Dieser kann dann seinerseits – allerdings mit dem entsprechenden Regressrisiko- auf den Handlungsstörer zurückgreifen.

Beispiel Nr. 1: Zustandshaftung – Ursache

Anfang 1979 wurde eine Grundwasserverunreinigung mit den Stoffen Tri- und Perchlorethylen festgestellt. Nachforschungen führten im Februar 1979 im Keller des Klägers zu einem leeren Stahltank, den der Kläger von der Rechtsvorgängerin, einer chemischen Reinigung, übernommen hatte. Im Erdreich als auch im Grundwasser wurde starker Chlor-Ethylengeruch festgestellt.

Gemäß Bescheid vom 4.4.1979 wurde dem Kläger aufgegeben, den Tank begehbar zu machen und zu reinigen, um eine Untersuchung zu ermöglichen. Weitere Maßnahmen wurden von der Stadt und einer Drittfirma ausgeführt; die Kosten wurden bei dem Kläger als Grundstückseigentümer geltend gemacht.

In der Begründung des VGH Mannheim, der eine Kostentragungspflicht des Klägers bejaht, ist ausgeführt:

Da ohne Zweifel feststehe, daß die Verunreinigung des Grundwassers aus dem Grundstück des Klägers stamme, sei eine Zustandshaftung gerechtfertigt, ohne daß es darauf ankäme, auf welche Weise die Verschmutzung des Erdreichs eingetreten und ob der Kläger selbst verantwortlich sei. Es sei nicht relevant, daß das Erdreich durch den Kläger nicht verunreinigt worden und die Undichtigkeit des Tanks durch Kriegsereignisse oder von der Rechtsvorgängerin zu vertreten sei[3].

Mit dem Erwerb eines Grundstückes ist für den Investor folglich stets die Gefahr verbunden als Zustandsstörer in Anspruch genommen zu werden, *da die Zustandsstörerqualifikation immer an das Eigentum gebunden ist, gleichgültig, wann und von wem die Gefahrenursache gesetzt wurde.*

---

3 VGH Mannheim NVwZ 1986, 325

Eine Ausnahme besteht in Hessen; dort bleibt die Verantwortlichkeit beim Veräußerer, wenn der Erwerber gutgläubig war, d.h. die Verunreinigung weder kannte noch kennen mußte[4]. Der Streit über Erkundigungspflichten ist damit jedoch vorprogrammiert.

Die *Verhaltensverantwortlichkeit* hingegen geht beim Grundstückskauf als Einzelrechtsnachfolge nicht auf den Erwerber über. Bei einer Gesamtrechtsnachfolge, Firmenübernahme oder Erbfall geht sie auf den Nachfolger über, sofern bereits eine konkrete Verfügung gegen den Verhaltensstörer ergangen war. Ist die Rechtspflicht des Handlungsstörers hingegen noch abstrakt, so ist ein Übergang auch im Rahmen einer Gesamtrechtsnachfolge strittig[5].

Erfolgt der Grundstückserwerb im Rahmen einer Firmenübernahme oder ist eine Investition im Rahmen eines Erwerbes geplant, ist entsprechende Sorgfalt geboten.

1.2 Vorsorgemaßnahmen beim Grundstückserwerb

Diese öffentlich rechtliche Inanspruchnahme des Grundstückeigentümers durch den Staat in Form der Zustandsstörer- und der Verhaltensstörerhaftung, kann vertraglich nicht beim Grundstückerwerb ausgeschlossen werden.

Es können aber bei dem *Erwerb von Grundstücken* vertragliche Vorsorgen getroffen werden, um der Gefahr vorzubeugen, ein altlastenverdächtiges Grundstück zu erwerben.

Sofern ein Bodengutachten nicht vorliegt und ein Altlastenkataster nicht zur Verfügung steht, um entsprechende Informationen zu erhalten, ist bei Kaufverträgen darauf zu achten, daß

- die Gewährleistung nach den gesetzlichen Vorschriften,
- die Zusicherung der Altlastenfreiheit,
- die Freistellung von Inanspruchnahme durch Behörde und Dritte und
- die Verlängerung der Gewährleistungsfrist auf fünf Jahre

vereinbart ist bzw. werden kann.

---

[4] § 21 Nr. 6 Hess. Abfall und AltlastenF

[5] Schlabach/Simon NVwZ 1986, 325

Zumindest sollte ein Gewährleistungsausschluß nur für Mängel außerhalb der Bodenkontamination vereinbart werden, die Zusicherung der Altlastenfreiheit gegeben sowie der Schadensersatzanspruch umfassend konkretisiert sein und insbesondere folgendes umfassen:

- Den Ersatz aller in Verbindung mit der Verunreinigung stehenden Nachteile und der daraus resultierenden Entwicklung des Kaufgegenstandes;
- den Ersatz aller dem Käufer in diesem Zusammenhang entstehenden Kosten, z.B. für Betriebsunterbrechung, Bodenuntersuchungen, Rechtsverteidigung, Vorsorgemaßnahmen, Rettungsmaßnahmen;
- Ersatz aller Aufwendungen, die an den Käufer von Dritten, auch Behörden, geltend gemacht werden.

2 Umwelthaftpflichtgesetz

Eine Haftung kann sich für Investoren auch aus dem Umwelthaftungsrecht ergeben, wenn sich auf dem Grundstück noch Anlagen im Sinne des Umwelthaftungsgesetzes befinden, auch wenn sie nicht mehr betrieben werden.Dem Umwelthaftpflichtgesetz unterfallen auch Altlasten von Anlagen, die bereits bei Inkrafttreten des Umwelthaftungsgesetzes *nicht mehr betrieben wurden.*

Anlagen bestehen nicht nur aus ihren oberirdischen, sichtbaren Teilen, sondern auch aus ihren unterirdischen Teilen, einschließlich verborgener Reststoffe. Folglich zählen auch Produktionsrückstände zur ehemaligen Anlage, soweit sie nicht nur noch aus Altlasten besteht. Diese Altlasten resultieren in der Regel aus der Zeit vor dem 1.1.1991, an dem das Umwelthaftungsgesetz in Kraft trat, so daß sich die Frage stellte, ob das Gesetz diese Altlasten auch noch erfaßt.

Prinzipiell gilt, daß neue gesetzliche Vorschriften, die erhebliche Verpflichtungen zu Lasten des betroffenen Normadressaten begründen, erst zum Zeitpunkt ihres Inkrafttretens Wirksamkeit entfalten dürfen, um nicht gegen das *Rückwirkungsverbot* zu verstoßen.

Gemäß § 23 UmweltHG ist geregelt, daß *vor dem 1.1.1991* verursachte *Schäden* dem Umwelthaftungsgesetz *nicht unterworfen* sind. Damit stellt das Gesetz aber *nicht* auf die *Umwelteinwirkung* (Anlagenbetrieb) *ab,* die bereits vor dem 1.1.1991 liegen könnte, sondern auf den *Schadenseintritt. Dieser kann sich auch nach dem 1.1.1991 noch realisieren; d.h. der Schadensentstehungstatbestand ist in der Regel am 1.1.1991 noch nicht abgeschlossen gewesen.* Dies löst problematische Beweisfragen aus, da zum 1.1.1991 keine Altlastenbestandsaufnahme erfolgt ist, die Aufschluß darüber gibt, ob und welche Vorschäden zu diesem Zeitpunkt bereits bestanden und welche Schäden sich nach dem 1.1.1991 manifestierten.

Die *Zielsetzung des Umwelthaftpflichtgesetzes* und der Umstand, daß in der Regel nur der Betreiber in der Lage ist, für die vergangenen Zeiträume die von seiner Anlage ausgehenden Umwelteinwirkungen zu rekonstruieren und entsprechend zu verifizieren, sprechen dafür, daß die Rechtsprechung den Weg der Beweiserleichterung für den Geschädigten wählen wird. Dann hätte der Geschädigte lediglich zu beweisen, daß ihm die Schadensverursachung erstmalig nach dem 31.12.1990 objektiv wahrnehmbar wurde. Der in Anspruch genommene Anlageninhaber müßte dann seinerseits eine frühere Verursachung im Sinne einer Vorschädigung darlegen, um den prima facie Beweis zu entkräften[6].

Da eine Bestandsaufnahme der Altschäden zum Zeitpunkt des Inkrafttretens des Gesetzes nicht möglich war, andererseits mit einer Verbesserung der Rechtslage der Geschädigten nicht gewartet werden kann, muß aus Gründen der Rechtssicherheit die Rückwirkung insoweit hingenommen werden. Das heißt, die Regelung erfaßt einen bereits begonnenen aber noch nicht abgeschlossenen Tatbestand.

Folglich sind Schäden, die am 1.1.1991 noch nicht eingetreten waren, deren zugrundeliegende schädigende Handlung jedoch bereits vor diesem Zeitpunkt erfolgte, vom Umwelthaftungsgesetz erfaßt. Damit kann der Grundstückseigentümer bzw. „Anlagenbetreiber“ Haftungsansprüchen für Umwelteinwirkungen (Anlagenbetrieb), die vor dem 1.1.1991 erfolgten, ausgesetzt sein.

Dies gilt auch, wenn die Anlage vor dem 1.1.1991 nicht mehr betrieben wurde, aber noch nicht vollständig demontiert ist. Hier wird ebenfalls ein abgeschlossener Sachverhalt, den ein Rückwirkungsverbot voraussetzt, verneint.

Etwas anderes gilt, wenn die Anlage auch bereits völlig abgeräumt ist; dann entfällt die Haftung nach Umwelthaftungsgesetz!

---

[6] Salje, UmweltHG, § 23 Amn. 4ff

Besonderheiten gelten, wenn im Rahmen einer Weiterveräußerung der Anlage Umbauten durch den Rechtsnachfolger erfolgten. Da hier eine sehr differenzierte Betrachtungsweise angesagt ist, wird auf die einschlägigen Umwelthaftungskommentare verwiesen.

Prüfungsansatz:

Bei Unternehmenskäufen bzw. Grundstücken mit Anlagen im Sinne des Umwelthaftungsgesetz ist zu prüfen, ob vor dem 1.1.1991 stillgelegte Anlagen nicht mehr betrieben und vollständig demontiert wurden. Ist die Demontage hingegen zu diesem Zeitpunkt noch nicht abgeschlossen gewesen, muß das Haftungsrisiko besonders überprüft werden, um Investitionsrisiken -insbesondere auf Altstandorten- zu vermeiden.

3 Konsequenz für Investoren

Damit besteht für Investoren im Rahmen eines Grundstückerwerbes die Gefahr in die Haftung der Gefahrbeseitigung bzw. der Schadensregulierung genommen zu werden. In diesem Fall würde sich dann nicht nur das Verwertungsrisiko realisieren, sondern darüber hinaus erhebliche Kosten für eine Gefahrenbeseitigung bzw. Schadensregulierung entstehen, die nicht zwingend deckungsgleich mit den Kosten einer – für die Wiederverwendung des Grundstücks erforderlichen – *Sanierung* sein müssen.

Für einen Investor ist daher die Überprüfung der Grundstücke auf Altlasten ein wesentliches Prüfungskriterium. Hierzu können externe Sachverständige in Anspruch genommen werden, um entsprechende Informationsquellen zu erschließen.

Aber auch die Möglichkeiten kostengünstiger Sanierungen, anderweitiger Verwendung und alternativer Finanzierungshilfen sind in diesem Zusammenhang zu berücksichtigen, denn nicht jede Industriebrache ist künftig unverwertbar, sondern vielleicht noch eingeschränkt nutzbar.

4 Finanzierung von Altlastensanierungen

4.1 Finanzierungsmöglichkeiten

So ist zu prüfen, inwieweit *bei einem Flächenrecycling bzw. einer eventuellen Altlastensanierung Finanzierungen durch Dritte in Betracht kommt, z.B.* durch

- die Betriebshaftpflichtversicherung,
- die Gewässerschadenhaftpflichtversicherung[7],
- öffentliche Fördermittel (Fries/Sabathil)
- Rückgriff auf eigentlichen Verursacher,
- Ausgleichsansprüche gegen (Mit-)verursacher,
- Haftung des Mieters bzw. Pächters (s. Beispiel Nr.3),
- Haftung des Grundstückverkäufers,

Amtshaftung der Kommune wegen fehlerhafter Bauleitplanung[8] (Nach einer inzwischen gefestigten Rechtsprechung besteht z.B. eine Amtspflicht der Amtsträger der planenden Gemeinde, bei der Aufstellung von Bebauungsplänen Gesundheitsgefahren zu verhindern, die den künftigen Bewohnern aus dessen Bodenbeschaffenheit drohen).

Diese Anspruchsgrundlagen ermöglichen dem Investor eventuell eine Risikoverlagerung nicht nur bezüglich der Gefahr der Beseitigungskosten oder der Schadensregulierung, die gegebenenfalls mit einer Altlast verbunden sind, sondern oft auch eine Sanierungsfinanzierung.

Insbesondere im Rahmen noch bestehender Gewässerschadenshaftpflichtversicherungen bietet sich in der Regel noch eine kostengünstige Sanierung von Altschäden an, da hier nicht nur Fremdschäden, sondern auch Eigenschäden abgedeckt werden.

4.2 Öffentlich gefördertes Flächenrecycling

Neben der vorbenannten, insbesondere privat initiierten Finanzierung des Flächenrecyclings wird auch das öffentliche Flächenrecycling vorangetrieben, um unter volkswirtschaftlichen Aspekten Ressourcen für eine schonende Grundstückspolitik der Kommunen zu schaffen.

---

[7] Hess. Versicherungsrechtliche Aspekte bei der Altlastensanierung, in: Altlasten, S. 348ff

[8] BGHZ 106, 323; BGHZ 224, BGHZ 108, 380

4.2.1 *Grundstücksfondmodell*

So hat sich auf Länderebene u.a. das Grundstücksfondmodell durchgesetzt. Hier übernimmt der jeweilige Grundstücksfonds bei der Reaktivierung von Brachflächen alle unrentierlichen Kosten für Ankauf, Freilegung und Baureifmachung der Flächen.

Der Verfahrensablauf des Grundstücksfonds Ruhr in NRW gestaltet sich dabei wie folgt:

- Anmeldung einer Brachfläche durch die Gemeinde beim zuständigen Regierungspräsidenten;
- Prüfung der Anmeldung durch den Regierungspräsidenten (RP);
- Übersendung der positiv beurteilten Ankaufsempfehlung durch den RP an das Ministerium für Stadtentwicklung (MSV), Finanzministerium (FM) und die Landesentwicklungsgesellschaft (LEG);
- Beauftragung der Landesentwicklungsgesellschaft (LEG) mit der ergänzenden Prüfung unter Beachtung des vorgegeben Kriterienkatalogs (Baureifmachung, Altlastensanierung und Sicherung, Kaufpreisangemessenheit, Realisierungsaussichten);
- Vorlage des Prüfungsergebnisses beim MSV und FM;
- Entscheidung über den Ankauf durch MSV mit FM und Auftrag an LEG zum Kauf;
- Erwerb durch LEG;
- Freilegung und Baureifmachung der Brachfläche;
  Untersuchung und Sanierung der Altlasten;
  Wiederaufbereitung.

Die Entscheidung über die zukünftige Nutzung der Fläche obliegt jedoch den Städten und Gemeinden als Träger der Planungshoheit.

Durch den Grundstücksfonds NW wurden von 1980 bis 1992 insgesamt 154 Brachflächen mit einer Gesamtfläche von rd. 1955 ha erworben. Hiervon konnten nach Sanierung und Aufbereitung bis Ende 1992 rd. 484 ha zur Errichtung neuer Gewerbegebiete, zur Anlage von Grünflächen oder zum Bau neuer Wohnungen veräußert werden.

In Hessen und Rheinland-Pfalz wurde ein Kooperationsmodell gewählt bzw. ist in Vorbereitung. Im Rahmen einer freiwilligen Vereinbarung zwischen öffentlicher Hand und Industrie wird mit einer privatwirtschaftlich organisierten Gesellschaft die Sanierung von Altlasten vorangetrieben.

4.2.2 *Freistellung von Altlasten*

In den neuen Bundesländern hat der Gesetzgeber mit der sogenannten Freistellungsklausel die Möglichkeit geschaffen, Eigentümern, Besitzern oder Erwerbern von Anlagen und Grundstücken, die gewerblichen Zwekken dienen und im Rahmen wirtschaftlicher Unternehmen Verwendung finden, von der rechtlichen Verantwortung für die durch den Betrieb oder die Nutzung des Grundstücks bedingten Schäden freizustellen, soweit diese vor dem 1. Juli 1990 verursacht wurden.

Die Freistellungsklausel lautet in der Neufassung durch das Hemmnisbeseitigungsgesetz vom 22.3.1991 wie folgt:

- Eigentümer, Besitzer oder Erwerber von Anlagen und Grundstücken, die gewerblichen Zwecken dienen oder im Rahmen wirtschaftlicher Unternehmungen Verwendung finden, sind für die durch den Betrieb der Anlage oder die Benutzung des Grundstücks vor dem 1. Juli 1990 verursachten Schäden nicht verantwortlich, soweit die zuständige Behörde im Einvernehmen mit der obersten Landesbehörde sie von der Verantwortung freistellt.

- Eine Freistellung kann erfolgen, wenn dies unter Abwägung der Interessen des Eigentümers, des Besitzers oder des Erwerbers, der durch den Betrieb der Anlage oder die Benutzung des Grundstücks möglicherweise Geschädigten, der Allgemeinheit und des Umweltschutzes geboten ist. Die Freistellung kann mit Auflagen versehen werden. Der Antrag auf Freistellung muß spätestens innerhalb eines Jahres nach Inkrafttreten des Gesetzes zur Beseitigung von Hemmnissen bei der Privatisierung von Unternehmen und zur Förderung von Investitionen gestellt sein. Im Falle der Freistellung treten an Stelle privatrechtlicher, nicht auf besonderen Titel beruhender Ansprüche zur Abwehr benachteiligender Einwirkungen von einem Grundstück auf ein benachbartes Grundstück Ansprüche auf Schadensersatz. Die zuständige Behörde kann vom Eingentümer, Besitzer oder Erwerber jedoch Vorkehrungen zum Schutz vor benachteiligenden Einwirkungen verlangen, soweit diese nach dem Stand der Technik durchführbar und wirtschaftlich vertretbar sind. Im übrigen kann die Freistellung nach Satz 1 auch hinsichtlich der Ansprüche auf Schadensersatz nach Satz 4 sowie nach sonstigen Vorschriften erfolgen; auch in diesem Falle ist das Land Schuldner der Schadensersatzansprüche.

Zwar ist die gesetzliche Frist zur Beantragung der Altlastenfreistellung bereits am 30.3.1992 abgelaufen, dennoch ist diese *Finanzierungsvariante für Investoren* in den neuen Bundesländern *von großem Interesse*, da für Erwerber von Unternehmen und Grundstücken die Möglichkeit besteht, in ein bereits laufendes Freistellungsverfahren einzusteigen. Da zudem die erteilte Freistellung (von 70.000 Anträgen waren im Mai 1994 ca. 640 positiv beschieden) auch für den Rechtsnachfolger gilt, kann auch eine entsprechende Überleitung auf den Nachfolgeerwerber beantragt werden. Die Freistellungsregelung ist für die Bonität des Unternehmens von maßgeblicher Bedeutung, da sie bei positivem Bescheid eine Freistellung sowohl von der Zustands- als auch von der Verhaltensverantwortlichkeit ermöglicht, sofern die Schäden vor dem 1.7.1990 verursacht wurden[9]. Mit der Freistellung von der Verantwortung tritt das jeweilige Bundesland in die Verantwortung ein und hat somit für die Sanierungsmaßnahmen, die der Abwehr einer nachgewiesenen konkreten Gefahr dienen, einzustehen.

Mit der *Freistellung von der Verantwortung* ist aber gleichzeitig *auch der Umfang der Freistellung bestimmt*, die *Freistellung erfolgt nur insoweit* wie auch eine *entsprechende Verantwortung besteht* (Spieth, 1994). Mit anderen Worten, es gelten auch hier die Sanierungsmaßstäbe der Störerhaftung, d.h. *die Norm eröffnet nur die Möglichkeit, einen Anlagen- oder Grundstückserwerber von der Inanspruchnahme zur Beseitigung von Schäden, die von einem eine Gefahr für die öffentliche Sicherheit und Ordnung darstellenden Zustand der Anlage ausgehen, freizustellen.* Dies hat zur Konsequenz, daß Vorsorgemaßnahmen und gefahrenunabhängige Herrichtungsmaßnahmen (Spieth, 1994) (z.B. Abbruchmaßnahmen) nicht davon erfaßt werden.

Dieses Ergebnis entspricht auch der Zielsetzung des Gesetzes, Investoren vor einer Inanspruchnahme durch Dritte zu schützen. Die Regelung hat also Abschirmungscharakter und keine Investitionsförderung im unmittelbaren Sinne zum Ziel. Folglich verbleiben beim Unternehmen z.B. auch die Vorsorgeverpflichtungen.

Eine abweichende Besonderheit besteht beim Bergbau, da hier eine weiterreichende Verantwortung besteht, die über die bloße Gefahrenabwehr hinausgeht. So können hier auch z.B. Verpflichtungen zur Wiederurbarmachung oder Rekultivierungspflichten bestehen (Spieth, 1994).

---

9 in der Lit. wird sogar eine Verpflichtung der Behörden zur Altlastenfreistellung in den neuen Bundesländern ausgegangen (s.a. Duken, 1994)

Darüber hinaus sind im Rahmen des Verwaltungsabkommens Altlastenfinanzierungen für sogenannte Großprojekte festgelegt worden, für die zusätzliche Mittel für die Sicherungsmaßnahmen bereitgestellt werden.

5 Haftungsrisiko des gesicherten Investors insbesondere des Kreditgebers

In Bayern besteht die Gesellschaft zur Altlastensanierung (GAB) GmbH, die von den zuständigen Behörden mit der Sanierung von Altlasten beauftragt wird, wenn der Verursacher nicht zu ermitteln ist.

Durch den am 1. Juni 1994 in Kraft getretenen Art. 68 a Bayerisches Wassergesetz wird diese Gesellschaft einen besonderen Aufschwung erhalten. Die Kosten, die aus der Sanierung durch die GAB resultieren, stellen eine öffentliche Last dar, die vom Grundstückseigentümer und den dinglichen Berechtigten je nach ihrem wirtschaftlichen Vorteil, der ihnen durch die mit der Sanierung verbundenen Wertsteigerung zu gute kommt, zu tragen ist.

Als öffentliche Last gehen sie auch den im Grundbuch bereits eingetragenen Grundpfandrechten vor, so daß hier eine besondere Brisanz für die Investoren und Kreditinstitute als Grundpfandgläubiger gegeben ist. Zudem können die Grundpfandgläubiger ausschließlich zum Ausgleich der Sanierungskosten herangezogen werden, wenn der Wert des Grundstücks durch die Belastungen völlig ausgeschöpft ist. Dies wird mit einer durch die Sanierung bedingten Wertsteigerung des Grundstücks begründet.

Damit unterliegen die dinglichen Berechtigten der Kostenlast einer von der Behörde angeordneten Zwangssanierung!

6 Ergebnis

6.1 Altlasten können in mehrfacher Weise ein Investorrisiko realisieren:

1. Das besicherte Grundstück verliert durch eine Altlast den angesetzten Verwertungswert.
2. Im Rahmen der Verwertung des besicherten, kontaminierten Grundstücks und damit verbundener tatsächlicher Sachherrschaft über das

Grundstück kann sich das Risiko realisieren, als polizeirechtlicher Zustandsstörer zur Gefahrenbeseitgung herangezogen zu werden.
3. Es können neben den Kosten für die Gefahrenbeseitigung, die Schadensregulierung und die Haftung nach Umwelthaftungsgesetz weitere Folgekosten, wie z.B. Nutzungsausfall, verlängerte Planungszeiten entstehen.
4. Der dinglich Berechtigte unterliegt in Bayern einem besonderen Haftungsrisiko.

6.2 Es ist daher folgendes zu beachten:

1. Im Rahmen der geplanten Investitionen ist zur Vermeidung dieser Risiken zumindest eine Standortrecherche als kostengünstigste Altlastenermittlungsmethode dringend anzuraten.
2. Bei bereits vorliegender Altlast sind die Möglichkeiten eines angepaßten Verwertungskonzeptes sowie die Finanzierungsmöglichkeiten einer Altlastensanierung zu Lasten Dritter zu prüfen.
3. Beim Kauf eines Grundstücks oder eines Unternehmens ist den vorstehend dargelegten Vertragsregelungen Rechnung zu tragen.

Literatur

Duken (1994): Die Verpflichtung der Behörden zur Altlastenfreistellung in den neuen Bundesländern, UPR 1994/10, S. 375f Fries/Sabathil: Förderhilfen Umweltschutz, 2. Auflage

Sietz/Sondermann: Umwelt-Audit und Umwelthaftung, S. 22

Spieth (1994): Die Sanierung von Altlasten auf der Grundlage der Freistellung nach Umweltrahmengesetz in den neuen Bundesländern, Altlasten-Spektrum 4/94, S. 199/203

Staatliche Förderung bei der Entwicklung ehemaliger Industrie- und Gewerbeflächen

Erstellung einer Gesamtförderkonzeption unter Einbeziehung von Förderprogrammen für Privat- und Kommunalwirtschaft

Claus Walter Schmitz

1 Finanzierung von Flächenrecyclingmaßnahmen

1.1 Möglichkeiten und Grenzen der Sanierung

Sanierungsmaßnahmen sollen sicherstellen, daß von der Altlast nach der Sanierung keine Gefährdung für Mensch und Umwelt mehr ausgehen kann. Dabei darf nicht übersehen werden, daß Umweltsanierung praktisch niemals bedeuten kann, den wirklich "natürlichen" Zustand wieder herzustellen.

Je näher man diesem Idealzustand kommen will, umso höher wird der Aufwand. Bedenkt man, daß dieser Aufwand auf einer Vielzahl von Flächen betrieben werden muß, wird einem klar, daß hierfür finanzielle Ressourcen eines gewaltigen Ausmaßes benötigt werden.

Welche Belastungen kommen damit auf die Volkswirtschaft zu ?

1.2 Entwicklung der Altlastenproblematik in der Bundesrepublik Deutschland

Geschaffen wurde der Begriff „Altlast" vom Rat der Sachverständigen für Umweltfragen (SRU) und ist seitdem zentrales Thema der Umwelt-, Wirtschafts- und Gesellschaftspolitik in der Bundesrepublik Deutschland. Diese Thematik beeinflußt im übrigen alle Industriestaaten, wie die Beispiele USA und Niederlande zeigen, in denen die Altlastenproblematik Auslöser für umfangreiche legislative Maßnahmen und finanzpolitische Programme war.

Westliche, insbesondere westeuropäische Volkswirtschaften leiden unter Strukturproblemen und haben die Lösung der Altlastenproblematik als eines der entscheidenden Instrumente für den wirtschaftlichen Aufschwung erkannt.

Die tatsächliche Altlastensituation kann - streng genommen - nur auf der Basis *festgestellter* Altlasten dargestellt werden.

Da sowohl die alten als auch die neuen Bundesländer die flächendeckende Erfassung von Altlastverdachtsflächen und deren exakte Bewertung noch nicht abgeschlossen haben, ist auch die Erfassung der finanziellen Tragweite dieses volkswirtschaftlichen Problems noch nicht gewährleistet.

Die Erfassungsergebnisse haben in den neuen Bundesländern nahezu 80.000 Verdachtsflächen ergeben. Damit hat sich die Zahl gegenüber der Erfassung in der ehemaligen DDR mehr als verdreifacht.

In den alten Bundesländern erhöhte sich die Gesamtzahl der erfaßten altlastverdächtigen Flächen um mehr als die Hälfte auf rund 86.000 Verdachtsflächen. Für die gesamte Bundesrepublik kann man also von mehr als 165.000 altlastverdächtigen Flächen ausgehen.

Ein besonderes Problem stellen dabei die Altlastverdachtsflächen von ehemaligen militärischen Standorten in Ost- und Westdeutschland dar. Allein in den alten Bundesländern geht man im Bereich der Bundeswehr von 7.000 Liegenschaften aus. Hinzu kommen die Liegenschaften, die von den Alliierten sowie den NATO-Streitkräften genutzt werden oder wurden.

Insgesamt umfassen die militärisch genutzten Liegenschaften in der Bundesrepublik eine Fläche von rund 1 Millionen Hektar, das entspricht fast der vierfachen Fläche des Saarlandes.

1993 ergab eine Untersuchung von 4.336 militärischen Verdachtsstandorten, daß bei rund 630 Standorten der Verdacht auf ein mittleres bis hohes Umweltgefährdungspotential besteht (Zahlen: BMU).

So unsicher die derzeitige Datenbasis für Altlasten noch ist, umso ungenauer ist auch eine Bewertung der finanziellen Auswirkungen dieser Altlastenproblematik zu treffen. Kostenschätzungen gehen bis zu einem Gesamtaufwand von rund 400 Milliarden DM.

1.3 Grenzen der staatlichen Hilfe

Diese Zahlen zeigen eindrucksvoll die Grenzen der staatlichen Hilfe auf. Unsere Volkswirtschaft ist nach den Belastungen für den Wiederaufbau Ostdeutschlands und angesichts der Finanzlage der öffentlichen Hand nicht in der Lage, einen solchen Aufwand zusätzlich kurz- oder mittelfristig aus dem Steueraufkommen zu bewältigen.

Dies schließt zwar nicht aus, daß finanzielle Anstöße in Form von Anschubförderungen je nach Dringlichkeit des Projektes vom Staat geleistet werden können, Kernstück aber bleibt eine vom Grundstückseigentümer bzw. Investor zu gewährleistende Projektfinanzierung.

1.4 Finanzierungsarten

Die Art der Finanzierung – abhängig von der jeweiligen Ausgangssituation – wird beeinflußt von den in der jeweiligen Region erzielbaren Bodenpreisen und von den für die Maßnahme verfügbaren Förderprogrammen. Auch die unterschiedliche Ländergesetzgebung beeinflußt indirekt den Spielraum bei der Gestaltung der Finanzierung.

Nachfolgend sollen folgende Finanzierungsarten skizziert werden:

- die private Finanzierung
- das Grundstücksfond-Modell
- Privat-Public-Partnership

sowie die Möglichkeit der Einbeziehung von Fördermitteln in die Finanzierung.

1.5 Private Finanzierungen

Ob ein Flächenrecycling-Projekt in privater Finanzierung durchgeführt wird, wird immer entscheidend davon abhängen, ob mit dem zu erwartenden Erlös die auftretenden Kosten gedeckt werden können und das auftretende Risiko beim Flächenreaktivieren für den Besitzer bzw. den interessierten Investor überschaubar bleibt. Hierfür lassen sich bestimmte Basisprüfdaten ableiten:

Verkaufswert des Grundstücks unter der fiktiven Annahme einer bereits erfolgten Altlastensanierung (bebaubarer Zustand).

Zunächst wird der Investor immer klären müssen, welche Nutzungsmöglichkeiten (Bebauungsplan) ihm auf einem sanierten Grundstück zur Verfügung stehen. Dabei wird ihn auch interessieren, inwieweit er mit Bebauungsplanänderungen rechnen darf, wenn er das Grundstück höherwertigen Nutzungen zuführen möchte.

Kosten des Flächenrecyclings:

Der Investor wird bei seiner Finanzbetrachtung die zu erwartenden Kosten für die Gefährdungsabschätzung, den Ankaufspreis, die Planungskosten, die Kosten für die Maßnahmen zur Baureifmachung, zur Baugrundverbesserung, für Erschließungsmaßnahmen, Finanzierungskosten usw. besonders gründlich unter die Lupe nehmen.

Machbarkeitsstudie:

Hier muß genau untersucht werden, wie hoch der Kapitalbedarf (die zusätzliche Kapitalzuführung) sein wird. Sind die Kosten geringer als die zu erwartenden Verkaufserlöse, so entsteht ein kalkulatorischer Gewinn.

Verhält es sich jedoch umgekehrt, d. h. sind die Kosten größer als die prognostizierten Verkaufserlöse, so ergibt sich hieraus eine Unterdeckung, die durch alternative Finanzierungsquellen aufzufüllen ist.

Zeitraum des unternehmerischen Engagements:

Die zu durchlaufenden Genehmigungsverfahren und die Maßnahmen zur Sanierung sind bekanntlich zeitraubend. Das Erreichen, Schaffen oder Ändern öffentlicher Planungen benötigt Zeit, ebenso wie der Aufwand für die Beseitigung tatsächlicher oder rechtlicher Hindernisse auf den Flächen. Parallel dazu muß zusätzlich die Bedarfssituation am Markt für die Verwertung der Fläche im Auge behalten werden.

Dies alles kostet Zeit und muß in die Investorenüberlegung mit einfließen.

Einzelansätze zur Konkretisierung des Finanzbedarfs:

Nachdem zunächst in relativ groben Einschätzungsversuchen der Finanzbedarf analysiert wurde, muß nunmehr in konkreten Ansätzen das gesamte Paket von Maßnahmen und Kosten verbindlich festgelegt werden.

Aus diesen Ansätzen ist eine detaillierte Realisierungsstrategie zu entwickeln, die dem Investor die Möglichkeit gibt, den Finanzrahmen zu bestimmen und die Finanzierung abzusichern.

Einfluß der Flächengröße auf die Finanzierbarkeit:

Große Flächen haben auf den ersten Blick einen hohen Kapitalbedarf, jedoch geben sie dem Investor in der Regel auch die Möglichkeit, Teilflächen mit geringen Aufwendungen vorab instandzusetzen, so daß frühzeitig Erlöse zur Mitfinanzierung der Sanierung der Restfläche zur Verfügung stehen. Auf sehr großen Arealen kann erfahrungsgemäß mehr als die Hälfte der Flächen kurzfristig der Vermarktung zugeführt werden, während die verbleibende Restfläche in der Regel kostenintensiv aufbereitet werden muß, insbesondere wenn erhebliche Altlastenpotentiale tatsächlich angetroffen werden.

Daraus folgt, daß eine große Fläche bezüglich des Kapitalbedarfs für den Investor durchaus auch Vorteile haben kann:

- Teilverwertungen sind schneller realisierbar,
- der Kapitalbedarf fällt insgesamt nicht sofort an, sondern kann in Abschnitten aufgebracht werden,
- durch abgestuftes bzw. abschnittsorientiertes Finanzieren werden die Gesamtfinanzierungskosten entlastet.

Entsprechend ungünstiger wird für den Investor die Dimension seines finanziellen Engagements auf einer kleinen Sanierungsfläche. Schon wegen der Schwierigkeiten von Teilverwertungen ist hier eine Gesamtverwertungsstrategie zu verfolgen; die Fläche ist komplett aufzubereiten und anschließend einer Gesamtvermarktung zuzuführen. Neben dem unbestreitbaren Vorteil, daß eine einmal insgesamt sanierte Fläche keine Akzeptanzprobleme mehr als Standort hat, ergeben sich auch Nachteile im Bereich der Finanzierung:

- für den gesamten Zeitraum von Ankauf über Aufbereitung bis zur Vorhaltung während der Verwertungsphase ist der Kapitalbedarf vorzufinanzieren,
- finanzierungsentlastende Teilverwertungen sind auf kleinen Flächen kaum zu realisieren,
- erst zum Projektende tritt eine Entlastung durch Verkaufserlöse ein.

Projektrentabilität:

Jeder Investor hat eine entsprechende Projektrentabilität aufzustellen. Diese wird letztendlich den Ausschlag geben, sich für oder gegen die Sanierung zu entscheiden. Sie ist aber auch entscheidend für die Wahl der Finanzierungsform.

Nachfolgend soll einmal ein Modell einer solchen Projektrentabilität skizziert werden.

Die dargestellten Betrachtungen zu den Finanzierungsgrundlagen führen zur Entscheidung des Eigentümers bzw. Investors bezüglich des notwendigen Kapitalbedarfs und der Refinanzierung dieser Mittel.

Aufbau einer Rentabilitätsprognose

	Flächenkaufpreis		DM	
	Nebenkosten		DM	
	Gesamtpreis	=	DM	(Anschaffungskosten =Anlagevermögen)
	Flächenbewirtschaftung (laufend)			
	Einnahmen		DM	
	Aufwand / Zinsen		DM	
	Ergebnis	=	DM	(laufende Bewirtschaftung)
	Flächenrecycling			
	Vorkosten		DM	
	Untersuchungsaufwand		DM	
	Planungsaufwand		DM	
	Managementkosten		DM	
	Altlastensanierung		DM	
	Erschließung		DM	
	Recyclingaufwand	=	DM	(Investitionskosten)
	Ergebnisprognose			
	Kalkulierter Verkaufserlös		DM	
+	zu beantragende Förderprogramme		DM	
+ ./.	Ergebnis der laufenden Bewirtschaftung		DM	
./.	Flächenrecyclinkosten		DM	
./.	Kaufgesamtkosten		DM	
	Ergebnis	=	DM	(Überdeckung/Unterdeckung)

Soweit er rechtzeitig Teilerlöse aus der sanierten Fläche zu realisieren in der Lage ist, wird er im übrigen auf Eigenmittel und Kreditmittel der privaten Kreditwirtschaft zurückgreifen.

Soweit aber schnelle finanzielle Entlastungen, d. h. Sanierung und Vermarktbarkeit nicht zu erwarten sind, wird er sich um zusätzlich entlastende Finanzierungsvarianten bemühen müssen. Dabei kann insbesondere der kommunale Eigentümer und Investor auch andere Spielräume nutzen. Es soll daher im folgenden insbesondere auf das Grundstücksfonds-Modell als Variante einer öffentlichen Finanzierung eingegangen werden.

1.6 Das Grundstücksfonds-Modell

Beim hier beschriebenen Grundstücksfonds-Modell arbeitet eine Landesentwicklungsgesellschaft (LEG) weisungsgebunden als Beauftragte des Landes. Die LEG arbeitet dabei eng mit den Kommunen zusammen. Die Städte und Gemeinden entscheiden selbst über die zukünftige Nutzung der Fläche. Als Träger der Planungshoheit entscheiden sie letztlich auch, wer Käufer der sanierten Fläche werden kann.

Damit hat sich das Grundstücksfonds-Modell als strukturpolitisches Instrument etabliert. Es dient der Entwicklung strukturpolitisch bedeutsamer Projekte beim Flächenrecycling.

Der Grundstücksfonds übernimmt bei der Sanierung und Reaktivierung von Brachflächen alle unrentierlichen Kosten. Zu den unrentierlichen Kosten gehören zunächst die Kosten für den Ankauf der Fläche sowie für die Freiräumung und Sanierung des Geländes. *Oft werden vom Fonds jedoch auch die Kosten für* die Entwicklung der notwendigen städtebaulichen Rahmenpläne für die künftige Nutzung und Verwertung, die Kosten für die Erarbeitung einer Konzeption zur Vermarktung der Fläche oder die Aufwendungen für die Entwurfsbearbeitung eines Bebauungsplanes übernommen.

Die notwendigen Finanzmittel kommen aus bereits realisierten Verkäufen, aber auch aus Landesmitteln und Strukturhilfemitteln, aus Mitteln der regionalen Wirtschaftsförderungen sowie aus Sonderprogrammen der Europäischen Union.

Hier findet sich in eleganter Weise die Verknüpfung von nicht subventionierten öffentlichen Finanzierungsanteilen und echten Subventionsmitteln.

Dies hat zum Beispiel den Vorteil, daß besondere Finanzmittel des Bundes für strukturwirksame Investitionen eingesetzt werden können zur Finanzierung von

- Untersuchungen,
- Begutachtungen zur kommunalen Planung,
- Begutachtungen von Wiedernutzungs- und Sanierungsmaßnahmen.

Beim Grundstücksfonds-Modell wird ein Projekt durch die jeweilige Kommune beim zuständigen Regierungspräsidium angemeldet. Das Projekt durchläuft dann einen festen Ablaufplan vom Ankauf bis zur Wiederveräußerung.

Hierfür ist zweckmäßigerweise zunächst erforderlich, daß der Regierungspräsident eine Ankaufsempfehlung an die beteiligten Ministerien gibt (Ministerium für Stadtentwicklung und Raumordnung und Ministerium für Finanzen). Auf gleiche Weise benachrichtigt der Regierungspräsident die Landesentwicklungsgesellschaft.

Die Landesentwicklungsgesellschaft wird sodann beauftragt, nach einem vorgegebenen Prüfkatalog alle Kriterien zur Sanierung einer Begutachtung zu unterziehen. Hier trifft die Landesentwicklungsgesellschaft insbesondere die Pflicht einer genauen Kostenanalyse.

Das Ergebnis der Untersuchung wird anschließend den beiden Ministerien vorgelegt. Das Ministerium für Stadtentwicklung hat dann im Einvernehmen mit dem Finanzministerium der LEG den Auftrag zum Ankauf zu erteilen, gegebenenfalls zu verweigern.

Nachdem die LEG die entsprechenen Flächen erworben hat, beginnt sie mit der Freilegung und Baureifmachung und führt die Flächen über entsprechende Sanierungsmaßnahmen zur Wiederveräußerung.

Sicherlich ist dieses Modell nicht auf alle Bundesländer übertragbar, weil es einen entsprechenden politischen Konsens aller Beteiligten voraussetzt. Dennoch lassen sich solche oder ähnliche Modelle in den Ländern unter Beachtung der landesspezifischen Vorgaben in Angriff nehmen.

1.7 Sonderregelungen für die neuen Bundesländer

In den neuen Bundesländern wurde vom Gesetzgeber die Möglichkeit geschaffen, Eigentümern, Besitzern oder Erwerbern von Anlagen und Grundstücken, welche gewerblichen Zwecken dienen sollen, eine sogenannte Freistellungsklausel auszustellen.

Diese Freistellungsklausel stellte den Empfänger von der rechtlichen Verantwortung für die, durch den Betrieb oder die Nutzung des Grundstücks vor dem 01. Juli 1990 verursachten Schäden frei. Dies sollte die Eigentümer, Besitzer oder Pächter von Anlagen und Grundstücken entlasten.

Darüber hinaus sind im Rahmen des sogenannten „Verwaltungsabkommens Altlastenfinanzierung" zusätzliche teils erhebliche Mittel für Sanierungsmaßnahmen aus der Staatskasse bereitgestellt worden. Diese zusätzlichen Mittel wurden allerdings in erster Linie für Großprojekte vorgesehen. Durch diese Regelungen hat der Staat eine erhebliche Verantwortungsbereitschaft für Altlastenflächen in den neuen Bundesländern signalisiert.

Wenn man von Finanzierungsmodellen spricht, darf man auch das sogenannte Private-Public-Partnership nicht vergessen. Dies soll hier ebenfalls skizziert werden.

1.8 Private-Public-Partnership

Diese Finanzierungsvariante erfreut sich in den letzten Jahren zunehmender Beliebtheit. Hierzu werden Projektgesellschaften zwischen der öffentlichen Hand und Privaten gegründet. Dies erscheint immer dann geradezu als notwendig, wenn unkalkulierbar hohe Kosten den Grundstückseigentümer von jeglicher Initiative abhalten und die brachliegende Fläche im Interesse der Strukturentwicklung der Region dringend saniert werden sollte.

In einem solchen Fall kann eine Projektgesellschaft zur Mobilisierung der notwendigen Maßnahmen ein entscheidender Schritt sein. Der Vorzug einer solchen Projektgesellschaft liegt unbestritten darin, daß sich Interessenten unterschiedlicher Interessenlagen zusammenschließen.

So können neben der Standortgemeinde und dem Grundstückseigentümer auch privatwirtschaftliche Grundstücksanierer und -vermarkter oder auch zukünftige Nutzer oder Neueigentümer der Gesellschaft angehören. Es wird so gewährleistet, daß die notwendigen Sanierungsschritte aufeinander abgestimmt werden. Dies sichert auch die Einbeziehung der planungsrechtlichen Arbeiten durch die Gemeinde von Anfang an und damit einen zügigen Fortschritt der Grundstücksentwicklung.

Bereits durch diesen Effekt entsteht ein Vertrauensschutz, der eine wesentliche Voraussetzung für das Gewinnen von Investoren und einer zügigen Vermarktung der sanierten Flächen ist.

2 Unterstützung der Finanzierung durch öffentliche Fördermittel

2.1 Möglichkeit der Förderung von Flächenrecyclingmaßnahmen

Subventionen als Wettbewerbsverzerrung, als Unterstützung von völlig kranken Branchen, ist volkswirtschaftlich abzulehnen. Die Subvention bleibt aber dort notwendig, wo sie Anstöße gibt, den Wirtschaftsstandort Deutschland zu sichern, seine Strukturentwicklung anzuschieben und damit Impulse für eine positive gesamtwirtschaftliche Entwicklung zu geben. Zur Strukturentwicklung gehört die Entwicklung geeigneter Industrieflächen. Damit untrennbar verbunden ist die Sanierung dieser Flächen durch Befreiung von Altlasten.

Welche Möglichkeiten bietet nun die Europäische Union, der Bund und die Länder in der Unterstützung von Flächenrecyclingmaßnahmen?

Eine Vielzahl von Programmen greift zur Zeit den Bereich Umweltschutz auf. Nahezu aussichtslos wäre es, nach einem Förderprogramm mit dem exakten Titel "Flächenrecycling" zu suchen. Ein Grundproblem der Förderung liegt bereits in der Identifizierung der Programmtitel. Deshalb ist man gut beraten, wenn man zunächst im Bereich aller Umweltprogramme recherchiert, um eine möglichst vollständige Kombination aller möglichen Programmtitel zu erhalten. Dabei kann durchaus auch ein Programm zum Gewässerschutz oder zur Strukturförderung einschlägig sein für geplante Flächenrecycling-Projekt.

Täglich ändern sich die Programmrichtlinien und verändert sich auch das Budget des jeweiligen Programmtopfes.

Es ist nicht immer exakt erkennbar, wie lange ein Programm wirklich noch Mittelreserven hat bzw. wann es auszulaufen droht. So erfährt der Antragsteller nicht selten nach Antragstellung von der bearbeitenden Behörde, daß der Programmtopf bereits mit Anträgen überfrachtet ist und kurz vor der Schließung steht. Dagegen kann er sich nicht wehren, denn ein Rechtsanspruch auf Fördermittel besteht nicht. Hier heißt es also, rechtzeitig fachkundliche Auskünfte einzuziehen, um damit das „Risiko des Subventionsausfalls" in diesem Bereich einzugrenzen.

Aus diesem Grunde sollen zunächst die wichtigsten Anhaltspunkte für Förderbereiche genannt werden, da sich der Programmtitel jeweils sehr rasch wieder verändern kann, der eigentliche Programminhalt aber in der Regel in der ein oder anderen Ausgestaltungsform weiter fortgeführt wird.

2.2 EU-Förderung

Mehrere europäische Programme fördern auch die Sanierung von Altlasten. Zum einen wird die Entwicklung von Techniken zur Sanierung von Altlasten gefördert, zum anderen werden entsprechende Praktiken zur Sanierung kontaminierter Gebiete in ihren wissenschaftlichen und technischen Grundlagen begleitet.

Charakteristisch für EU-Programme ist jedoch häufig, daß ein gewisser Innovations- und Demonstrationscharakter von der Maßnahme auszugehen hat.

2.3 Förderungen des Bundes

Neben der bereits am 01.01.1993 eingeführten Arbeitsförderung Ost, welche Projekte der Altlastensanierung gezielt finanziell unterstützt, indem bei der Demontage von Anlagen, Aufbereitung und Entsorgung von kontaminierten Flächen usw. geholfen werden soll, bietet der Bund andere wirksame Unterstützungsmaßnahmen.

So sind zum Beispiel Förderungen im Rahmen von Demonstrationsprogrammen aufgelegt, die seit einiger Zeit auch nach Ablauf eines Programms immer weiter fortgeschrieben werden. Vorausgesetzt wird auch hier eine beispielhafte Innovationswirkung. Die Regelförderung erfolgt hier in Form von Zinszuschüssen.

Daneben existieren Förderungen für altlastenrelevante Forschungs- und Entwicklungsvorhaben. Die Förderungen werden in Form zweckgebundender, nicht rückzahlbarer Zuschüsse gewährt, wobei der Antragsteller grundsätzlich einen Eigenanteil zu tragen hat. Auch Förderkredite zur Entlastung von Investitionen im Altlastenbereich stellt der Bund bereit und legt immer wieder neue Programme auf.

Die Deutsche Bundesstiftung Umwelt, die deutsche Forschungsgemeinschaft, der Umweltforschungsplan, das BMFT, die ERP-Institute und andere Fördereinrichtungen unterstützen Altlastsanierungsmaßnahmen ebenso wie die Europäische Union.

Entscheidend ist dabei, die Kumulierbarkeit verschiedener Programme unterschiedlicher Vergabestellen zu prüfen und einen Programm-Mix zu erstellen, der die Flächenrecyclingmaßnahme möglichst weitgehend finanziell entlastet. Da sich die Programme ständig ändern, ergänzt, gestrichen oder erneuert werden, ist es angeraten, bei der Suche nach möglichen Fördermittelquellen die Hilfe eines Fachberaters in Anspruch zu nehmen.

2.4 Länderförderungen

Die einzelnen Bundesländer haben ihre eigenen Förderprogramme entwickelt und kombinieren Mittel aus eigenen Landeshaushaltstiteln mit solchen der Strukturhilfe der Europäischen Union in Form von speziellen Fördermaßnahmen für einzelne Landesregionen.

Auch in der Bundesrepublik Deutschland kann mit staatlichen bzw. europäischen Hilfen im Bereich der Altlastensanierung gerechnet werden. Es ist jedoch immer wieder zu lesen, daß von diesen bereitgestellten Mitteln oft nur ein Teil tatsächlich abgerufen wird. Woran liegt das ?

Dies liegt zum einen zweifellos an der Undurchdringlichkeit des Dickichts an Subventionsrichtlinien und zum anderen an den oft sehr strengen, umfangreichen Richtlinienvoraussetzungen. Nur ein absolut präzise dargestelltes Antragsprojekt hat eine Chance auf Förderung.

3 Förderung der Neubebauung sanierter Industrie- und Gewerbeflächen

Für die Förderung von im Anschluß an Flächenrecyclingmaßnahmen erfolgenden Neuinvestitionen auf sanierten Flächen steht dem Investor das ganze Spektrum der Investitions- und Strukturförderung der Europäischen Union, des Bundes sowie der einzelnen Bundesländer zur Verfügung.

Das Aufführen aller dieser Förderprogramme würde den Rahmen dieses Beitrages sprengen. Grundsätzlich sind aber unbedingt die nachfolgenden Hinweise zur Antragsbearbeitung zu beachten.

4 Hinweise zur Antragsbearbeitung und Antragseinreichung

Zu den beachtenswerten Grundregeln bei der Beantragung von Fördermitteln gehört auch die strikte Beachtung allgemeiner und spezieller Zuwendungsvoraussetzungen. Hier soll übersichtshalber nur auf ein System der Zuwendungsvoraussetzungen eingegangen werden, welches sich auf eine Vielzahl von Programmen übertragen läßt. So gehört zu den allgemeinen Zuwendungsvoraussetzung von Förderprogrammen in der Regel:

- Einklang des Investitionsvorhabens mit den umweltpolitischen Zielsetzungen des Programmes,
- Notwendigkeit des Vorhabens aus staatspolitischer bzw. volkswirtschaftlicher Sicht, wie im Programm oft gefordert,
- das Investitionsvorhaben darf vor Antragseingang nicht begonnen worden sein, zum Teil darf erst nach Bewilligung des Förderantrages mit der Investition begonnen werden,
- Umschuldungen und / oder Nachfinanzierungen begonnener Investitionen mit Hilfe von Fördermitteln sind in der Regel ausgeschlossen,
- die ausgewählten Förderprogramme sollten kumulierbar sein, um einen optimalen Fördereffekt zu erreichen,
- das Projekt muß rechtlich zulässig sein; nicht bei allen Förderprogrammen besteht die Möglichkeit, Fragen der Zulässigkeit noch zwischen Bewilligung und Auszahlung der Mittel nachzureichen, daher empfiehlt sich eine rechtzeitige Gewährleistung entsprechender Nachweise,
- Darstellung einer Gesamtfinanzierung mit abgesicherter Restfinanzierung

Soweit zu allgemeinen Zuwendungsvoraussetzungen von Förderprogrammen.

5 Die drei Phasen des Antragverfahrens

Phase I

Investitionsprüfung:

Selektion der förderrelevanten Vorhaben aus dem Investitionsplan des Unternehmens
- Programmrecherche,
- Detailanalyse,
- Darlegung alternativer Fördermöglichkeiten unter Beachtung des Ziels der Investition,
- Erarbeitung von Fördervarianten im Falle zusätzlicher Investitionsoptionen,
- Förderexposé als Ergebnis der Investitionsprüfung.

Phase II

Entscheidungsphase und Projektdarstellung

- Festlegung des Zeitrahmens und der Abwicklungsschritte,
- Überprüfung der Antragsinhalte auf die programmtechnischen Voraussetzungen,
- Erstellung der Projektanzeige,
- Einarbeitung notwendiger technischer Gutachten in die Antragskonzeption,
- Vorbereitung des Fördermittelantrags und aller notwendigen Anlagen,
- erneute Optimierungsphase nach Vorgaben der bewilligenden Stellen,
- Vorlage des unterschriftsreifen Antrags.

Phase III

Begleitung des Antragsverfahrens

- Informationsaustausch mit allen programmbearbeitenden Stellen während der gesamten Antragsphase in allen finanztechnischen Fragen,
- spezielle Projekterläuterungen auf Nachfrage der Bewilligungsstellen, Antragsergänzungen bei Änderung der Fördervoraussetzungen bzw. Änderung des Investitionsvorhabens,
- Erläuterung der Antragsänderungen,
- Erarbeitung von Auffangförderungen für den Fall der Mittelerschöpfung bzw. bei sich abzeichnender Ablehnung,

- Begleitende Überprüfung aller finanztechnischen Bewilligungsbedingungen,
- Erstellung von Verwendungsnachweisen.

6 Erstellung einer Gesamtförderkonzeption für Maßnahmen des Flächenrecyclings

Auch die Beachtung der Sicherstellung der Gesamtfinanzierung für die Vergabe von Fördermitteln kann eine Antragsfalle beim Subventionsantrag darstellen. Nur selten werden Förderprogramme so geschickt miteinander kombiniert, daß nahezu der gesamte Investitionsbetrag durch Fördermittel abgedeckt ist. Vielmehr ist in der Regel ein gehöriger Betrag für die Restfinanzierung aufzuwenden und sicherzustellen. Der Investor der Flächenrecycling-Maßnahme muß also versuchen, möglichst exakt einzuschätzen, welche Förderchance er hat, um so den übrigen Fremdmittelbedarf in seiner Kostenkalkulation berücksichtigen zu können.

Förderfähigkeit von Maßnahmen im Rahmen eines Flächenrecycling Fragenkomplex
(Zutreffendes bitte ankreuzen)

I. Welcher Art ist die zu fördernde Maßnahme ?
- □ Bewertung der Fläche als „Strukturentwicklung"
- □ Gefährdungsabschätzung
- □ Planungsverfahren
- □ Baureifmachung
- □ Neubauphase

II. Welcher Sanierungsschritt ist geplant ?
- □ Vorbehandlung und Reinigung von Oberflächen und Gebäuden
- □ Abbruch von Gebäuden / Gebäudeteilen
- □ Bodenaushub
- □ Bauschuttverwertung
- □ Bodenverwertung
- □ Bodenluftabsaugung
- □ Bodenwäsche
- □ Thermische Dekontamination von Böden

III. Art der technischen Durchführung
- □ Verwertung innovativer Technik
- □ Technische Konzeption mit Demonstrationswert
- □ Erprobung eines neuartigen Verfahrens
- □ Umsetzung eines neuen Forschungsergebnisses
- □ Entwicklung einer neuen Technik unter wissenschaftlicher Begleitung

IV. Geplante Finanzierungsart
- □ Finanzierung durch Eigenkapital und Kreditmittel (private Finanzierung)
- □ Drittfinanzierung durch Investoren
- □ Finanzierung über ein Betreibermodell
- □ Finanzierung über kommunale Haushaltsmittel
- □ Finanzierung über öffentliche Fördermittel
- □ Finanzierung über einen Grundstücksfonds
- □ Mischfinanzierung aus

V. Verantwortlicher Investor für die Durchführung des geplantenFlächenrecyclings
- □ Kommune
- □ Kommunale Gesellschaft
- □ Privater Investor
- □ Projektgesellschaft (öffentliche und private Träger)
- □ Name des Investors ....
  Anschrift ....

VI. Investitionsort
- □ Bundesland ....
- □ Landkreis ....
- □ Stadt / Gemeinde ....

VII. Investitionszeitrahmen
- □ Geplanter Investitionsbeginn ....
- □ Geplanter Abschluß der Investition ....
- □ Planstart für die Flächennutzung ....

VIII. Art der späteren Nutzung der recycelten Fläche
- □ Industrielle Nutzung
- □ Gemischte Nutzung
- □ Nutzung zur Wohnbebauung
- □ Gewerbliche Nutzung ohne Industrie

Zur Analyse der Subventionschancen einer Flächenrecyclingmaßnahme dient die oben beschriebene Matrix. Es hat sich bewährt, Überprüfungen solcher Art zur Gewährleistung der Vollständigkeit des Prüfkataloges in Rasterform ablaufen zu lassen. Ein ensprechendes Raster soll damit aufgezeigt werden und ist nach Bedarf erweiterungsfähig.

Die Matrix erlaubt zunächst die Qualifizierung der Projektdaten der geplanten Flächenrecyclingmaßnahme. *Anhand der hier verwendenten Schlüsselbegriffe (z. B. „Bodenverwertung", „Demonstrationswert" usw.) lassen sich nun bereits eine Vielzahl von Programmen grob auf ihre Einschlägigkeit überprüfen.*

Die nachfolgende Checkliste schließlich ermöglicht eine erfolgreiche Unterstützung der Antragstellung für das geplante Investitionsprojekt und verhindert das Übersehen weiterer wichtiger Antragsfaktoren.

Checkliste

- Sind alle in Frage kommenden Förderprogramme der EU, des Bundes und des jeweiligen Bundeslandes geprüft worden und hat eine Auswahl der günstigsten Programme stattgefunden?
- Ist die Kumulierbarkeit dieser Förderprogramme geprüft worden?
- Stehen die Auflagen dieser Förderprogramme und die dadurch entstehenden Aufwendungen in einem gesunden Verhältnis zu dem zu erwartenden Vorteil durch die Förderung?
- Wurde für den Fall des Ausfalls eines Förderprogramms (Mittelerschöpfung im Programmtopf, Fristablauf usw.) bereits vor Antragstellung ein Ergänzungsprogramm zum Auffangen dieses Förderanteils in der Gesamtfinanzierung vorbereitet?
- Wurden die Auswirkungen laufender genehmigungsrechtlicher Verfahren auf die aktuelle Antragsarbeit überprüft und hat das Ergebnis vor Abgabe des Fördermittelantrages bereits Berücksichtigung im Antrag gefunden?
- Wurden die allgemeinen Bedingungen sowie Spezialbedingungen jedes zu beantragenden Förderprogrammes daraufhin überprüft, ob sie im Detail vom Antragsteller erfüllt werden können?
- Sind kompetente, externe Gutachter rechtzeitig zur Erstellung der technischen Anlagen zum Förderantrag hinzugezogen und deren Ergebnisse ausgewertet worden?
- Ist der Antragsteller in der Lage, alle Antragsarbeiten fristgerecht im Sinne der im Förderprogramm gesetzten Zeitabläufe abzuwickeln und

hat er weder Fristen versäumt noch vorzeitig mit der Investition begonnen?
- Wurden die ausgewählten Förderprogramme rechtzeitig darauf hin überprüft, ob im jeweiligen Programmtopf noch ausreichend Mittel für eine Bewilligung zu Verfügung stehen?
- Sind alle im Fördermittelantrag enthaltenen Subventionsrisiken (Fristen, Auflagen usw.) geprüft worden und besteht Sicherheit, daß auch das letzte Hindernis - soweit es vor Antragseinreichung sichtbar wird - ausgeschlossen werden kann?

Nach Abarbeitung auch dieser Fragen – gegebenenfalls unter Hinzuziehung eines Fachberaters – kann von einem erfolgreichen Förderansatz im geplanten Flächenrevitalisierungs-Projekt ausgegangen werden bzw. gesichert werden, daß wichtige Ansätze nicht übersehen wurden.

7 Schlußwort

Staatliche, finanzielle Hilfe ist oft an hochkomplizierte Bedingungen geknüpft. Dieser Mechanismus der Förderung ist keine Erfindung der Bundesrepublik Deutschland. Es gibt ihn in unterschiedlicher Ausgestaltung in der ganzen Welt.

Sinnvoll sind Subventionen allerdings nur dann, wenn sie als Anreiz für volkswirtschaftlich besonders wünschenswerte Maßnahmen dienen. Flächenrecycling als Unterstützung der Strukturentwicklung einer Region ist volkswirtschaftlich sinnvoll und unverzichtbar. Letztlich profitieren von diesen Anreizen nicht nur die Antragsteller, sondern auch die anzusiedelnden Investoren und über das Steueraufkommen letztendlich wieder die Kommunen.

Je enger diese Gruppen bei der Gesamtkonzeption der Finanzierung und Förderung von Flächenrecyclingmaßnahmen zusammenarbeiten, umso größer wird der zu erwartende Erfolg.

Die Kombination privater Finanzierungsmittel mit entsprechenden Spezialsubventionen, möglichst eingebunden in ein partnerschaftliches Kooperationsmodell zwischen Kommune und Privatwirtschaft, ist dabei die hohe Schule der Projektfinanzierung von Flächenrevitalisierungsmaßnahmen.

Literatur

BMWi: Wirtschaftliche Förderung in den neuen Bundesländern, Economica-Verlag, 1995
Fries/Sabathil: Förderhilfen Umweltschutz, Economica-Verlag, 1993
Hohmann: Finanzierung von Umweltschutzinvestitionen, Bonner Energie-Report Verlag, 1992
Selke/Hoffmann (Hsg.): Kommunales Altlastenmanagement, Economica-Verlag, 1992
Umweltbundesamt: Abfallwirtschaft und Altlasten, 1991
VGE-Verlag: BrachFlächenrecycling - Kompendium für die Reaktivierung kontaminierter Bodenflächen, 1995

Beteiligungsmodelle zur Beilegung von Konflikten

Peter C. Dienel

1 Einleitung

Sinnvolles Nutzen bracher Flächen ist beileibe nicht nur ein technisches Problem. Daß immer häufiger über alte Truppenübungsplätze oder ehemalige Industrie- und Verkehrsflächen entschieden werden muß, das betrifft auch Organisationen und nicht zuletzt Menschen, einzelne Menschen. Es geht um handfeste Interessenkonflikte. Zur Lösung solcher Konflikte gibt es zwei unterschiedliche Ansätze:

- direkte Konfrontation der Interessen
  Der Ansatz ist uralt. Er wird als Kampf, Krieg, Terroranschlag oder Duell ausgefochten und führt mitunter zu recht eindeutigen Konfliktlösungen. Mehr oder weniger durch Regeln eingefangen und domestiziert, spielt dieser Ansatz auch heute (Streik, Sarajevo, Runder Tisch) seine Rolle.

- Konsens durch Setzung Dritter
  Auch dieser Versuch ist sehr alt. Der Häuptling, der König Salomo, das Sendgericht oder der Schiedsmann: sie sagen, was gilt. Die kulturelle Leistung besteht hier unter anderem darin, die Unabhängigkeit, und damit die Glaubwürdigkeit, des eingesetzten Dritten zu steigern. Die „Alten“ im Tor, die Richterrolle, die Installation einer Jury, das Errichten einer Zweitinstanz, der berufsmäßige Mediator, das sind Schritte in dieser Richtung.

Dabei ist nicht die Einbeziehung der einzelnen Interessen das Hauptproblem (die melden sich, organisiert wie sie in der Regel sind, schon früh genug von selber), sondern das Erstellen einer so glaubwürdigen Repräsentanz des Gemeininteresses, daß den so getroffenen Entscheidungen dann eine bindende Wirkung zugesprochen werden kann. „Bindend ist die Wirkung einer Entscheidung dann, wenn es ihr, aus welchen Gründen immer, gelingt, die Erwartungen der Betroffenen effektiv umzustrukturieren und auf diese Weise Prämisse weiteren Verhaltens zu werden." (Luhmann, 1971). Dieses Umstrukturieren setzt heute mehr und mehr die erkennbare Hereinnahme des bürgerschaftlichen Gemeininteresses voraus: Die Leute wollen sich einbezogen sehen! Es gibt immer mehr politisch überflüssige Menschen. Und das in einer immer reicheren und informierteren Gesellschaft!

Eine glaubwürdige Darstellung des langfristigen Gesamtinteresses leistet im einzelnen Fall erwiesenermaßen das Beteiligungsmodell Planungszelle mit seinem Ergebnisbericht, dem sog. Bürgergutachten. Wir konzentrieren uns daher, bevor ein Vergleich von Verfahren versucht werden kann, zunächst auf die Beschreibung dieser weithin unbekannten Form der Konsensfindung durch Einsatz Dritter, nämlich auf dieses Modell Planungszelle/Bürgergutachten.

Die Planungszelle (PZ)

Bei der Schilderung der konstitutiven Elemente dieses Konfliktlösungsverfahrens können wir uns aber kurz fassen. Es gibt über die Planungszelle bereits, und zwar vor allem unter eben diesem Titel, Darstellungen, die diese partizipative Form der Konfliktregelung eingehend begründen, die einzelnen ihrer Merkmale und Prozeßschritte beschreiben und deren Randbedindungen detailliert und nachvollziehbar vortragen (Dienel, 1992). Neben dem Basistext „Die Planungszelle. Eine Alternative zur Establishment-Demokratie" sei hier auf Kurzdarstellungen verwiesen, die jetzt in der „Information für die Truppe" (Burgass, 1995) oder im SPIEGEL (Dähnhardt, 1995) erschienen sind.

Im richterlich überprüfbaren Zufall über die Einwohnermeldebehörde ausgewählte Frauen und Männer erhalten die mit öffentlichen Mitteln finanzierte Gelegenheit, sich vier Tage lang in einem arbeitsähnlichen Verhältnis über das vorgegebene Problem in vis-a-vis-Situationen mit Experten, mit Betroffenen und untereinander soweit zu informieren, daß sie die Lösungsalternativen des Problems einschätzen und beurteilen können. Während der meisten Zeit arbeiten die jeweils a 5 Personen für 20 – 30 Minuten gemeinsam an einem Teilaspekt der Aufgabenstellung. Die Zusammensetzung dieser 5er-Gruppen rotiert von Sitzung zu Sitzung. Man ist jeweils mit anderen Jungen oder Alten zusammen. Das Ablaufprogramm einer PZ hält für diese Gruppen jeweils Aufgaben bereit. Die Zufallsbürger lernen neue Aspekte kennen, tauschen Erfahrungen aus, reagieren auf Vorgaben, machen gezielte Ortsbegehungen oder konstruieren mit Hilfe von Modellbaukästen Lösungsalternativen auch für komplexe Verteilungsprobleme.

(Das Bürgergutachten für die Verkehrsbetriebe erbrachte 194 Empfehlungen (ÜSTRA, 1996))

Die Bewertungsresultate der einzelnen Teilnehmer wie auch die der Gruppen werden laufend dokumentiert. Abschließend werden die Ergebnisse mit denen der anderen Planungszellen zu einem Bürgergutachten zusammengefaßt, das der auftraggebenden Instanz vorgelegt wird. Jeder, der in einer der PZ´n mitgearbeitet hat, erhält ein Exemplar des Gutachtens. Im übrigen wird das Gutachten an Ämter, Verbände und die Öffentlichkeit breit verteilt. Es löst, wie wir inzwischen wissen, bei allen vom Problemen Betroffenen spürbar Wirkung aus.

Vermutlich hängt diese Wirkung damit zusammen, daß die Ergebnisse, auf die sich die kontrovers informierten und für ihre Arbeit vergüteten Laien Schritt für Schritt und stellvertretend für die übrige Bevölkerung einigen

- erstaunlich vernünftig,
- strikt am erkennbaren Allgemeininteresse ausgerichtet,
- verglichen mit gängigen fachlichen Ergebnissen innovativ und vor allem
- geeignet sind, notwendige Maßnahmen zu legitimieren.

Die sog. Mantelbevölkerung hat offenbar ein Gespür dafür, daß derartige Empfehlungen aus einer bestechungsresistenten Situation kommen. Die Motivation zur Mitarbeit ergibt sich beim einzelnen Zufallsgutachter nicht aus einer Interessenposition, die mit der gestellten Aufgabe zusammenhängt. Und auch das Verfahren selber produziert keine relevanten Eigeninteressen, was bekanntlich bei den heute üblichen Entscheidungsverfahren niemals auszuschließen ist. Es gibt z. B. in dieser befristeten PZ-Situation für den Teilnehmenden keinen Aufstieg, keine Beförderungsmöglichkeit und auch keine Wiederwahl.

Das neuartige Verfahren ist jeweils mehrtägig in der BRD schon über hundert Mal angewendet worden. Zur Zeit werden wieder derartige Gruppen u.a. in Schwäbisch-Gmünd, in Solingen, in Karlsruhe oder in Stuttgart vorbereitet. Aufmerken aber läßt vor allem die positive Reaktion, die das Modell PZ im Ausland erfährt, und zwar von England bis Japan (Dähnhardt, 1995). In Dar es Salaam, der Hauptstadt Tanzanias, trägt man sich mit dem Gedanken, dort derartige Gruppen auf die gravierenden sozialen und planerischen Probleme anzusetzen (Klemp & Ewel, 1996). Katalanische Regierungsstellen bringen, angeregt durch die positiven Erfahrungen, die mit Wuppertaler Bürgergutachten im Baskenland gemacht worden sind, die PZ für die Provinz Barcelona ins Gespräch. In Wien werden PZ´n im März 1996 arbeiten und in Israel konzipiert man ein PZ-Projekt für die Stadt Akko.

In den letzten Jahren sind bei uns in der Bundesrepublik Planungszellen ansatzweise auch im Bereich des Flächenrecycling tätig gewesen. Zwei konkrete Fälle dieser Art sollen im folgenden als Anschauungsbeispiele genannt werden.

2 Bürgergutachten Hagen-Haspe

Bis zur Stillegung der Klöckner Werke AG und des Gußstahlwerkes Wittmann war das enge Hasper Tal „ein traditioneller Industriestandort, dessen Struktur die stahlerzeugende und -verarbeitende Industrie geprägt hat" (ILS, 1978). In wenigen Jahren gingen über 7.000 Arbeitsplätze verloren. Im Okt. 1974 wurde hier das mit 70 ha größte Sanierungsgebiet des Landes NRW förmlich festgelegt, mit stellenweise stark überaltertem Wohnungsbestand und vor allem: mit extrem belasteten Böden.

Die Erneuerungsversuche des Landes NRW und der Stadt Hagen erwiesen sich als kompliziert. In der 1929 nach Hagen eingemeindeten Stadt Haspe meldeten sich nämlich alte Aversionen. Rechtzeitige Maßnahmen, wie die Einrichtung eines Sanierungsbeirates, eine breit angelegte Befragungsaktion durch die GEWOS, Hamburg, eine mehrtägige Klausurtagung des Sanierungsbeirates im Oktober 1974 und schließlich die Eröffnung eines speziellen „Sanierungs- und Informationsbüro" im Juli 1975 liefen angesichts des naheliegenden Verdachts einer „Benachteiligung von Haspe" sichtlich ins Leere. Ein örtlich markantes Ereignis, nämlich der Festzug der Hasper Kirmes, brachte das Unbehagen dieses an Wählerstimmen gewichteten Bezirks seiner Stadtregierung gegenüber ziemlich eindeutig zum Ausdruck.

So sah man sich schließlich veranlaßt, vor der gesetzlich vorgesehenen Anhörung der „Betroffenen" eine weitere, breitere Beteiligungsmaßnahme einzuschalten (ILS, 1978). Die Wuppertaler „Forschungsstelle Bürgerbeteiligung & Planungsverfahren" wurde aufgefordert, zwecks Erstellung eines Bürgergutachtens ein PZ-Projekt durchzuführen. Ab Dezember 1976 fanden dann nacheinander unter den gleichen Arbeitsbedingungen, in dem gleichen 50 m² großen Tagungsraum (ILS, 1978) acht jeweils dreitägige Planungszellen statt.

Die Gruppen waren in unterschiedlichen Einzugsbereichen ausgewählt worden (bestimmte Wahlbezirke in Haspe, Remscheid, Wuppertal und Hagen-Stadt), arbeiteten aber mit dem gleichen Auftrag und Arbeitsprogramm. Auf diese Weise entstanden innovative, ausgewogene, konkrete Empfehlungen, die, wie es sofort danach hieß, „neben den Interessen der Träger von öffentlichen Belangen Eingang in die Überlegungen der städtischen Planer für ein Neuordnungskonzept gefunden haben (ILS, 1978).

Faktisch haben die bürgerschaftlichen Aussagen, wie sie detailliert in dem Bericht des ILS aufgeführt werden (ILS, 1978), das „Strukturkonzept" der Stadt Hagen zur Sanierung Hagen-Haspe, und damit die weiteren Planungs-, Grundstücksverkehrs- und Baumaßnahmen entscheidend mitbestimmt (ILS, 1978). Der Ortskern ist saniert, der Durchgangsverkehr neu geordnet und über die großen freigeräumten Flächen konnte im Hinblick auf die gewerbliche, gemischte, sportliche oder Wohnnutzung in Ruhe und planentsprechend disponiert werden.

Wie unter anderem auch ein Schreiben des Oberstadtdirektors belegt, wäre die entwicklungsleitende friedlich, reibungslos und in der Sache erfolgreich verlaufene Erörterung des umfänglichen Bebauungsplan-Vorentwurfes für den Ortskern Hagen-Haspe mit den einzelnen Betroffenen (gem. § 9 Städtebauförderungsgesetz) im Juni/Juli 1976, und damit die Sicherung der weiteren Planungsschritte, ohne die meinungs-klimatischen und sachlich-inhaltlichen Vorgaben, wie sie das vorausgegangene PZ-Projekt produziert hatte, so gar nicht denkbar gewesen.

3 Bürgergutachten Bärenloch

In Solingen ist ein in unmittelbarer Nähe zum Kerngebiet der Stadt liegender, sich zur Wupper hinabziehender, ursprünglich sehr tiefer Taleinschnitt, das sog. „Bärenloch", in den 50er und 60er Jahren als Mülldeponie genutzt worden. Nach 1970 (dem Bau einer Müllverbrennungsanlage an anderer Stelle) wurde das ca. 22 Hektar große Areal mit Bauschutt und Erdaushub aufgefüllt: Der Flächennutzungsplan von 1968 hatte es als Erholungsfläche ausgewiesen. Etwa 42.000 Bewohner der Stadt Solingen könnten es zu Fuß innerhalb von 10 Min. erreichen (Dienek et al., 1984). Der zuständigen Behörde fiel auf, daß nur organisierte Interessen, z.B. Sportvereine und Verbände oder Eigentümer von Grundstücken Einfluß auf die einsetzenden Planungen nahmen. Wo bleibt der „unbekannte Freizeitbürger"? Ist er durch Experten und Architekten wirklich hinreichend vertreten? Am 14. August 1978 beauftragte der Bau- und Siedlungsausschuß des Solinger Rates die „Forschungsstelle Bürgerbeteiligung & Planungsverfahren", Universität Wuppertal, mit der Durchführung eines PZ-Projektes, das den bestehenden Freizeitbedarf und die Möglichkeiten seiner Deckung durch eine Anlage im „Bärenloch" abklären sollte.

In den Planungszellen dieses Projektes haben dann 150 im Zufall ermittelte Erwachsene mitgearbeitet. Die Zusammensetzung dieser Teilnehmerschaft belegte erneut die neutralisierende Wirkung des Zufallsverfahrens (Dienek et al., 1984). Den Juroren in den PZ'n haben außerdem projektrelevante Benutzergruppen, sog. 'user panels' (z.B. Hundebesitzer / Mütter von Kleinkindern / Rollstuhlfahrer / Hauptschüler) vorabtagend mit ihren Einsichten und Forderungen zugearbeitet.

Die letzte der aufeinanderfolgenden Planungszellen endete am 15. Febr. 1979. Die Ergebnisse des gesamten Beteiligungsprozesses lagen, zum Bürgergutachten verdichtet, bereits Ende März vor. Dieses wurde in einer gemeinsamen Ämterkonferenz allen an der betreffenden Fläche engagierten Ämtern der Stadt vorgetragen und eingehend diskutiert. Anschließend ging das Bürgergutachten in die Ausschüsse des Rates. Am 29.09.1979 beauftragte eine gemeinsame Sitzung der Ausschüsse für Bau, Siedlung, Gesundheit, Soziales und Wohnungswesen sowie der zuständigen Bezirksvertretung die Stadtverwaltung, auf der Grundlage des Bürgergutachtens einen Ausführungsentwurf (Flächengestaltungsplan) für die Tageserholungsanlage Bärenloch erarbeiten zu lassen.

Die von den Bürgern erarbeiteten Daten waren so bedarfsentsprechend und detailliert, daß sie unmittelbar für die Erstellung des Flächengestaltungsplanes herangezogen werden konnten. Das Planungsdezernat Solingen hat denn auch die „Forschungsstelle" der Wuppertaler Uni förmlich aufgefordert, auch die Planerstellung in die Hand zu nehmen (Dienek et al., 1984). Um bei seiner originären Intention bleiben zu können, sah man sich dort aber nicht in der Lage, diesen Auftrag zu übernehmen. In der Anfrage kommt dennoch die verwaltungsseitige Einschätzung der Qualität der von den Bürgern vorgelegten Empfehlungen zum Ausdruck.

Ermöglichung der seit langem fälligen Planungsschritte war aber nur die eine Seite des Ertrages, den das Bürgergutachten erbracht hat. Daneben muß in Rechnung gestellt werden, was die mitarbeitenden Bürgerinnen und Bürger aus Ihrer Teilnahme gewonnen haben, nämlich u.a. zum Beispiel:

- Identifikation mit der geplanten Anlage (relevant für den Zustand der kommenden Anlage),
- Systemvertrauen (relevant für die Gesellschaft),
- Gewinn an Selbstvertrauen (persönlich relevant).

„Die Hoffnungen auf eine echte Bürgerbeteiligung haben sich voll erfüllt. Das Verfahren PZ scheint geeignet, Fehlinvestitionen einzuschränken, das Verhältnis des Bürgers zur Verwaltung zu verbessern, das Verantwortungsbewußtsein der Bürger für die öffentlich benutzbaren Objekte zu fördern und den Beteiligten das Gefühl zu vermitteln, am Entscheidungsprozeß wesentlich mitgewirkt zu haben".

4 Vergleichende Bewertung

Bewertungen setzten Vergleichsmöglichkeiten voraus. Im Planungsbereich lassen sich heute eine Vielzahl unterschiedlicher, oder auch schlicht unterschiedlich benannter Konzepte beobachten, die das Beilegen von Interessenkonflikten mit Hilfe der Beteiligung von Bürgerinnen und Bürgern zu bewerkstelligen versuchen. Es gibt auch Veröffentlichungen, die sich darum bemühen, derartige Ansätze miteinander zu vergleichen.

Dabei findet sich auch eine Reihe mehr oder weniger informierter Versuche, das Beteiligungsmodell PZ in einen solchen Vergleich mit einzuschließen. Bereits relativ früh hat sich hier Kögler (1974) geäußert. Danach ist ein im ganzen recht erhellender Vergleich im Zusammenhang mit der Untersuchung der Teilnahmekapazität unterschiedlicher Beteiligungsverfahren angefallen (Dienel, 1992). Aus demvergangenen Jahr seien hier die Vergleiche von Sinning (Bischoff et al., 1995) und von Gray (1995) erwähnt. Letzterer bewertet 6 verschiedene Verfahrensbeispiele anhand von 5 Kriterien (s. Tab. 1). Auch wenn man bei einzelnen Parametern anderer Meinung sein kann, so wird doch ersichtlich, daß es Sinn machen würde, dem in der Bewertung am besten abschneidenden Modell, nämlich der Planungszelle, höherrangige Anwendungschancen einzuräumen. Der einzige Vorbehalt, der gegenüber diesem Verfahren angedeutet wird, zielt auf das Problem der Finanzierung (Tabelle 1: „Realisierbarkeit"). Der aber dürfte gerade im Bereich des Flächenrecycling nur vermindert zutreffen. Hier geht es häufig um erhebliche Werte. Die Beträge, die für eine Konsensfindung aufzuwenden sind, machen dann nur Bruchteile dessen aus, was für Verfahrensfragen oder Planungen bereitzustellen ist. Das Modell PZ steht gerade auch unter Preis /Leistungsgesichtspunkten nicht schlecht da.

Tabelle 1. Entscheidungsmatrix

Verfahren/ Beispiel	Innere Fairneß	Tatsächliche Kompetenz	Wahl der Teilnehmer	Entscheidungs-macht Einfluß	Realisier-barkeit*
„Citizenz' Jury" Konsens-konferenz	hoch	mittel	zufällig	keine, mittel	mittel
Nationale Energie Debatte	hoch	mittel	offen für alle	keine, nicht direkt	niedrig
Verbindungs-Komitee	unter schiedlich	mittel bis gering	gezielte Einladungen	keine, ein wenig	hoch
MAFF Toolkit	mittel	gering	halb repräsentativ	keine, viel?	mittel
Mediation	hoch	mittel bis hoch	gezielte Einladungen	bedingt, bedingt	hoch
Planungszellen	hoch	hoch	zufällig	hoch	mittel

* Realisierbarkeit wird entsprechend der Kosten und Komplexität bewertet

In den meisten Vergleichen sind die funktional positiven Nebenwirkungen, die von einer partizipativen Politikberatung mit Hilfe von Planungszellen ausgelöst werden, nicht mit berücksichtigt. Gerade diese sog. Nebenwirkungen sind aber für eine realistische Einschätzung der jeweils relevanten Kosten/Nutzen-Situation unerläßlich. So sind z.B. der in dem Hasper PZ-Projekt belegte und für die dortige Lage damals hoch bedeutsame „Befriedungseffekt" oder auch – wie z.B. im Falle Bärenloch-Solingen – die auffällige „Identifikation" der beteiligten Laien mit der geplanten Maßnahme, nach der Meinung der Auftraggeber, faktisch geldwerte Erträge eines solchen Verfahrens der partizipativen Politikberatung, wie sie sonst in den Anträgen und Berichten anderer Beteiligungsmaßnahmen keinen Platz finden.

5 Was tun?

Grundvoraussetzung für ein ausgewogenes Urteil über die Anwendbarkeit dieses Konfliktlösungsmodells in einem gegebenen Fall ist die eigene Informiertheit über das Verfahren PZ.

Die aber ist vielfach in der Verwaltung wie auch in den entsprechenden politischen Gremien nicht, oder noch nicht vorhanden. Die Erstbegegnung mit dem Modell Planungszelle löst nämlich bei Entscheidern und Fachleuten – was der Aufnahme der entsprechenden Kenntnisse nicht sehr förderlich ist – latente Verängstigungen aus. Vermerkte „Beteiligung" scheint den eigenen Kompetenzbereich einzuschränken. Der Eindruck trügt. Denn faktisch wird hier die eigene Funktionswahrnahme stabilisiert, es verbreitern sich die Dispositionsmöglichkeiten des Amtes und es erhöhen sich die Durchsetzungschancen der als sinnvoll erkennbaren Lösungen ungeliebter Probleme.

Eine Anwendung des Verfahrens PZ ist in hohem Maße wünschenswert, und zwar gerade auch für die Lösung von Problemen des Flächenrecyclings. Denn ähnlich wie bei der Technologiefolgenabschätzung (Dienel, 1993), erweist sich hier ein Beteiligungsprozeß als notwendig und als eine der raren realistischen Chancen, den Menschen von heute den informierten, als erfolgreich erlebten, aber radikal befristeten Einstieg in die Bürgerrolle zu ermöglichen.

Es ist daher zu vermuten (oder: zu hoffen), daß sich im Fragenbereich der Verwertbarmachung belasteter Flächen in bestimmten einzelnen Fällen ein Problemdruck äußert, der so spürbar ist, daß zur Beilegung der zugrundeliegenden Konflikte auch als (noch) unkonventionell geltende, aber erkennbar lösungskräftige Verfahren, wie die PZ, herangezogen werden.

Dieser Beitrag über „Beteiligungsmodelle zur Beilegung von Konflikten" endet daher mit einer appellativen Quintessenz: Man informiere sich jetzt um so gründlicher über diese neuartige Möglichkeit „Planungszelle" (Dienel, 1993). Billiger als über vorab geleistete Informiertheit sind die Erträge dieses Verfahrens nicht zu haben.

Literatur

Bischoff A./Selle K./Sinning H.: Informieren Beteiligen Kooperieren. Kommunikation in Planungsprozessen. Eine Übersicht zu Formen, Verfahren, Methoden und Techniken, Dortmund 1995

Burgass I.: Stimme der schweigenden Mehrheit, in: Information für die Truppe, Zeitschrift für Innere Führung, 39. Jahrg. 3/1995, S. 54-59

Dähnhardt W.: Das gute Volksempfinden, in: Der Spiegel, 20/1995, S. 44-54

Dienek/Friedrich/Henning: Bürger planen einen Freizeitpark. Bericht über den Testlauf der Planungszelle in Solingen, Verlag Peter Lang: Frankfurt a.M., Bern, NewYork 1984, hier: S. 29

Dienel P.C.: Die Planungszelle. Der Bürger plant seine Umwelt. Eine Alternative zur Establishment-Demokratie, Westdeutscher Verlag: Opladen 1992, 3. Auflage

Dienel P.C.: TA macht die Bürgerin und den Bürger möglich, in: Wechselwirkung Nr. 60, April 1993, S. 23-25

Gray P. C. R.:Kommunikation von Risiken in Europa: europäische Erfahrungen mit Bürgerbeteiligung bei umweltrelevanten Gesundheitsrisiken, in: Gesundheitskonferenz Gesündere Zukunft für Hamburg (Hrsg.), Risikokommunikation und Bürgerbeteiligung. Hamburg, Sept. 1995, S. 19-28

(ILS) Institut für Landes- und Stadtentwicklungsforschung des Landes NRW (Hrsg.): Bürger planen Hagen-Haspe. Die Testläufe der Planungszelle in Hagen-Haspe. Schriftenreihe Landes- und Stadtentwicklungsforschung des Landes NRW Band 2.2020, Dortmund 1978

Klemp L./Ewel M.: Für Kinder und Frauen ist der Arbeitsplatz die Straße, in: Frankfurter Rundschau, 25. Jan. 1996, S. 12

Kögler A.: Bürgerbeteiligung und Planung, GEWOS-Schriftenreihe NF Nr. 12, Hamburg 1974

Luhmann N.: Soziologische Aufklärung, Opladen 1971, S. 159

ÜSTRA-Bürgergutachten: „Attraktiver ÖPNV in Hannover“, bearbeitet von Sinnig/Schesny/Reinert/Kanther. Bonn 1996 (Bezugsanschrift: Stiftung Mitarbeit, Bornheimer Str. 37, 53111 Bonn).

Springer und Umwelt

Als internationaler wissenschaftlicher Verlag sind wir uns unserer besonderen Verpflichtung der Umwelt gegenüber bewußt und beziehen umweltorientierte Grundsätze in Unternehmensentscheidungen mit ein. Von unseren Geschäftspartnern (Druckereien, Papierfabriken, Verpackungsherstellern usw.) verlangen wir, daß sie sowohl beim Herstellungsprozess selbst als auch beim Einsatz der zur Verwendung kommenden Materialien ökologische Gesichtspunkte berücksichtigen.

Das für dieses Buch verwendete Papier ist aus chlorfrei bzw. chlorarm hergestelltem Zellstoff gefertigt und im pH-Wert neutral.